新基礎コース **微分積分**

坂田定久
中村拓司
萬代武史
山原英男
共著

学術図書出版社

はじめに

　本書は，主に工学系の学生が大学1年次に学習する微分積分学の教科書として書かれたものである．高校で微分積分を学んでいることは想定せず，微分積分を学ぶために必要なことについては，第1章で復習するという形にしてある．筆者達の大阪電気通信大学などでの講義経験に基づき，前著「基礎コース 微分積分 第2版」を発展させ，記述をさらにわかりやすくすることを目指すとともに，新たにアドバンストな部分と基礎部分に細かく分けるという試みを行っている．アドバンストな部分には [A] マークをつけ，初めて学ぶ際には省略可能な部分とした．

　前著同様，平易な説明を心がけ，直観を生かした説明や例による説明を取り入れている．例はなるべく例題形式とした．特に，込み入った議論が必要な証明や，直観的にはほとんど明らかだが厳密な議論は手間がかかるような証明については，厳密な証明は省略した．証明をつけた場合も章末にまとめた．直観的な概念などを厳密に定義し，それに基づいて議論ができるということは，微分積分学の重要な側面であるが，工学系の学生が初めて微分積分学を学ぶときには，こういう部分に時間を割く必要はないと判断しているからである．

　本書の構成は以下のとおりである．第1章は，高校で学んだこと(微分積分は除く)のうち，微分積分学を学ぶ上で必要と思われる部分を簡潔にまとめたものであり，必要に応じて自主的に復習したり，索引を生かして事典的に参照したりすることを想定している．微分積分学においては，微分積分の計算のみでなく，さまざまな具体的関数を自在に扱えるようになることが重要である．第1章に挙げた関数は，すべて基本中の基本である．また，2項定理について学んでいない人は，該当する部分を学習しておいていただきたい．

　第2章では，数列と関数の極限について説明し，逆三角関数を導入している．連続関数についても最低限のことを説明した．

　第3章，第4章では，1変数関数の微分積分について解説した．ロピタルの定理や増減・凹凸の話は，平均値の定理の後で述べられることが多いが，本書

では導関数をどう使うかの説明を優先するため，先に説明した．

　第5章，第6章では，2変数関数を主にして，多変数関数の微分積分 (偏微分・重積分) について解説した．面積・体積については，厳密な定義には立ち入らず，直観的な理解に基づいて述べてある．

　補足の章は，初学時には必ずしも学ぶ必要はないが，余裕のある学生諸君には学んでほしい事項などをまとめたものである．最後に，公式集をおいた．

　なお，出版後の情報（補足・訂正など）は，

　　　`http://www.osakac.ac.jp/labs/mandai/biseki/`　または

　　　`http://www.kisoriko.jp/labs/mandai/biseki/`

をご覧いただきたい．

　最後に，貴重なご意見を下さった先生方や学生諸君，ならびに本書刊行に際してお世話になった発田孝夫氏をはじめとして学術図書出版社の皆様に，心から感謝いたします．

　　2014 年 10 月

坂田定久，中村拓司，萬代武史，山原英男

本書の使い方

　初めて学ぶ際に省略したり後回しにしたりしてよい部分（節，小節，定理，例題，問題など）には，アドバンストマーク ([A]) を付けてある．このマークがある部分は，自分の習熟度，理解度に応じて適宜取捨選択して学習するのがよい．実際には，授業の担当教員の指示に従うのがよいだろう．節にマークを付けている場合は，その節の中の例題などには，いちいちマークを付けないことにした．

　定理のうち，証明が少し難しいものは，証明を章末に回すか，省略してある．こういう定理は証明の理解は後回しにして，まずは定理の主張を正確に理解し，例題を通して使い方に習熟することに集中するのがよい．

　微分計算は，小学校の算数における九々にも相当するもので，正確に早く計算できることが肝要であり，微分が正確に早く計算できるか否かは，本書のそのほかのすべての部分の学習に大きな影響を与える．微分計算については，各自計算練習を積極的に行ってほしい．

目　　次

第1章　復習とまとめ　　1
- 1.1　実数　　1
- 1.2　関数　　3
- 1.3　基本的な関数1　　5
- 1.4　基本的な関数2　　10
- 1.5　2項係数と2項定理　　21
- 練習問題1　　24

第2章　数列と関数の極限　　26
- 2.1　数列の極限　　26
- 2.2　逆三角関数　　30
- 2.3　関数の極限　　35
- 2.4　定理の証明[A]　　44
- 練習問題2　　46

第3章　微分　　48
- 3.1　導関数　　48
- 3.2　導関数の応用　　61
- 3.3　平均値の定理　　74
- 3.4　高次導関数　　75
- 3.5　定理の証明[A]　　85
- 練習問題3　　90

第4章　積分　　95
- 4.1　不定積分　　95
- 4.2　置換積分，部分積分　　98
- 4.3　有理関数の不定積分　　102
- 4.4　定積分　　108

4.5	広義積分[A]	117
4.6	積分の応用	120
4.7	定理の証明[A]	124
	練習問題 4	126

第 5 章　多変数関数と偏導関数　　130

5.1	多変数関数と偏導関数	130
5.2	合成関数の微分法	139
5.3	テイラーの定理	146
5.4	接平面と全微分	151
5.5	陰関数の微分法[A]	158
5.6	2 変数関数の極大, 極小	160
5.7	定理の証明[A]	166
	練習問題 5	169

第 6 章　重積分　　173

6.1	2 重積分	173
6.2	累次積分	177
6.3	積分変数の変換	183
6.4	広義積分[A]	190
6.5	3 重積分[A]	191
6.6	体積と曲面積	195
6.7	定理の証明[A]	198
	練習問題 6	201

補足　　207

A.1	記号についての注意	207
A.2	実数の無限小数展開表示	208
A.3	ニュートン法	209

公式集　　212
問題の略解　　217
索引　　245

1

復習とまとめ

この章では，高校の数学 I・数学 II で学んだことのうち，以降の学習に必要な基礎知識を復習しつつ，整理してまとめる．必要に応じて自主的に復習したり，辞典的に参照することを想定している．

1.1 実数

微積分学の主な対象は関数であるが，関数の基礎となるのは実数である．すでに実数についてはある程度学んでいるので，少し復習してみよう．

> **実数**
>
> $1, 2, 3, \ldots$ を**自然数**，$0, \pm 1, \pm 2, \pm 3, \ldots$ を**整数**という．また整数の比の値 $\dfrac{p}{q}$ (p, q は整数で $q \neq 0$) で表される数を**有理数**という．このような数以外に，2 の平方根 $\sqrt{2}$ や円周率 π のように，整数の比の値で表せない数がある．このような数を**無理数**といい，有理数と無理数とをあわせて**実数**という．

以上の他にも，実数全体の集合においては，加減乗除という四則演算が自由にできることや，大小関係が定まっていることなども学んだはずである．以下では実数全体のなす集合を $\boldsymbol{R}$ と書く[1]ことにする．個々の実数は有限小数，または無限小数によって表現される (詳しいことは，補足の章 §A.2 参照)．

無限小数をきちんと理解するには，数列の極限の概念が必要である．数列の極限については，次章で詳しく説明する．

たとえば，無限小数 $0.3333\cdots$ は，$0.3, 0.33, 0.333, 0.3333, \ldots$ なる有限小数の列の**極限値**，すなわち $\dfrac{1}{3}$ を表す．また，無限小数 $1.41421356\cdots$ は，$1.4,$

---

[1] $\boldsymbol{R}$ は real number の頭文字である．後には，$(-\infty, \infty)$ とも表す．

1.41, 1.414, 1.4142, 1.41421, 1.414213, ... なる数列の極限値を表している.

一般に, 無限小数 $k.a_1a_2a_3a_4\cdots$ (k は非負整数; $a_i = 0, 1, \ldots, 9$) は, 有限小数の列 k, $k.a_1$, $k.a_1a_2$, $k.a_1a_2a_3$, ... の極限値を表している.

実数全体の集合 $\boldsymbol{R}$ のイメージとしては, すでに知っているように, **数直線** (実直線, 実数直線ともいう, 図 1.1) が有効である. 1 本の直線に原点, 向きと単位の長さを定めることで, 直線上の点と実数とが 1 対 1 に対応する. この対応によって, $\boldsymbol{R}$ を直線と同一視することができ, $\boldsymbol{R}$ を直観的・視覚的に扱うことができる.

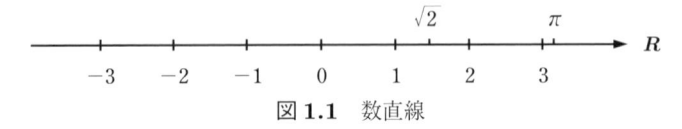

図 1.1 数直線

実数 a に対して,

$$|a| = \begin{cases} a & (a \geqq 0) \\ -a & (a < 0) \end{cases}$$

と書き, a の**絶対値**とよぶ. $|2| = 2$, $|-3| = 3$ である. つねに $|a| \geqq 0$, $-|a| \leqq a \leqq |a|$ が成り立つ. 言い換えると, 数直線における, a と 0 (原点) との間の距離である.

区間

実数全体の集合 $\boldsymbol{R}$ の部分集合のうちで, 次のタイプの部分集合を**区間**とよぶ.

[有限閉区間]　　$[a, b] = \{x \in \boldsymbol{R} \mid a \leqq x \leqq b\}$ $(a < b)$.

[有限開区間]　　$(a, b) = \{x \in \boldsymbol{R} \mid a < x < b\}$ $(a < b)$.

[有限半開区間]　$[a, b) = \{x \in \boldsymbol{R} \mid a \leqq x < b\}$,
$\qquad\qquad\qquad (a, b] = \{x \in \boldsymbol{R} \mid a < x \leqq b\}$ $(a < b)$.

[無限閉区間]　　$[a, \infty) = \{x \in \boldsymbol{R} \mid a \leqq x\}$,
$\qquad\qquad\qquad (-\infty, b] = \{x \in \boldsymbol{R} \mid x \leqq b\}$.

[無限開区間]　　$(a, \infty) = \{x \in \boldsymbol{R} \mid a < x\}$,
$\qquad\qquad\qquad (-\infty, b) = \{x \in \boldsymbol{R} \mid x < b\}$.

a, b をこれらの区間の**端点**とよぶ. さらに, $\boldsymbol{R}$ を $(-\infty, \infty)$ とも書き, こ

れも区間の中に含める．これは無限閉区間かつ無限開区間である．

1.2 関数

さて，関数とは何かについて，復習しよう．

2 次関数 $y = x^2 + 3x - 5$ を考えてみよう．**独立変数**とよばれる文字 x の値が定まると，それに応じてもう 1 つの変数 (**従属変数**) y の値が定まる．x の値が変化すると，それに応じて y の値が変化しうる．この場合 x の値としてはすべての実数が考えられる．また，有理関数 (分数関数) $y = \dfrac{1}{x}$ の場合は，x の値が 0 以外に定まると，それに対して y の値が定まる．このように，

--- 関数 ---
x の値が定まると y の値が定まるとき，y は x の**関数**であるという．

変数としてどのような文字を使うかは自由であるが，習慣として，独立変数には x を，従属変数には y を使うことが多い．独立変数のとりうる値の範囲 (集合) をこの関数の**定義域**といい，従属変数のとりうる値の範囲 (集合) を**値域**という．定義域が D であるとき，普通 $y = f(x)$ $(x \in D)$ と書くが，$f : D \longrightarrow \boldsymbol{R}$ と書いたり，対応関係をはっきりさせるために $f : D \ni x \longmapsto y = f(x) \in \boldsymbol{R}$ と書いたりもする．

例 1.1 「$y = 2x^2 - 3x + 1$ $(x \in \boldsymbol{R})$」においては，独立変数に x という文字を，従属変数に y という文字を使っている．独立変数に u，従属変数に v を使って「$v = 2u^2 - 3u + 1$ $(u \in \boldsymbol{R})$」と表してもこれは同じ関数であり，要するに，$0 \longmapsto 1, 1 \longmapsto 0, 2 \longmapsto 3$，などの対応関係を表している．

式で表したときの表現が同じでも，定義域が違うときは違う関数であるので，定義域を明示する方がよいが，その式が意味をもつ最大の範囲を定義域として，特に定義域を断らないことも多い．

例 1.2 (1) $D = [0, \infty)$ を定義域とする関数 $y = x^2$ $(x \in D)$ と $\boldsymbol{R} = (-\infty, \infty)$ を定義域とする関数 $y = x^2$ $(x \in \boldsymbol{R})$ とは厳密には違う関数である．単に $y = x^2$ と書いてあれば，定義域としては $\boldsymbol{R}$ を考えているのが普通

である.

(2) 単に $y = \dfrac{x+1}{x^2-3x+2}$ と書いてあれば, 定義域としては普通 $\{x \in \mathbf{R} \,|\, x \neq 1, x \neq 2\} = (-\infty, 1) \cup (1, 2) \cup (2, \infty)$ を考えている.

例題 1.1 関数 $y = \sqrt{4-x^2}$ の定義域を求めよ.

解答 $\sqrt{a}$ は $a \geq 0$ で意味をもつから $4 - x^2 \geq 0$. これを解くと, $-2 \leq x \leq 2$. したがって, 定義域は $[-2, 2]$.

問 1.1 次の関数の定義域を求めよ.
(1) $y = \sqrt{-x^2 + 5x - 6}$ (2) $y = \sqrt{3 + 2x - x^2}$
(3) $y = \sqrt{\dfrac{x-1}{x-2}}$ (4) $y = \sqrt{(x-1)(x-2)(x+2)}$
(5)[A] $y = \sqrt{\dfrac{x-2}{x^2 - 2x - 3}}$

関数に関する基本的な言葉 (概念) をもう少し導入しよう.

D を定義域とする関数 $y = f(x)$ を考える. 平面上の点は, 座標軸を定めることによって, 実数 2 個の組で表される. このように, 実数 2 個の組とみた平面上の点全体 (すなわち座標平面) を $\mathbf{R}^2 = \{(x, y) \,|\, x, y \in \mathbf{R}\}$ と書く. 関数 $y = f(x)$ $(x \in D)$ に対して, 座標平面の部分集合 $\{(x, f(x)) \in \mathbf{R}^2 \,|\, x \in D\}$ を関数 $f(x)$ のグラフという. これは x が D を動いたときの点 $(x, f(x))$ の軌跡であり, 普通, 曲線と考えることができる. グラフを描くことによって, 関数値の変化のようすを直観的・視覚的に捉えることができる.

関数に関して, 次の概念が重要である.

有界
「すべての $x \in D$ に対して $f(x) \leq M$」となるような M が存在するとき, $f(x)$ は**上に有界**であるという. $f(x) \geq M$ となるような M が存在するときは, $f(x)$ は**下に有界**であるという. 上にも下にも有界であるとき, **有界**であるという.

単調
$I \subset D$ とし, 「$a, b \in I, a < b$ ならば $f(a) < f(b)$」が成立するとき,

$f(x)$ は I で**単調増加**であるという.$f(a) > f(b)$ の場合は,**単調減少**という.$f(x)$ が I で単調増加または単調減少であるとき,I で**単調**であるという.

例題 1.2 関数 $y = x^2 - 1$ $(-1 \leqq x \leqq 3)$ の値域を求めよ.また,単調増加になっている区間はどこか.

解答 定義域は $D = [-1, 3]$ である.グラフは,図 1.2 のようになり,これから,y の値の範囲,すなわち値域は,$[-1, 8]$ とわかる.この関数は,($[-1, 0]$ で単調減少であり,) $[0, 3]$ で単調増加である (定義域全体では単調ではない).

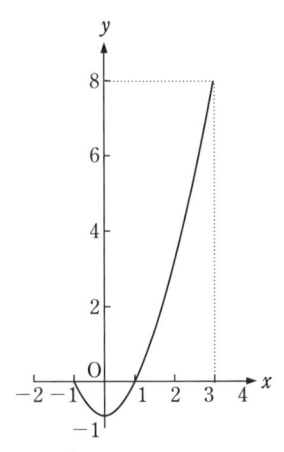

図 1.2 $y = x^2 - 1$ $(-1 \leqq x \leqq 3)$ のグラフ

問 1.2 次の関数のグラフを描き,値域を求めよ.また,単調増加になっている区間はどこか.
(1) $y = x^2 - 2x + 3$ $(-3 \leqq x \leqq 5)$
(2) $y = -2x^2 + x + 4$ $(-1 < x < 2)$
(3) $y = \dfrac{2x+1}{x+1}$ $(0 \leqq x < 4)$

1.3 基本的な関数 1

この節では,基本的な関数である多項式関数,有理関数,べき乗関数,指数関数を導入する.

多項式関数,有理関数 多項式関数と有理関数について復習しておこう.

多項式関数

$y = 2x - 3$ などのように，1 次式で表される関数を **1 次関数** といい，$y = 3x^2 + 5x - 1$ などのように，2 次式で表される関数を **2 次関数** という．一般に n 次式で表される関数を **n 次関数** といい，これらを総称して，**多項式関数**[2] という．

詳しくいうと，ある実数 $a_0, a_1, \ldots, a_{n-1}, a_n$ $(a_0 \neq 0)$ を使って，$P(x) = a_0 x^n + a_1 x^{n-1} + \cdots + a_{n-1} x + a_n$ $(x \in \boldsymbol{R})$ と表される関数 $P(x)$ を n 次関数という．n をこの多項式関数の **次数** という．$x^0 = 1$ とみなして，定数関数は 0 次関数と考える[3]．0^0 も 1 と定める[4]．n 次関数の定義域は $\boldsymbol{R}$ である．

有理関数

2 つの多項式関数 $P(x), Q(x)$ (ただし，$Q(x)$ は恒等的に 0 ではない) によって，$f(x) = \dfrac{P(x)}{Q(x)}$ と表される関数 $f(x)$ を **有理関数** という．

多項式関数は有理関数の特別な場合である $(Q(x)$ が定数の場合にあたる)．この関数の定義域は，$\boldsymbol{R}$ から有限個の点 ($Q(x)$ が 0 になる点) を除いた集合である．

例 1.3 $f(x) = ax^2 + 2x - 3$ は，$a \neq 0$ のとき 2 次関数であり，$a = 0$ のときは 1 次関数である．いずれにせよ，定義域は実数全体 $\boldsymbol{R}$ である．

$f(x) = \dfrac{3x + 2}{x - 2}$ は，有理関数であり，定義域は，分母が 0 となる 2 を除いた $\{x \mid x \neq 2\} = (-\infty, 2) \cup (2, \infty)$ である．

■**べきの定義**■ 実数 a および t $(a > 0)$ に対して a^t を考えたい．t が有理数のときは高校まででですでに学んでいるが，もう一度順に定義していこう．

まず t が自然数のときは，単純に $a^t = \overbrace{a \cdots a}^{t \text{ 個}}$ と定める．$t = 0$ のときは

---

[2] 単に多項式ということもあるが，厳密には式と関数は別物である．
[3] つねに 0 という値をとる定数関数については，本当は，次数を考えない方がよいが，ここではそこまで立ち入らない．
[4] 0^0 は値を定めない，という流儀もあるが，最近はこのように 1 と定めることが多い．ただし，こう定めても，後 (例題 3.11 (1)) で述べるように，極限については注意が必要である．

$a^0 = 1$ と定める．$t = -s$ (s は自然数) のときは $a^{-s} = \dfrac{1}{a^s}$ と定める．

このように定めると，次の定理が成立することは明らかであろう．((1)–(3), 特に (1) を**指数法則**という)．

定理 1.1 $a, b > 0$ と整数 t, s, r に対して，
(1) $a^{t+s} = a^t a^s$, (2) $a^{t-s} = \dfrac{a^t}{a^s}$,
(3) $a^{tr} = (a^t)^r$, (4) $(ab)^t = a^t b^t$,
(5) $0 < a < 1$ の場合は， "$t < s$ ならばつねに $a^t > a^s$",
　　$1 < a$ の場合は， "$t < s$ ならばつねに $a^t < a^s$",
　　$a = 1$ の場合は， つねに $1^t = 1$.

---

t が有理数のときにも a^t を定義するために，**累乗根**（べき根ともいう）を定義しよう．

$b \geqq 0$ と自然数 p に対して，$a^p = b$ となる $a \geqq 0$ が唯 1 つだけ存在する．この a を $\sqrt[p]{b}$ と書き，b の (正の) p 乗根という．特に $p = 2$ のときは $\sqrt[2]{b}$ の 2 を省略して $\sqrt{b}$ と書く．

上で述べた指数法則を使うと，累乗根に関して次のことが容易にわかる．

定理 1.2 $a, b \geqq 0$ と自然数 p, r，整数 q に対して，
(1) $\sqrt[r]{\sqrt[p]{a}} = \sqrt[pr]{a}$, (2) $\sqrt[p]{a^q} = (\sqrt[p]{a})^q$,
(3) $\sqrt[pr]{a^r} = (\sqrt[pr]{a})^r = \sqrt[p]{a}$, (4) $\sqrt[p]{ab} = \sqrt[p]{a}\sqrt[p]{b}$.

この累乗根を使うと，有理数 t に対して a^t が定義できる．

$a > 0$ で t が有理数のとき，$t = \dfrac{q}{p}$ (p は自然数，q は整数) と表して $a^t = \sqrt[p]{a^q} = (\sqrt[p]{a})^q$ と定める (定理 1.2 (2) に注意)．定理 1.2 (3) によって，"$\dfrac{q}{p} = \dfrac{q'}{p'}$ なら $\sqrt[p]{a^q} = \sqrt[p']{a^{q'}}$" なので，$t = \dfrac{q}{p}$ の表し方によらずに a^t が定まる．

このように定義すると，定理 1.1(特に指数法則) が有理数 t, s に対しても成立する．

問 1.3 次の式を a^t の形に表せ．

(1) $\sqrt[3]{a^2}$ (2) $\dfrac{1}{\sqrt[5]{a^3}}$ (3) $\sqrt[3]{a^4}\sqrt[4]{a^3}$ (4) $\dfrac{\sqrt{a^3}}{\sqrt[3]{a^5}}$ (5) $(\sqrt[6]{a^5})^3$

問 1.4 次の式を累乗根 $\sqrt[p]{a^q}$ の形に表せ．
(1) $a^{\frac{1}{5}}$ (2) $a^{\frac{3}{4}}$ (3) $a^{-\frac{2}{3}}$ (4) $a^{\frac{7}{3}}$ (5) $(a^{\frac{3}{2}})^{\frac{5}{6}}$

さてわれわれはすべての有理数 x に対して a^x を定義した．x の関数と見ると，有理数の x に対してのみ $y = a^x$ が定義されていて，無理数の部分が抜けていることになる．この"すきま"を埋めてすべての実数 x に対して a^x を定めなくてはならない．直観的には，グラフで間を埋めている (図 1.3) と考えてよいが，より厳密には，次のように，無理数を有理数で近似する方法で定義できる．

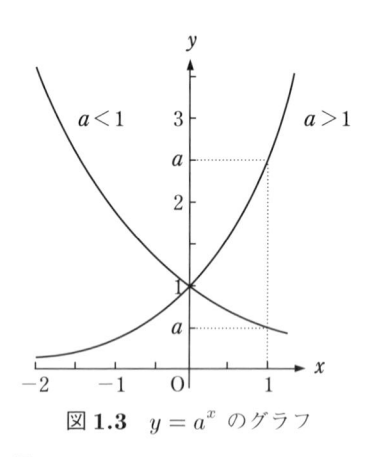

図 1.3　$y = a^x$ のグラフ

たとえば，無理数 $\sqrt{2}$ は無限小数 $1.41421356\cdots$ と表せる．したがって，
$$1.4 < \sqrt{2} < 1.5,$$
$$1.41 < \sqrt{2} < 1.42,$$
$$1.414 < \sqrt{2} < 1.415,$$
$$1.4142 < \sqrt{2} < 1.4143,$$
$$1.41421 < \sqrt{2} < 1.41422,$$
$$\cdots$$

というように，いくらでも差が小さい 2 つの有理数の間に入るようにできる．このような無限個の不等式をみたす数は，$\sqrt{2}$ のみである．$a > 1$ のとき，

$$a^{1.4} < y < a^{1.5},$$
$$a^{1.41} < y < a^{1.42},$$
$$a^{1.414} < y < a^{1.415},$$
$$a^{1.4142} < y < a^{1.4143},$$
$$a^{1.41421} < y < a^{1.41422},$$
$$\cdots$$

となる実数 y が唯 1 つあることが証明できるので，これを $y = a^{\sqrt{2}}$ と定めるのが自然だろう．$0 < a < 1$ のときは，不等式が逆になって，

$$a^{1.4} > y > a^{1.5},$$
$$a^{1.41} > y > a^{1.42},$$
$$a^{1.414} > y > a^{1.415},$$
$$a^{1.4142} > y > a^{1.4143},$$
$$a^{1.41421} > y > a^{1.41422},$$
$$\cdots$$

となる唯 1 つの y を $a^{\sqrt{2}}$ と定める．また $1^{\sqrt{2}} = 1$ と定める．一般の無理数 t に対しても，同様に a^t を定めることができる．

このように定めると，**定理 1.1**(特に指数法則)がすべての実数 t, s に対して成立する．

■**べき乗関数**■　上で定義したべきを使って，任意の実数 α に対して，べき乗関数 $y = x^\alpha$ を定義しよう．

$\alpha = n$ が自然数のときは，x^n はすでに述べた n 次関数として考える．定義域は $\mathbf{R}$ である．$\alpha = -n$ (n は自然数) のときは，x^{-n} はすでに述べた有理関数 $\dfrac{1}{x^n}$ として考える．定義域は $\{x \in \mathbf{R} \,|\, x \neq 0\} = (-\infty, 0) \cup (0, \infty)$ である．α が整数でなく $\alpha > 0$ のときは，$[0, \infty)$ を定義域として，$y = x^\alpha$ を考える．ただし，$0^\alpha = 0$ とする．α が整数でなく $\alpha < 0$ のときは，$(0, \infty)$ を定義

域として，$y = x^\alpha$ を考える．

こうして，すべての実数 α に対してべき乗関数 x^α が定まった．定義域の違い[5]に注意してほしい．ややこしいと感じるなら，共通の定義域 $(0, \infty)$ で考えていると思ってもよい．

べき乗関数 $y = x^\alpha$ は，$(0, \infty)$ においては，$\alpha > 0$ のとき単調増加であり，$\alpha < 0$ のとき単調減少である．

■**指数関数**■　同じく上で定義したべきを使って，$a > 0, a \neq 1$ に対して，$\boldsymbol{R}$ で定義された**指数関数** $y = a^x$ が得られる[6](図 1.3)．a をこの指数関数の底とよぶ．

指数関数の基本性質をまとめておこう (証明は省略する)．

定理 1.3
(1)　$a^{x_1 + x_2} = a^{x_1} a^{x_2}$　$(x_1, x_2 \in \boldsymbol{R})$．
(2)　$a^{x_1 - x_2} = \dfrac{a^{x_1}}{a^{x_2}}$　$(x_1, x_2 \in \boldsymbol{R})$．
(3)　$a^{rx} = (a^x)^r$　$(x, r \in \boldsymbol{R})$．
(4)　$a, b > 0$ ならば，$(ab)^x = a^x b^x$　$(x \in \boldsymbol{R})$．
(5)　$a > 1$ のときは関数 $y = a^x$ は単調増加であり，
　　　$0 < a < 1$ のときは関数 $y = a^x$ は単調減少である．

1.4　基本的な関数 2

この節では，逆関数について述べたあと，基本的な関数である対数関数，三角関数を導入する．最後に，合成関数，グラフの移動，2 項定理について説明する．

■**逆関数**■　関数 $y = 3x - 2$ $(x \in \boldsymbol{R})$ を考えよう．$x = 0$ のとき $y = -2$，$x = 1$ のとき $y = 1$ などのように，x の値が決まると y の値が決まるが，逆に，先に y の値を定めると，x の値が $x = \dfrac{y + 2}{3}$ と定まる．つまり，

---
[5] $x^{\frac{1}{3}}$ などのように，上で述べた定義域よりも広いところで定義できるものもあるが，この本ではそこまで立ち入らないことにする．
[6] $a = 1$ のときは，$a^x = 1$ となって定数関数となるので，「指数関数」からは除外して考える．

$$y = 3x - 2 \ (x \in \boldsymbol{R}) \iff x = \frac{y+2}{3} \ (y \in \boldsymbol{R}) \tag{1.1}$$

である[7]．この $y \longmapsto x = \dfrac{y+2}{3}$ なる関数を，もとの $x \longmapsto y = 3x - 2$ なる関数の**逆関数**とよぶ．この逆関数 $x = \dfrac{y+2}{3}$ では，独立変数に y，従属変数に x を使って表しているので，普通の習慣と逆になっている．そこで，習慣に合わせて，x と y とを入れ替えて $y = \dfrac{x+2}{3}$ と書くことも多い．

一般に，関数 $y = f(x) \ (x \in D)$ において，先に $y \in f(D)$ の値を定めて，$x \in D$ の値が **1 つに定まるとき**，$y \longmapsto x$ なる関数ができる．これをもとの関数 $y = f(x)$ の**逆関数**とよび，$x = f^{-1}(y)$ と書く (f^{-1} は，エフ・インバースと読む)．

$$y = f(x) \ (x \in D) \iff x = f^{-1}(y) \ (y \in f(D)) \tag{1.2}$$

である．さらに，習慣に合わせて x と y とを入れ替えて，$y = f^{-1}(x)$ とも書く．結局，逆関数の求め方としては，$y = f(x)$ を x について解いて $x = f^{-1}(y)$ にしてから，x と y とを入れ替える，ということだが，入れ替える前の同値関係 (1.2) が重要である．

上で出てきた 3 つの関数 $y = 3x - 2, x = \dfrac{y+2}{3}, y = \dfrac{x+2}{3}$ のグラフを描

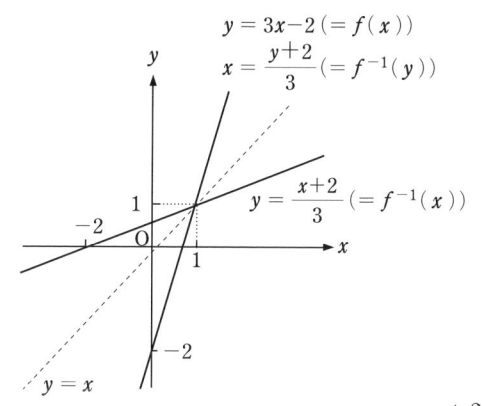

図 1.4 もとの関数 $y = 3x - 2$ と逆関数 $x = \dfrac{y+2}{3}$，および $y = \dfrac{x+2}{3}$ のグラフ

---

[7] $\iff$ については，巻末の補足 A.1 を参照．

くと図 1.4 のようになる．$y = f(x)$, $x = f^{-1}(y)$ のグラフはまったく同じになる．(1.2) なる同値関係があるから当然である．それに対して，$y = f^{-1}(x)$ のグラフは，これら 2 つと $y = x$ に関して対称な位置に現れる．x と y とを入れ替えているからである．

例 1.4 $y = x^2$ を考えよう．グラフを考えるとわかるように，$y > 0$ の値を決めても，x の値は 1 つには決まらない．

しかし，$y = x^2$ ($x \geqq 0$) と，定義域を $x \geqq 0$ に狭めて考えると，x の値が 1 つに決まる．こうして定まる逆関数が，$x = \sqrt{y}$ ($y \geqq 0$) である．べきの定義のところで考えた累乗根も $y = x^p$ ($x \geqq 0$) の逆関数として $x = \sqrt[p]{y}$ を定めたことになる．

■対数関数■

> **対数**
>
> $a > 0, a \neq 1$ とする．$b > 0$ に対して $a^x = b$ となる x がただ 1 つ存在する (図 1.3 参照)．この x の値を $\log_a b$ と書き，a を底とする b の**対数**という．また，b を**真数**という．

対数の基本は，

$a > 0, a \neq 1$, $b > 0$ のとき，
$$a^c = b \iff c = \log_a b$$

となることである．$a > 0, a \neq 1$ のとき，$y = \log_a x$ を a を底とする**対数関数**という (図 1.5)．定義域は，$(0, \infty)$ である．

$$y = \log_a x \iff x = a^y$$

であるから，対数関数 $y = \log_a x$ は，同じ底をもつ指数関数 $y = a^x$ の逆関数である．$a = 1$ のときは，$y = a^x$ は定数関数になってしまうので，$a \neq 1$ と仮定したのである．

指数関数の性質 (定理 1.3) などから次のことが容易に得られる．(2)(または (2)–(4)) を**対数法則**とよぶ．また，(5) を**底の変換公式**とよぶ．

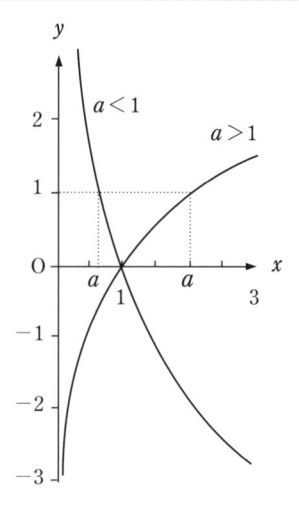

図 1.5　対数関数のグラフ

定理 1.4
(1) $a^{\log_a b} = b$, $\log_a a^c = c$, $\log_a 1 = 0$, $\log_a a = 1$.
(2) $\log_a (x_1 x_2) = \log_a x_1 + \log_a x_2 \quad (x_1, x_2 > 0)$.
(3) $\log_a \dfrac{x_1}{x_2} = \log_a x_1 - \log_a x_2 \quad (x_1, x_2 > 0)$.
(4) $\log_a x^r = r \log_a x \quad (r \in \mathbf{R}, x > 0)$.
(5) $a, b > 0, a, b \neq 1$ ならば, $\log_b x = \dfrac{\log_a x}{\log_a b} \quad (x > 0)$.
(6) $a > 1$ のときは, 関数 $y = \log_a x$ は単調増加であり, $0 < a < 1$ のときは, 関数 $y = \log_a x$ は単調減少である.

指数関数や対数関数は, ネイピアの数 e (次章できちんと定義する, $2.71828\cdots$ なる無理数) を底にもつものを主に考える. 特に,

自然対数
底が e である対数を**自然対数**といい, 底を省略して $\log x$ と書く[8].

自然対数は，$\ln x$ と書かれることもある．e のことを "**自然対数の底**" とよぶことが多い．

注意 上の (5) により $\log_b x = \dfrac{1}{\log b} \log x$ となる．$\dfrac{1}{\log b}$ は定数なので，自然対数についてのみ考えておけば十分である．また，$a^x = e^{(\log a)x}$ となるので，指数関数も底が e の場合を考えておけば十分である．

■**三角関数**■　まず，$\angle C = 90°$ の直角三角形 ABC を考える．$\angle B = \theta$ を決めると，直角三角形の形は決まるので，3 辺の長さの比 $a:b:c$ は決まる．そこで，$\cos\theta = \dfrac{a}{c}$，$\sin\theta = \dfrac{b}{c}$，$\tan\theta = \dfrac{b}{a}$ と定める．これを**三角比**という (図 1.6)．

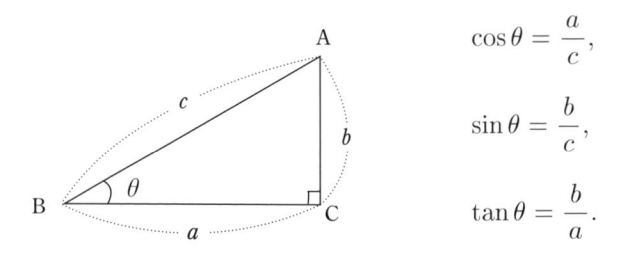

$$\cos\theta = \dfrac{a}{c},$$
$$\sin\theta = \dfrac{b}{c},$$
$$\tan\theta = \dfrac{b}{a}.$$

図 **1.6**　三角比の定義

問 1.5 次の値を求めよ．

(1) $\sin 60°$　(2) $\cos 60°$　(3) $\tan 60°$　(4) $\sin 45°$　(5) $\cos 45°$
(6) $\tan 45°$　(7) $\sin 30°$　(8) $\cos 30°$　(9) $\tan 30°$

しかしこれでは，$0° < \theta < 90°$ に対してしか決められない．すべての角度に対して値を定めるために，次のように**見方を変える** (この新しい見方を理解することが重要である)．uv 平面において，原点を中心とする単位円 (半径が 1 の円) を考える (図 1.7)．

---

[8] 底が 10 の対数を**常用対数**といい，このときも底を省略することがあるが，この本では**底が省略されている対数はつねに自然対数である**．

図 1.7 $\cos\theta, \sin\theta$ の定義

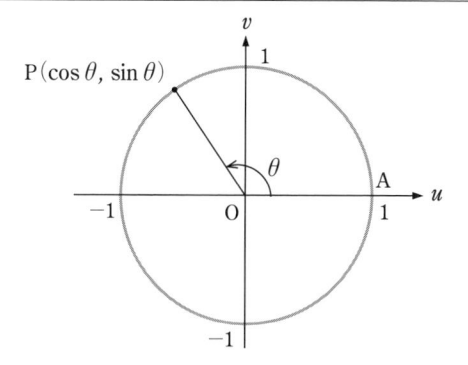

― 三角関数 $\cos\theta, \sin\theta$ ―

この円の周上を，点 A$(1,0)$ から反時計回りに θ だけ回った点 P の座標を $(\cos\theta, \sin\theta)$ と定める（図 1.7）．また，直線 OP の傾きを $\tan\theta$ と定める．言い換えると $\tan\theta = \dfrac{\sin\theta}{\cos\theta}$ である．これらを**三角関数**という[9]．

$\theta < 0°$ のときは，「反時計回りに θ だけ回る」というのは，「時計回りに $-\theta = |\theta|$ だけ回る」という意味とする．反時計回りを正の向きと考えているわけである．

例 1.5 $\cos 120° = -\dfrac{1}{2}$, $\sin 120° = \dfrac{\sqrt{3}}{2}$, $\tan 120° = -\sqrt{3}$. $\cos 225° = -\dfrac{1}{\sqrt{2}}$, $\sin 225° = -\dfrac{1}{\sqrt{2}}$, $\tan 225° = 1$. $\cos(-30°) = \dfrac{\sqrt{3}}{2}$, $\sin(-30°) = -\dfrac{1}{2}$, $\tan(-30°) = -\dfrac{1}{\sqrt{3}}$.

問 1.6 次の値を求めよ．
(1) $\sin 150°$ (2) $\cos 150°$ (3) $\tan 150°$
(4) $\sin 300°$ (5) $\cos 300°$ (6) $\tan 300°$
(7) $\sin 405°$ (8) $\cos 405°$ (9) $\tan 405°$
(10) $\sin(-135°)$ (11) $\cos(-135°)$ (12) $\tan(-135°)$
(13) $\sin(-240°)$ (14) $\cos(-240°)$ (15) $\tan(-240°)$

---

[9] 三角関数には，他にも $\dfrac{1}{\cos\theta} = \sec\theta$, $\dfrac{1}{\sin\theta} = \operatorname{cosec}\theta$, $\dfrac{1}{\tan\theta} = \cot\theta$ があるが，これらの記号は本書では扱わない．

16 第 1 章 復習とまとめ

以上では，1 周を 360° とする度数法で角度を表していたが，円周上を動いた距離，すなわち弧 AP の長さで表すこともできる．これを**弧度法**といい，角度の単位として**ラジアン** (rad) を使う．$360° = 2\pi$ rad，$90° = \dfrac{\pi}{2}$ rad である．ラジアン (rad) は省略することが多い．今後は**角度をラジアンで考える**ことにし，角度 x rad に対する三角関数の値を $\cos x, \sin x, \tan x$ と書く．

問 1.7 次の角度をラジアンに直せ．
(1) 30° (2) 45° (3) 60° (4) 120° (5) 300° (6) −90° (7) −150°

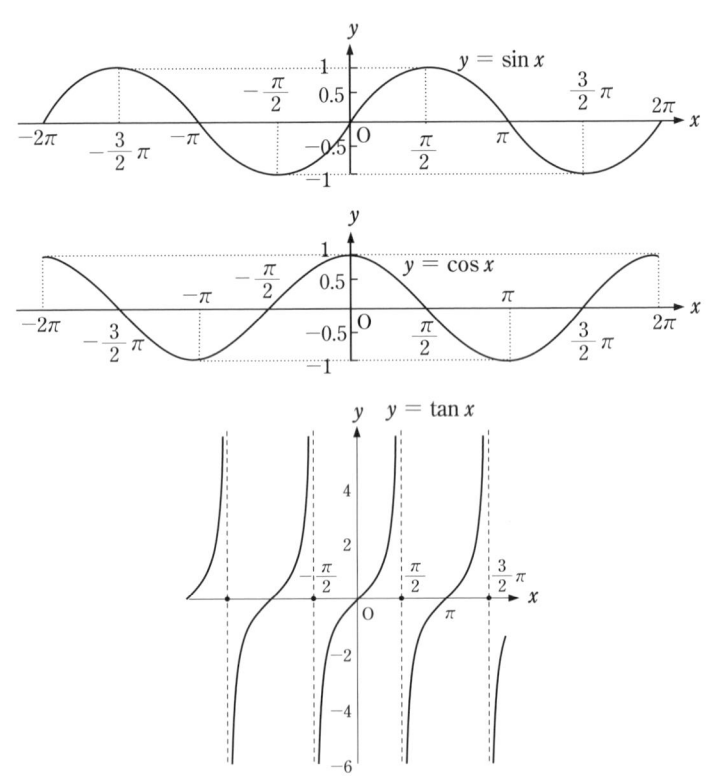

問 1.8 次の角度を度に直せ．
(1) $\dfrac{\pi}{6}$ (2) $\dfrac{\pi}{4}$ (3) $\dfrac{\pi}{3}$ (4) $\dfrac{4}{3}\pi$ (5) $\dfrac{7}{4}\pi$ (6) $-\dfrac{7}{6}\pi$ (7) $-\dfrac{3}{8}\pi$

図 **1.8** $\sin x, \cos x, \tan x$ のグラフ

こうして定まる**三角関数** $\sin x, \cos x, \tan x$ は以下のような性質をもつ (証明

は省略する．定理 1.9 は，$\tan x$ に対するものもあるが，煩雑になるし，$\cos x$, $\sin x$ に対するものから容易に出るので，省略した）．

定理 1.5 (基本性質)　(1)　$\cos x, \sin x$ は，$\boldsymbol{R}$ で定義されている．
(2)　$\tan x$ は，$\cos x = 0$ となる x，すなわち $x = \dfrac{\pi}{2} + n\pi$（$n$ は整数）以外で定義されている．
(3)　$\cos^2 x + \sin^2 x = 1, \ 1 + \tan^2 x = \dfrac{1}{\cos^2 x}$

定理 1.6 (周期性など)
(1)　$\cos(x + 2n\pi) = \cos x, \ \sin(x + 2n\pi) = \sin x$ （n は整数）．すなわち $\cos x, \sin x$ は周期 2π をもつ周期関数[10]である．また，$\tan(x + n\pi) = \tan x$（n は整数）．すなわち $\tan x$ は周期 π をもつ周期関数である．
(2)　$\cos(x \pm \pi) = -\cos x, \ \sin(x \pm \pi) = -\sin x$．

定理 1.7 (偶奇性)　$\cos(-x) = \cos x, \sin(-x) = -\sin x, \tan(-x) = -\tan x$．すなわち，$\cos x$ は偶関数[11]，$\sin x$ と $\tan x$ は奇関数である．

定理 1.8
(1)　$\cos\left(x \pm \dfrac{\pi}{2}\right) = \mp \sin x, \ \sin\left(x \pm \dfrac{\pi}{2}\right) = \pm \cos x$ (複号同順[12])．
　　$\tan\left(x \pm \dfrac{\pi}{2}\right) = -\dfrac{1}{\tan x}$．
(2)　$\cos\left(\dfrac{\pi}{2} - x\right) = \sin x, \ \sin\left(\dfrac{\pi}{2} - x\right) = \cos x$,
　　$\tan\left(\dfrac{\pi}{2} - x\right) = \dfrac{1}{\tan x}$．

---

[10] 一般に，$\boldsymbol{R}$ 上の関数 $f(x)$ が，すべての $x \in \boldsymbol{R}$ に対して $f(x+a) = f(x)$ をみたすとき，$f(x)$ を "周期 a をもつ周期関数" という．
[11] $f(-x) = f(x)$ となる関数を**偶関数**という．グラフが y 軸対称となる関数である．また，$f(-x) = -f(x)$ となる関数を**奇関数**という．グラフが原点対称となる関数である．
[12] **複号**とは，$\pm$ や $\mp$ のことであり，**同順**とは，1 カ所で上の記号を考えた場合は，他も上の記号を考え，下の場合はすべて下を考える，という意味である．

定理 1.9 (加法定理など)

(1) [加法定理]　$\cos(x_1 \pm x_2) = \cos x_1 \cos x_2 \mp \sin x_1 \sin x_2,$
　　　　　　　　$\sin(x_1 \pm x_2) = \sin x_1 \cos x_2 \pm \cos x_1 \sin x_2$ (複号同順).

(2) [倍角の公式]　$\cos 2x = 2\cos^2 x - 1 = 1 - 2\sin^2 x,$
　　　　　　　　$\sin 2x = 2\sin x \cos x.$

(3) [半角の公式]　$\cos^2 \dfrac{x}{2} = \dfrac{1+\cos x}{2}, \quad \sin^2 \dfrac{x}{2} = \dfrac{1-\cos x}{2}.$

注意　三角関数については指数を特殊な位置に書く習慣がある．たとえば，$(\sin x)^k$ $(k \geqq 2)$ を $\sin^k x$ と書く．これらは三角関数特有の習慣であり，また $\underline{k\text{ が負のときには適用されない}}$ ことに注意しなくてはいけない (問 2.3 の後の注意参照).

例題 1.3　次の値を求めよ．

(1) $\cos 75°$　　　(2) $\sin \dfrac{\pi}{8}$

解答　(1) 加法定理により，$\cos 75° = \cos(45° + 30°) = \cos 45° \cos 30° - \sin 45° \sin 30° = \dfrac{\sqrt{2}}{2} \dfrac{\sqrt{3}}{2} - \dfrac{\sqrt{2}}{2} \dfrac{1}{2} = \dfrac{\sqrt{6}-\sqrt{2}}{4}.$

(2) 半角の公式により，$\sin^2 \dfrac{\pi}{8} = \dfrac{1-\cos \dfrac{\pi}{4}}{2} = \dfrac{1-\dfrac{\sqrt{2}}{2}}{2} = \dfrac{2-\sqrt{2}}{4}.$ $\sin \dfrac{\pi}{8} > 0$ なので，$\sin \dfrac{\pi}{8} = \dfrac{\sqrt{2-\sqrt{2}}}{2}.$

問 1.9　次の値を求めよ．

(1) $\sin 75°$　(2) $\sin \dfrac{\pi}{12}$　(3) $\cos \dfrac{\pi}{12}$　(4) $\cos \dfrac{\pi}{8}$

■合成関数■　2 つの関数 $f(x), g(x)$ があるとき，$f(g(x))$ や $g(f(x))$ を $f(x)$ と $g(x)$ との**合成関数**という．$f(g(x))$ は，変数を工夫して，$y = f(u)$, $u = g(x)$ と考え，$f(u)$ に $u = g(x)$ を代入したと見ると考えやすい．たとえば，$f(x) = x^2, g(x) = 2x - 3$ のとき，

$$y = f(u) = u^2,\ u = g(x) = 2x - 3 \quad \longrightarrow \quad y = f(g(x)) = (2x-3)^2.$$

$f(x)$ の定義域を D, $g(x)$ の定義域を E とするとき，$f(g(x))$ の定義域は

$\{x \mid x \in E, g(x) \in D\}$ である.

例題 1.4 $f(x) = \dfrac{x-1}{2x+1}$ と $g(x) = \dfrac{3x+2}{2x-5}$ に対して，合成関数 $f(g(x))$ を求めよ.

解答 $f(g(x)) = \dfrac{\dfrac{3x+2}{2x-5} - 1}{2\dfrac{3x+2}{2x-5} + 1} = \dfrac{3x+2-2x+5}{6x+4+2x-5} = \dfrac{x+7}{8x-1}$.

問 1.10 次の関数に対して，合成関数 $f(g(x))$ を求めよ.

(1) $f(x) = x^2$, $g(x) = \dfrac{2x-1}{3x+2}$ (2) $f(x) = \dfrac{3x-1}{2x+5}$, $g(x) = x^2 - 1$

(3) $f(x) = \dfrac{2x-1}{x+1}$, $g(x) = \dfrac{x+2}{3x+1}$ (4) $f(x) = e^x$, $g(x) = 2x^2 - 1$

いままで述べてきた基本的な関数を**四則**(和・差・積・商)と**合成**により組み合わせることで，さまざまな関数を考えることができる．たとえば，$y = \dfrac{e^{\sin x} - \log x}{x^2 \cos x + 1}$ のような複雑な関数も，

$$\left. \begin{matrix} \left. \begin{matrix} x^2 \\ \cos x \end{matrix} \right\} (積) \to x^2 \cos x \\ 1 \end{matrix} \right\} (和) \to x^2 \cos x + 1$$

$$\left. \begin{matrix} \left. \begin{matrix} \sin x \\ e^x \end{matrix} \right\} (合成) \to e^{\sin x} \\ \log x \end{matrix} \right\} (差) \to e^{\sin x} - \log x$$

$$(商) \to \dfrac{e^{\sin x} - \log x}{x^2 \cos x + 1}$$

と考えることができ，基本的な関数から組み立てられている.

■グラフの移動，伸縮■ 2 次関数 $y = x^2 - 4x + 3$ は，$y = (x-2)^2 - 1$ と変形でき，グラフは，点 $(2, -1)$ を頂点にもつ放物線となるのであった．言い換えると，$y = x^2$ のグラフを x 軸方向に 2，y 軸方向に -1 だけ平行移動すると $y = x^2 - 4x + 3$ のグラフになっている．これは，以下のようにすべての関数についていえることである.

> **定理 1.10** $y = f(x)$ のグラフを x 軸方向に a, y 軸方向に b だけ平行移動すると, x を $x - a$, y を $y - b$ に替えた $y - b = f(x - a)$, すなわち, $y = f(x - a) + b$ のグラフになる.

たとえば, $y = \log(x - 2) + 1$ のグラフは $y = \log x$ のグラフを, x 軸方向に 2, y 軸方向に 1 だけ平行移動したものである (図 1.9).

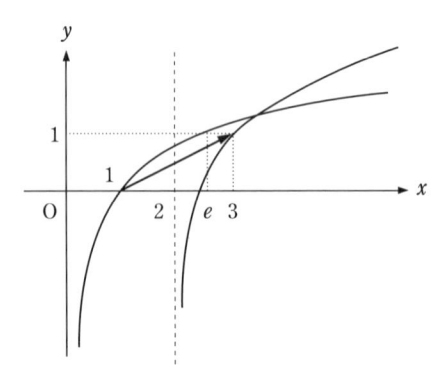

図 1.9 $y = \log x$ と $y = \log(x - 2) + 1$

また, $y = 2x^2$ のグラフは, $y = x^2$ のグラフを y 軸方向に 2 倍に伸ばしたものである.

> **定理 1.11** $y = f(x)$ において, x を $\dfrac{x}{p}$, y を $\dfrac{y}{q}$ に替えた $\dfrac{y}{q} = f\left(\dfrac{x}{p}\right)$, すなわち, $y = qf\left(\dfrac{x}{p}\right)$ のグラフは, もとの $y = f(x)$ のグラフを, x 軸方向に p 倍, y 軸方向に q 倍, 伸縮したものである.

たとえば, $y = 2\sin 3x$ のグラフは, $y = \sin x$ のグラフを, x 軸方向に $\dfrac{1}{3}$ 倍, y 軸方向に 2 倍伸縮したものである (図 1.10). 特に, $y = 2\sin 3x$ は, 周期 $\dfrac{2}{3}\pi$ の周期関数である.

例 1.6 $y = 2\sin(3x - \pi)$ は, $y = \sin x \longrightarrow y = 2\sin(3x) \longrightarrow y = 2\sin\left(3\left(x - \dfrac{\pi}{3}\right)\right)$ と見ると, $y = \sin x$ のグラフを, x 軸方向に $\dfrac{1}{3}$ 倍, y 軸方向に 2 倍伸縮してから, x 軸方向に $\dfrac{\pi}{3}$ だけ平行移動したものである. した

図 **1.10** $y = \sin x$ と $y = 2\sin 3x$

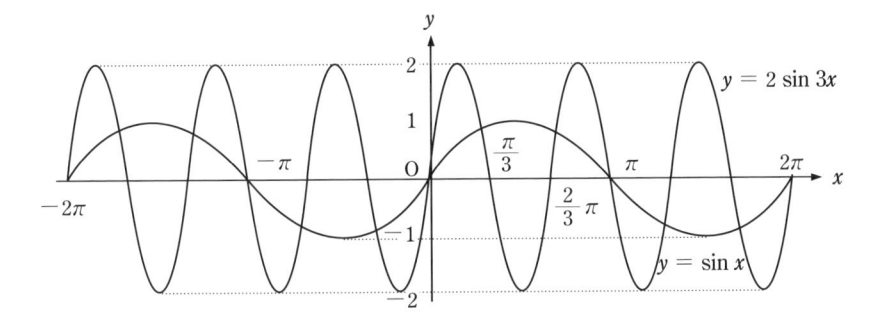

がって，この関数も，周期 $\dfrac{2}{3}\pi$ の周期関数である．

これはまた，$y = \sin x \longrightarrow y = \sin(x-\pi) \longrightarrow y = 2\sin(3x-\pi)$ と見ると，$y = \sin x$ のグラフを，x 軸方向に π だけ平行移動してから，x 軸方向に $\dfrac{1}{3}$ 倍，y 軸方向に 2 倍伸縮したものでもある．

1.5　2項係数と2項定理

この節では，2項係数・2項定理について復習しよう．

$(a+b)^2 = a^2 + 2ab + b^2$, $(a+b)^3 = a^3 + 3a^2 b + 3ab^2 + b^3$ はおなじみの式であろう．一般に $(a+b)^n = a^n + \cdots + b^n$ の形に展開できるはずであるが，この $\cdots$ の部分にはどのような項がくるのであろうか．これを教えてくれるのが **2項定理** であり，この展開式に出てくる係数が **2項係数** である．

階乗，2項係数

自然数 n に対して $n! = n \cdot (n-1) \cdots 2 \cdot 1$ を n の **階乗** という．$1! = 1$, $2! = 2$, $3! = 6$, $4! = 24, \ldots$ である．また，$0! = 1$ と定める[13]．

これを使って，${}_n\mathrm{C}_k = \dfrac{n!}{k!\,(n-k)!} = \dfrac{n(n-1)\cdots(n-k+1)}{k!}$ と定め，これを **2項係数** とよぶ．$\dbinom{n}{k}$ と書くこともある．

たとえば，$_7C_3 = \dfrac{7 \cdot 6 \cdot 5}{3 \cdot 2 \cdot 1} = 35$. 2項係数 $_nC_k$ は，異なる n 個のものから k 個のものを抜き出す組合せの数，という意味があり，つねに割り切れて自然数となる．

数列 $\{a_n\}$ に対して，和 $a_m + \cdots + a_n$ を $\displaystyle\sum_{k=m}^{n} a_k$ と書く．$\sum$ は総和記号またはシグマ記号という．たとえば $\displaystyle\sum_{k=2}^{5} k^2 = 2^2 + 3^2 + 4^2 + 5^2$ である．次の公式はよく知られている．

$$\sum_{k=1}^{n} r^{k-1} = \frac{1-r^n}{1-r} \quad (r \neq 1) \tag{1.3}$$

$$\sum_{k=1}^{n} k = \frac{n(n+1)}{2} \tag{1.4}$$

$$\sum_{k=1}^{n} k^2 = \frac{n(n+1)(2n+1)}{6} \tag{1.5}$$

$$\sum_{k=1}^{n} k^3 = \frac{n^2(n+1)^2}{4} \tag{1.6}$$

定理 1.12（2項定理） n を自然数とすると，$(a+b)^n = \displaystyle\sum_{k=0}^{n} {}_nC_k \, a^{n-k} b^k$ が成り立つ[14]．

例 1.7 $(a+b)^4 = \displaystyle\sum_{k=0}^{4} {}_4C_k \, a^{4-k} b^k = {}_4C_0 \, a^4 + {}_4C_1 \, a^3 b + {}_4C_2 \, a^2 b^2 + {}_4C_3 \, ab^3 + {}_4C_4 \, b^4 = a^4 + 4a^3 b + 6a^2 b^2 + 4ab^3 + b^4$.

最後に，2項係数の基本性質をまとめておこう．

---

[13] $0! \neq 0$ なので注意．もっとも基本的な関係式である $(n+1)! = n! \times (n+1)$ が $n=0$ でも成立してほしいので，$0! = 1$ と定めなくてはならないのである．

[14] a や b が 0 の場合にも正しい式にするために，$0^0 = 1$ と定める．0^0 は値を定めない，という流儀もあるが，最近はこのように 1 と定めることが多い．ただし，こう定めても，あとで述べる（例題 3.11 (1)）ように，極限については注意が必要である．

定理 1.13　(1)　${}_n\mathrm{C}_0 = {}_n\mathrm{C}_n = 1.$

(2)　${}_n\mathrm{C}_k = {}_n\mathrm{C}_{n-k}\quad (0 \leqq k \leqq n).$

(3)　${}_n\mathrm{C}_{k-1} + {}_n\mathrm{C}_k = {}_{n+1}\mathrm{C}_k\quad (1 \leqq k \leqq n).$

$$
\begin{array}{ccccccccc}
 & & & & {}_0\mathrm{C}_0 & & & & \\
 & & & {}_1\mathrm{C}_0 & & {}_1\mathrm{C}_1 & & & \\
 & & {}_2\mathrm{C}_0 & & {}_2\mathrm{C}_1 & & {}_2\mathrm{C}_2 & & \\
 & {}_3\mathrm{C}_0 & & {}_3\mathrm{C}_1 & & {}_3\mathrm{C}_2 & & {}_3\mathrm{C}_3 & \\
{}_4\mathrm{C}_0 & & {}_4\mathrm{C}_1 & & {}_4\mathrm{C}_2 & & {}_4\mathrm{C}_3 & & {}_4\mathrm{C}_4 \\
\vdots & & \vdots & & \vdots & & \vdots & & \vdots
\end{array}
\qquad
\begin{array}{ccccccccc}
 & & & & 1 & & & & \\
 & & & 1 & & 1 & & & \\
 & & 1 & & 2 & & 1 & & \\
 & 1 & & 3 & & 3 & & 1 & \\
1 & & 4 & & 6 & & 4 & & 1 \\
\vdots & & \vdots & & \vdots & & \vdots & & \vdots
\end{array}
$$

図 1.11　パスカルの三角形

これらの性質は，2 項係数を図 1.11 のように並べると憶えやすい．すなわち，(1) は，左右の辺上はすべて 1 ということであり，(2) は，左右対称ということである．(3) は，隣り合った 2 つを足すと，下の数値になるということである．この図を**パスカルの三角形**とよぶ．

例題 1.5　(1)　$(x+2)^{10}$ の x^4 の係数を求めよ．

(2)　$\left(x^2 - \dfrac{1}{x}\right)^{12}$ の x^3 の係数を求めよ．

解答　(1)　[与式]$= \displaystyle\sum_{k=0}^{10} {}_{10}\mathrm{C}_k\, x^{10-k} 2^k$ なので，求める係数は $k = 6$ の場合，すなわち ${}_{10}\mathrm{C}_6 2^6 = {}_{10}\mathrm{C}_4 2^6 = \dfrac{10 \cdot 9 \cdot 8 \cdot 7 \cdot 2^6}{4 \cdot 3 \cdot 2 \cdot 1} = 13440.$

(2)　[与式]$= \displaystyle\sum_{k=0}^{12} {}_{12}\mathrm{C}_k (x^2)^{12-k} \left(-\frac{1}{x}\right)^k$ において，$(x^2)^{12-k}\left(\dfrac{1}{x}\right)^k = x^{24-3k}$ である．$24 - 3k = 3$ となるのは，$k = 7$ のときであるから，求める係数は ${}_{12}\mathrm{C}_7(-1)^7 = -{}_{12}\mathrm{C}_5 = -\dfrac{12 \cdot 11 \cdot 10 \cdot 9 \cdot 8}{5 \cdot 4 \cdot 3 \cdot 2 \cdot 1} = -792.$ ∎

問 1.11　次の問いに答えよ．

(1)　$(x-1)^{11}$ の x^5 の係数を求めよ．

(2)　$\left(x - \dfrac{1}{x}\right)^{10}$ の x^4 の係数を求めよ．

◆練習問題 1 ◆

1. 次の割り算をして，$\dfrac{A(x)}{B(x)} = Q(x) + \dfrac{R(x)}{B(x)}$ (R の次数は B の次数より小さい) の形に表せ．

(1) $\dfrac{x^5 - 9x^3 + 2x^2 + 1}{x^2 - 4x + 2}$ 　　(2) $\dfrac{x^6 - 1}{x^2 + x + 2}$

2. 次をみたす 1 次関数を求めよ．
 (1) $x = 1$ のとき $y = 2$ で，$x = 3$ のとき $y = -2$．
 (2) $x = -1$ のとき $y = 3$ で，$x = 2$ のとき $y = 6$．
 (3) $x = 3$ のとき $y = 2$ で，$x = 1$ のとき $y = -4$．
 (4) $x = -2$ のとき $y = 4$ で，$x = 5$ のとき $y = -3$．

3. 次の関数の定義域を求めよ．
 (1) $\sqrt{\dfrac{1-x}{1+x}}$ 　(2) $\log(1 - e^x)$ 　(3) $\sqrt{\dfrac{e^x}{2 - e^x}}$
 (4) $\log(1 - 2\sin x)$

4. 次の関数のグラフの概形を描け．また，値域を求めよ．
 (1) $y = 2^{2x-1} + 2$ 　(2) $y = 3^{x+1} - 3$

5. $\log_2 6 = \dfrac{\log 6}{\log 2} = \dfrac{\log 2 + \log 3}{\log 2} \left(= 1 + \dfrac{\log 3}{\log 2} \right)$ のように，次の対数を $\log[\text{素数}]$ で表せ．
 (1) $\log_3 24$ 　(2) $\log_4 18$ 　(3) $\log_6 32$

6. 次の関数のグラフの概形を描け．また，定義域を求めよ．
 (1) $y = \log_3 9x$ 　(2) $y = \log_2 \dfrac{x-1}{4}$ 　(3) $y = \log_2 (4x - 8)^{\frac{3}{2}}$

7. 次の等式をみたす x の値を求めよ．(もちろん，対数を使って表してもよい．何通りかの表し方がある場合もある．)
 (1) $2^x = 24$ 　(2) $\log_3 x = \dfrac{3}{2}$ 　(3) $\log_x 3 = 4$
 (4) $3^{\log_3 x} = 15$ 　(5) $2^{\log_3 x} = 15$ 　(6) $2^{\log_{\frac{1}{2}} x} = 10$

8. 次の θ に対する $\cos\theta$, $\sin\theta$, $\tan\theta$ の値を求めよ．
 (1) $\theta = \dfrac{7}{6}\pi$ 　(2) $\theta = -\dfrac{5}{3}\pi$ 　(3) $\theta = \dfrac{11}{4}\pi$
 (4) $\theta = \dfrac{11}{6}\pi$

9. (1) $0 \leqq x \leqq \pi$ で $\cos x = -\dfrac{5}{6}$ のとき，$\sin x$, $\tan x$ の値を求めよ．
 (2) $\dfrac{1}{2}\pi \leqq x \leqq \dfrac{3}{2}\pi$ で $\sin x = \dfrac{1}{3}$ のとき，$\cos x$, $\tan x$ の値を求めよ．

(3) $-\pi \leqq x \leqq 0$ で $\tan x = 3$ のとき, $\sin x$, $\cos x$ の値を求めよ.

(4) $\sin x = \dfrac{3}{4}$ のとき, $\cos x$, $\tan x$ の値を求めよ.

(5) $\tan x = -2$ のとき, $\sin x$, $\cos x$ の値を求めよ.

10. 次の関数のグラフの概形を描き, 周期を求めよ.

(1) $y = \sin \dfrac{x}{2}$ (2) $y = \cos\left(x - \dfrac{1}{3}\pi\right)$ (3) $y = \tan \dfrac{x}{2}$

(4) $y = \sin\left(2x - \dfrac{1}{3}\pi\right)$ (5) $y = \cos\left(\dfrac{x}{2} + \dfrac{1}{4}\pi\right)$

(6) $y = \sin\left(3x + \dfrac{3}{2}\pi\right)$

11. 次の θ に対する $\cos\theta$, $\sin\theta$, $\tan\theta$ の値を求めよ (2重根号はそのままでもよい).

(1) $\theta = \dfrac{7}{12}\pi$ $\left(\mathbf{Hint}: \dfrac{7}{12}\pi = \dfrac{1}{3}\pi + \dfrac{1}{4}\pi.\right)$

(2) $\theta = \dfrac{5}{8}\pi$ $\left(\mathbf{Hint}: \dfrac{5}{8}\pi = \dfrac{1}{2} \cdot \dfrac{5}{4}\pi. \quad \dfrac{1}{2}\pi < \theta < \pi \text{ に注意.}\right)$

12. 次の問いに答えよ.

(1) $(2x + 3y)^{10}$ を展開したときの $x^3 y^7$ の係数を求めよ.

(2) $\left(x - \dfrac{3}{x}\right)^{12}$ を展開したときの x^4 の係数を求めよ.

13. 次の値を2項定理を用いて求めよ.

(1) $\displaystyle\sum_{r=0}^{9} {}_9\mathrm{C}_r$ (2) $\displaystyle\sum_{r=0}^{11} {}_{11}\mathrm{C}_r (-1)^r$ (3) $\displaystyle\sum_{r=1}^{9} {}_{10}\mathrm{C}_r$

(4) $\displaystyle\sum_{r=1}^{12} {}_{12}\mathrm{C}_r (-1)^r$.

2

数列と関数の極限

2.1 数列の極限

この節では，数列の収束，発散について説明し，自然対数の底 (ネイピア (Napier) の数) e の定義を与える．

数列 無限個の実数の列 $a_1, a_2, a_3, a_4, \ldots$ を (実) **数列**といい，$\{a_n\}_{n=1,2,\ldots}$ や $\{a_n\}_{n=1}^{\infty}$，または単に $\{a_n\}$ などと書く．並んでいる各数を項といい，一番最初の項を初項，一般的な n 番目の項を第 n 項という．

例 2.1 (1) 2 から始まる偶数の列は $\{a_n\} : 2, 4, 6, 8, \ldots, 2n, \ldots$

(2) 初項が 2 で，-3 を次々と掛けていってできる数列は $\{a_n\} : 2, -6, 18, -54, \ldots$ であり，第 n 項は $a_n = 2 \times (-3)^{n-1}$ で表される．このとき，この数列は初項 2，公比 -3 の等比数列という．

(3) 数列 $\{F_n\} : 1, 1, 2, 3, 5, 8, 13, \ldots$ はフィボナッチ数列とよばれる．どんな規則でならんでいるだろうか．

さて，数列についていくつかの言葉 (概念) を定義しよう．

数列 $\{a_n\}$ において "すべての n に対して $a_n < a_{n+1}$" が成り立つとき，この数列は**単調増加**数列であるという．数がどんどんと大きくなっていく数列である．逆にどんどんと小さくなっていくとき，つまり，$a_n > a_{n+1}$ が成り立つときは**単調減少**数列であるという．

例 2.2 (1) 数列 $\{n^2\} = 1, 4, 9, 16, \ldots$ は単調増加数列である．

(2) 数列 $\left\{1 + \dfrac{1}{n}\right\}$ は単調減少数列である．

問 2.1 例 2.2 (2) を確認せよ．

数列の収束，発散

まず，数列の収束の直観的な定義を与えよう．

> **数列の収束**
>
> 「数列 $\{a_n\}$ が実数 α に**収束する**」とは，n が限りなく大きくなるにつれて，a_n が限りなく α に近づくことである．このとき，$a_n \to \alpha \ (n \to \infty)$ と書く．このときの α を数列 $\{a_n\}$ の**極限(値)** とよび，$\lim_{n \to \infty} a_n$ と書く．

つまり，$\alpha = \lim_{n \to \infty} a_n$ と $a_n \to \alpha \ (n \to \infty)$ とは，同じことを表している[1]．

例 2.3 $1 + \dfrac{1}{n} \to 1 \ (n \to \infty)$ となるので，1 が数列 $\left\{1 + \dfrac{1}{n}\right\}_{n=1}^{\infty}$ の極限(値)であり，$\lim_{n \to \infty}\left(1 + \dfrac{1}{n}\right) = 1$ である．

数列 $\{a_n\}$ がどんな実数値にも収束しないとき，**発散**するという[2]．たとえば，$\{1 + n^2\}$，$\{(-1)^n\}$，$\{1 - n\}$ などはいずれも発散する．特に，$\{1 + n^2\}$ のように，n が限りなく大きくなるにつれて a_n が限りなく大きくなるならば，数列 $\{a_n\}$ は「∞ **に発散する**」という．このような数列は，収束する数列と似た性質をもっているので，収束する場合の記号を流用して $a_n \to \infty \ (n \to \infty)$ や $\lim_{n \to \infty} a_n = \infty$ と書く[3]．たとえば，$1 + n^2 \to \infty \ (n \to \infty)$，$\lim_{n \to \infty}(1 + n^2) = \infty$．

また，$-a_n \to \infty \ (n \to \infty)$ のとき，数列 $\{a_n\}$ は $-\infty$ に発散するといい，$a_n \to -\infty \ (n \to \infty)$ や $\lim_{n \to \infty} a_n = -\infty$ と書く．たとえば，$1 - n \to -\infty \ (n \to \infty)$，$\lim_{n \to \infty}(1 - n) = -\infty$．

---

[1] $\to$ と $=$ の使い分けに注意.
[2] 「極限は存在しない」ともいう.
[3] 「極限は ∞ である」とも「極限は存在しない」ともいう.

重要な極限として，等比数列の極限がある．$n \to \infty$ のとき，

$$\lim_{n\to\infty} r^n = \begin{cases} \infty & (r > 1) \\ 1 & (r = 1) \\ 0 & (-1 < r < 1) \\ 発散する & (r \leqq -1) \end{cases}$$

たとえば，$r = \dfrac{1}{2}$ のとき $\{r^n\} : \dfrac{1}{2}, \left(\dfrac{1}{2}\right)^2, \left(\dfrac{1}{2}\right)^3, \ldots$ であり，0 に収束するのは直観的に明らかであろう．

さて，数列の極限に関して基本的なことを 2 つの定理にまとめておこう．1 つは収束する数列に関するものである．

定理 2.1 2 つの数列 $\{a_n\}, \{b_n\}$ が収束し，$\lim\limits_{n\to\infty} a_n = \alpha$, $\lim\limits_{n\to\infty} b_n = \beta$ とする．

(1) 数列 $\{a_n \pm b_n\}, \{a_n \cdot b_n\}$ も収束し，
   (i) $\lim\limits_{n\to\infty}(a_n \pm b_n) = \alpha \pm \beta$ （複号同順），
   (ii) $\lim\limits_{n\to\infty}(a_n \cdot b_n) = \alpha\beta$．

(2) $b_n \neq 0, \beta \neq 0$ ならば，数列 $\left\{\dfrac{a_n}{b_n}\right\}$ も収束し，

$$\lim_{n\to\infty} \frac{a_n}{b_n} = \frac{\alpha}{\beta}.$$

(3) すべての n に対して $a_n \leqq b_n$ ならば，$\alpha \leqq \beta$．

(4) ［はさみうちの原理］数列 $\{c_n\}$ がすべての n に対して $a_n \leqq c_n \leqq b_n$ をみたすとする．$\alpha = \beta$ ならば，$\{c_n\}$ も収束して $\lim\limits_{n\to\infty} c_n = \alpha$ となる．

上の (3) において，たとえば，$a_n = 1 - \dfrac{1}{n} < b_n = 1 + \dfrac{1}{n}$ のように，つねに $a_n < b_n$ であっても $\alpha = \beta$ となり得る．

もう 1 つは ∞ に発散する数列に関するものである．

定理 2.2 2つの数列 $\{a_n\}, \{b_n\}$ を考える.
(1) すべての n について $a_n \neq 0$ とすると,
$$|a_n| \to \infty \iff \frac{1}{a_n} \to 0 \ ^4$$
言い換えると,
$$a_n \to 0 \iff \frac{1}{|a_n|} \to \infty$$
ということ.
(2) すべての n について $a_n \leqq b_n$ とすると,
$a_n \to \infty \ (n \to \infty)$ ならば, $b_n \to \infty \ (n \to \infty)$.
$b_n \to -\infty \ (n \to \infty)$ ならば, $a_n \to -\infty \ (n \to \infty)$.
(3) $a_n \to \infty \ (n \to \infty)$ かつ, すべての n について $|b_n| \leqq M$ となる定数 M があるならば $a_n \pm b_n \to \infty \ (n \to \infty)$.
(4) $a_n \to \infty \ (n \to \infty)$ かつ, すべての n について $b_n \geqq c$ となる正の数 c があるならば, $a_n \cdot b_n \to \infty \ (n \to \infty)$.
(5) $a_n \to \infty \ (n \to \infty)$ で, $b_n > 0$ かつ, すべての n について $b_n \leqq M$ となる定数 M があるならば $\dfrac{a_n}{b_n} \to \infty \ (n \to \infty)$.

上の2つの定理を使うと, <u>式の変形と組み合せて</u>, いろいろな数列の極限が得られる.

例題 2.1 次の数列 $\{a_n\}$ の極限値を求めよ.
(1) $\dfrac{3n^2 - 2n}{n^2 + 1}$ (2) $\dfrac{4n^3 - n^2 - 1}{n^2 + 2}$ (3) $\sqrt{n+1} - \sqrt{n}$ (4) $\dfrac{2^n - 3^n}{3^n + 2}$

解答 (1) 分母, 分子を n^2 で割ると $\dfrac{3n^2 - 2n}{n^2 + 1} = \dfrac{3 - \dfrac{2}{n}}{1 + \dfrac{1}{n^2}}$ であり,

$\dfrac{1}{n}, \dfrac{1}{n^2} \to 0 \ (n \to \infty)$ ゆえ $\dfrac{3n^2 - 2n}{n^2 + 1} \to 3 \ (n \to \infty)$.

---

[4] $\iff$ については, 巻末の補足 A.1 を参照.

(2) $\dfrac{4n^3 - n^2 - 1}{n^2 + 2} = n \times \left(\dfrac{4 - \dfrac{1}{n} - \dfrac{1}{n^3}}{1 + \dfrac{2}{n^2}} \right) \to \infty \ (n \to \infty)$.

(3) $\sqrt{n+1} - \sqrt{n} = \dfrac{(\sqrt{n+1} - \sqrt{n})(\sqrt{n+1} + \sqrt{n})}{\sqrt{n+1} + \sqrt{n}} = \dfrac{1}{\sqrt{n+1} + \sqrt{n}} \to 0$
$(n \to \infty)$．このように，分母，分子に適当なものをかけて分子から根号 $\sqrt{}$ をなくす操作を，**分子の有理化**という．

(4) $\dfrac{2^n - 3^n}{3^n + 2} = \dfrac{\left(\dfrac{2}{3}\right)^n - 1}{1 + 2\left(\dfrac{1}{3}\right)^n} \to \dfrac{-1}{1} = -1 \ (n \to \infty)$.

> **問 2.2** 次の数列の極限値を求めよ．
> (1) $\dfrac{n^2 - 2n - 2}{2n^2 + 3n + 1}$ (2) $\dfrac{4n - 3}{n^2 + 2n - 1}$ (3) $\dfrac{3n^3 - n + 1}{n^2 + 1}$
> (4) $\sqrt{n+3} - \sqrt{n-1}$ (5) $\dfrac{2^n - 3}{3^n + 1}$

■ e の導入 ■　定理 1.4 のうしろで少し説明した自然対数の底 (ネイピアの数) e をきちんと定義しよう．この数の重要性は，どんなに強調してもしすぎることはない．

> **定理 2.3** (e の定義)　極限 $\displaystyle \lim_{n \to \infty} \left(1 + \dfrac{1}{n}\right)^n$ は存在する．この極限値を e と定める．

$e = \displaystyle \lim_{n \to \infty} \left(1 + \dfrac{1}{n}\right)^n$ は無理数であることがわかっている．無限小数にすると，$e = 2.71828182845\cdots$ である．

この e を底とする指数関数 $y = e^x$，対数関数 $y = \log_e x$ が重要である．なお，e を底とする対数 $\log_e x$ は底を省略し $\log x$ と書く．

注意　指数法則や対数法則の扱いに注意．$e^0 = 1, \ \log e = 1, \ \log 1 = 0$ など．

2.2　逆三角関数

いままでに，$x^a, \ e^x, \ \log x, \ \sin x, \ \cos x, \ \tan x$ などの関数を学んできた (第 1 章参照)．この節では，新しい関数である逆三角関数を導入する．

$y = \sin x$ の値は，x がどんな値をとっても $-1 \leqq y \leqq 1$ の間を動く．

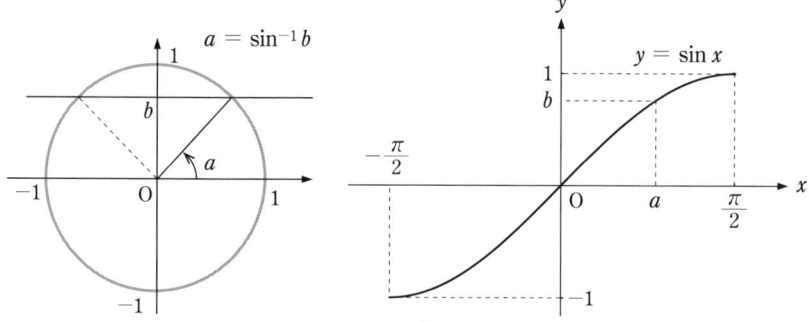

図 2.1 $\sin^{-1} b$ の定義

$-1 \leqq b \leqq 1$ なる b に対して，$\sin a = b$ となる a は無数にあるが，$-\dfrac{\pi}{2} \leqq a \leqq \dfrac{\pi}{2}$ の範囲に限ると，ただ 1 つ，つねに存在する (図 2.1 参照)．この a を $\sin^{-1} b$ または $\arcsin b$ と書く．すなわち，

$$\sin a = b, \quad -\frac{\pi}{2} \leqq a \leqq \frac{\pi}{2} \iff a = \sin^{-1} b$$

である．$-\dfrac{\pi}{2} \leqq a \leqq \dfrac{\pi}{2}$ なる制限があるので，つねに，$-\dfrac{\pi}{2} \leqq \sin^{-1} b \leqq \dfrac{\pi}{2}$ であることに注意．($\sin^{-1}$ はサイン・インバース，$\arcsin$ はアークサインと読む．$\sin^{-1}$ をアークサインと読むこともある．以下で述べる $\cos^{-1}$, $\arccos$, $\tan^{-1}$, $\arctan$ についても同様である．)

例題 2.2 $\sin^{-1} \dfrac{1}{2}$ の値を求めよ．

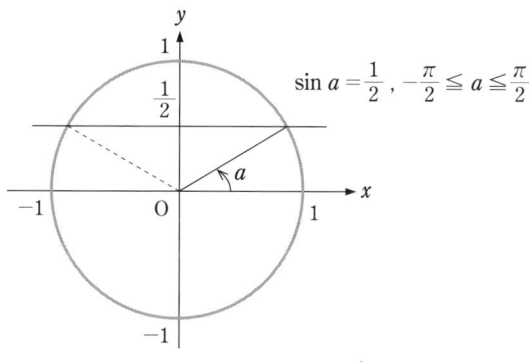

図 2.2 $a = \sin^{-1} \dfrac{1}{2}$

解答 $\sin^{-1}\dfrac{1}{2} = a$ とおくと, $\sin a = \dfrac{1}{2}$ かつ $-\dfrac{\pi}{2} \leqq a \leqq \dfrac{\pi}{2}$ である. 図2.2 により, $a = \dfrac{\pi}{6}$. すなわち, $\sin^{-1}\dfrac{1}{2} = \dfrac{\pi}{6}$. ∎

問 2.3 次の値を求めよ.
(1) $\sin^{-1} 0$ (2) $\sin^{-1} \dfrac{\sqrt{3}}{2}$ (3) $\sin^{-1} \dfrac{1}{\sqrt{2}}$ (4) $\sin^{-1} 1$
(5) $\sin^{-1}(-1)$ (6) $\sin^{-1}\left(-\dfrac{1}{2}\right)$ (7) $\sin^{-1}\left(-\dfrac{\sqrt{3}}{2}\right)$

注意 (1) $\underline{\sin^{-1} x \text{ と } (\sin x)^{-1} \text{ は同じではない!!}}$ 定理 1.9 の後の注意で述べたように $\sin^k x = (\sin x)^k$ などの記法は k が負のときには使わない.
(2) $\sin^{-1}(\sin x) = x \ \left(-\dfrac{\pi}{2} \leqq x \leqq \dfrac{\pi}{2}\right)$ であるが, $x < -\dfrac{\pi}{2}, \dfrac{\pi}{2} < x$ においては $\sin^{-1}(\sin x) = x$ は $\underline{\text{成立しない}}$. たとえば, $\dfrac{\pi}{2} \leqq x \leqq \dfrac{3}{2}\pi$ では, $\sin^{-1}(\sin x) = \pi - x$ である. 一方, $\sin(\sin^{-1} x) = x$ はつねに成り立つ (とはいっても $-1 \leqq x \leqq 1$ でないと左辺に意味がない).

以上の注意は次に述べる $\cos x$ や $\tan x$ についても同様である.

$\sin^{-1} b$ と同様に,

$$\cos a = b,\ 0 \leqq a \leqq \pi \iff a = \cos^{-1} b,$$
$$\tan a = b,\ -\dfrac{\pi}{2} < a < \dfrac{\pi}{2} \iff a = \tan^{-1} b$$

により, $a = \cos^{-1} b$ (または $a = \arccos b$) と $a = \tan^{-1} b$ (または $a = \arctan b$) を定める. それぞれ角度 a の制限範囲が異なることに注意[5].

以上は, 言い換えると, 三角関数の定義域を制限して逆関数を考えていることにあたる. すなわち, $y = \sin x$ を $-\dfrac{\pi}{2} \leqq x \leqq \dfrac{\pi}{2}$ に制限して考えると, 単調増加となり, この関数の逆関数が, $x = \sin^{-1} y$ である. 他も同様であり, $y = \sin^{-1} x, y = \cos^{-1} x, y = \tan^{-1} x$ を逆三角関数とよぶ.

---
[5] ここで考えた範囲以外の制限の仕方を考えることもでき, そのときは, ここで考えたのとは異なる a の値がでてくる. それらと区別するために, ここで考えた値を主値とよぶことがある.

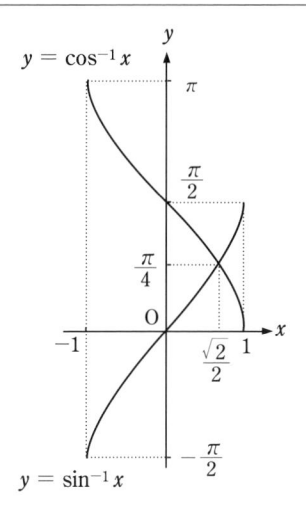

図 2.3　逆三角関数のグラフ (1)

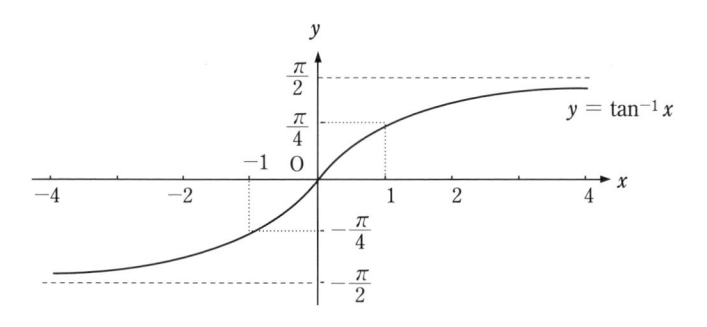

図 2.4　逆三角関数のグラフ (2)

例題 2.3　$\cos^{-1}\dfrac{1}{2}$ および $\tan^{-1}\dfrac{1}{\sqrt{3}}$ の値を求めよ．

解答　$\cos^{-1}\dfrac{1}{2} = a$ とおくと，$\dfrac{1}{2} = \cos a$ かつ $0 \leqq a \leqq \pi$. したがって，図 2.5 より $a = \dfrac{\pi}{3}$.

$\tan^{-1}\dfrac{1}{\sqrt{3}} = a$ とおくと，$\dfrac{1}{\sqrt{3}} = \tan a$ かつ $-\dfrac{\pi}{2} < a < \dfrac{\pi}{2}$. したがって，図 2.5 より $a = \dfrac{\pi}{6}$.

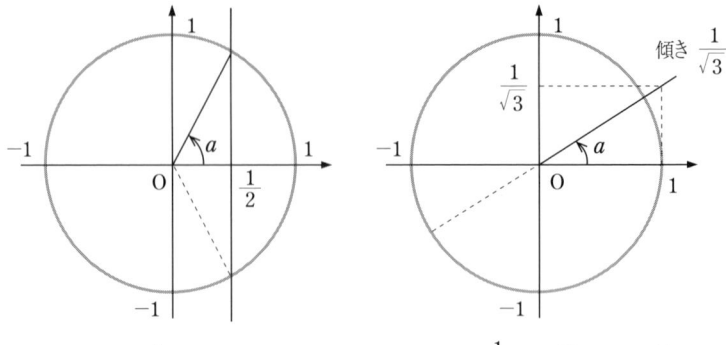

$\cos a = \dfrac{1}{2}, \ 0 \leqq a \leqq \pi$ $\tan a = \dfrac{1}{\sqrt{3}}, \ -\dfrac{\pi}{2} < a < \dfrac{\pi}{2}$

図 **2.5** $\cos^{-1} \dfrac{1}{2}, \ \tan^{-1} \dfrac{1}{\sqrt{3}}.$

問 2.4 次の値を求めよ．

(1) $\cos^{-1} 0$ (2) $\cos^{-1} \dfrac{\sqrt{3}}{2}$ (3) $\cos^{-1} \dfrac{1}{\sqrt{2}}$ (4) $\cos^{-1} 1$
(5) $\cos^{-1}(-1)$ (6) $\cos^{-1}\left(-\dfrac{1}{2}\right)$ (7) $\tan^{-1} 1$ (8) $\tan^{-1} \sqrt{3}$
(9) $\tan^{-1} 0$ (10) $\tan^{-1}\left(-\dfrac{1}{\sqrt{3}}\right)$ (11) $\tan^{-1}(-\sqrt{3})$ (12) $\tan^{-1}(-1)$

これら逆三角関数の基本性質をまとめておこう．図 2.3, 2.4 のグラフはしっかり頭に入れておくこと．

定理 2.4

(1) $\sin^{-1} x, \tan^{-1} x$ は単調増加，$\cos^{-1} x$ は単調減少である (図 2.3, 2.4 参照).

(2-1) $\sin^{-1} x, \tan^{-1} x$ はともに奇関数である．すなわち，
- $\sin^{-1}(-x) = -\sin^{-1} x \ \ (-1 \leqq x \leqq 1)$,
- $\tan^{-1}(-x) = -\tan^{-1} x \ \ (x \in \boldsymbol{R})$.

(2-2) $\cos^{-1} x$ は偶関数ではなく，次が成り立つ．
- $\cos^{-1}(-x) = \pi - \cos^{-1} x \ \ (-1 \leqq x \leqq 1)$.

(3) $\sin^{-1} x + \cos^{-1} x = \dfrac{\pi}{2} \ \ (-1 \leqq x \leqq 1)$.

2.3 関数の極限

この節では，関数の極限や連続性について説明する．

■関数の極限■ 関数の極限について考えよう．数列の場合と同様に，直観的な定義を与える．

> **関数の極限**
>
> 「x が a に近づくとき，関数 $f(x)$ が α に **収束** する」とは，$x(\neq a)$ が限りなく a に近づくとき，$f(x)$ が α に限りなく近づくことである．このとき，$f(x) \to \alpha \ (x \to a)$ と書く．このときの α を関数 $f(x)$ の $x \to a$ のときの **極限(値)** とよび，$\lim_{x \to a} f(x)$ と書く．

すなわち，$\alpha = \lim_{x \to a} f(x)$ と $f(x) \to \alpha \ (x \to a)$ とは同じことを表している．

$f(x)$ がどんな実数にも収束しないとき，**発散** するという．特に，$x(\neq a)$ が限りなく a に近づくとき，$f(x)$ が限りなく大きくなるならば，関数 $f(x)$ は「$x \to a$ のとき，∞ に発散する」といい，収束の場合の記号を流用して $f(x) \to \infty \ (x \to a)$ や $\lim_{x \to a} f(x) = \infty$ と表す．また，$-f(x) \to \infty \ (x \to a)$ のとき，関数 $f(x)$ は「$x \to a$ のとき，$-\infty$ に発散する」といい，$f(x) \to -\infty \ (x \to a)$ や $\lim_{x \to a} f(x) = -\infty$ と表す．$x \to \infty$ や $x \to -\infty$ のときの極限についても同様である．

$x \to a$ と近づくときの近づき方を，右からと左からに分けて考えることがある．$x(> a)$ が限りなく a に近づくとき，$f(x)$ が α に限りなく近づくならば，$f(x) \to \alpha \ (x \to a+0)$ や $\lim_{x \to a+0} f(x) = \alpha$ と書き，このときの極限を **右側極限** という．左から近づくときの極限も同様である（このときは $x \to a+0$ のかわりに $x \to a-0$ と書く）．これらを総称して，**片側極限** という．

例 2.4 (1) $x^3 \to 0 \ (x \to 0)$． $\sqrt{|x|} \to 0 \ (x \to 0)$．

(2) $\dfrac{1}{x} \to 0 \ (x \to \infty)$, $\dfrac{1}{x} \to 0 \ (x \to -\infty)$．

この 2 つのことをまとめて，$\dfrac{1}{x} \to 0 \ (x \to \pm\infty)$ と書く．

(3) $\dfrac{1}{x} \to \infty \ (x \to +0)$, $\dfrac{1}{x} \to -\infty \ (x \to -0)$．この例のように $x \to a+0$

での片側極限を考える上で $a=0$ のときは $x \to 0+0$ のかわりに $x \to +0$ と書く．

基本的な関数に関しては，次の極限が重要である．これらは，グラフを考えれば，明らかなことだろう．

例 2.5 (1) $e^x \to \infty$ $(x \to \infty)$, $e^x \to 0$ $(x \to -\infty)$.
(2) $\log x \to \infty$ $(x \to \infty)$, $\log x \to -\infty$ $(x \to +0)$.
(3) $\tan x \to \infty$ $\left(x \to \dfrac{\pi}{2} - 0\right)$, $\tan x \to -\infty$ $\left(x \to -\dfrac{\pi}{2} + 0\right)$.
(4) $\tan^{-1} x \to \dfrac{\pi}{2}$ $(x \to \infty)$, $\tan^{-1} x \to -\dfrac{\pi}{2}$ $(x \to -\infty)$.

例題 2.4 極限値 $\displaystyle\lim_{x \to -1} \dfrac{x+1}{x^2-1}$ を求めよ．

解答 $\dfrac{x+1}{x^2-1} = \dfrac{x+1}{(x+1)(x-1)} = \dfrac{1}{x-1}$ $(x \neq \pm 1)$ であるので，
$\displaystyle\lim_{x \to -1} \dfrac{x+1}{x^2-1} = \lim_{x \to -1} \dfrac{1}{x-1} = -\dfrac{1}{2}$. ∎

注意 $x \to a$ での極限などにおいて，$f(x)$ の a における値 $f(a)$ は，$f(x)$ が収束するか否かや極限値に影響しない．定義されている必要もない．実際，上の例題 2.4 の関数 $\dfrac{x+1}{x^2-1}$ は，$x=-1$ における値は定義されていない．

関数の極限についても，数列の場合 (定理 2.1, 2.2) と同様のことが成り立つ．$x \to a$ で収束する場合のみ述べるが，発散の場合や片側極限の場合もまったく同様である．

定理 2.5 $x \to a$ のとき $f(x)$, $g(x)$ がともに収束し，$\lim_{x \to a} f(x) = \alpha$, $\lim_{x \to a} g(x) = \beta$ とする．

(1) 関数 $f(x) \pm g(x), f(x)g(x)$ も $x \to a$ のとき収束し，

  (i) $\lim_{x \to a} \{f(x) \pm g(x)\} = \alpha \pm \beta$ （複号同順），

  (ii) $\lim_{x \to a} f(x)g(x) = \alpha\beta$.

(2) $x \neq a$ で $g(x) \neq 0$ で，$\beta \neq 0$ とすると，関数 $\dfrac{f(x)}{g(x)}$ も $x \to a$ のとき収束し，$\lim_{x \to a} \dfrac{f(x)}{g(x)} = \dfrac{\alpha}{\beta}$.

(3) $x \neq a$ においてつねに $f(x) \leqq g(x)$ とすると，$\alpha \leqq \beta$ が成り立つ．

(4) [はさみうちの原理] 関数 $h(x)$ が $x \neq a$ においてつねに $f(x) \leqq h(x) \leqq g(x)$ とする．$\alpha = \beta$ ならば，$h(x)$ も $x \to a$ のとき収束し，$\lim_{x \to a} h(x) = \alpha$.

定理 2.1 の後の注意と同様に，上の (3) において，$f(x) < g(x)$ $(x \neq a)$ であっても $\alpha = \beta$ となり得る．たとえば，$f(x) = -x^2, g(x) = x^2, a = 0$ とすると，$x \neq 0$ では $f(x) < g(x)$ だが，$\lim_{x \to 0} f(x) = \lim_{x \to 0} g(x) = 0$ である．

例題 2.5 次の極限値を求めよ．
(1) $\lim_{x \to \infty} \dfrac{2x^2 - x}{5x^2 + 1}$ (2) $\lim_{x \to 0} \dfrac{\sqrt{x+1} - 1}{x}$

解答 (1) 分母，分子を x^2 で割ると，$\lim_{x \to \infty} \dfrac{2x^2 - x}{5x^2 + 1} = \lim_{x \to \infty} \dfrac{2 - \dfrac{1}{x}}{5 + \dfrac{1}{x^2}} = \dfrac{2}{5}$.

(2) 例題 2.1 と同じように分子の有理化を行うと，
$$\lim_{x \to 0} \dfrac{\sqrt{x+1} - 1}{x} = \lim_{x \to 0} \dfrac{x + 1 - 1}{x(\sqrt{x+1} + 1)} = \lim_{x \to 0} \dfrac{1}{\sqrt{x+1} + 1} = \dfrac{1}{2}.$$

問 **2.5** 次の極限値を求めよ．

(1) $\displaystyle\lim_{x \to \infty} \frac{x^2 - 3x}{2x^2 + x + 1}$
(2) $\displaystyle\lim_{x \to 0} \frac{x^2 - 2x}{x^2 + x}$
(3) $\displaystyle\lim_{x \to \infty} \frac{x^2 + 4x - 1}{3x^3 + x^2 - 1}$
(4) $\displaystyle\lim_{x \to 0} \frac{\sqrt{x^2 + 4} - 2}{x^2}$
(5) $\displaystyle\lim_{x \to 0} \frac{\sqrt{1 + x} - \sqrt{1 - x}}{x}$
(6)[A] $\displaystyle\lim_{x \to \infty} x(\sqrt{x^2 + 1} - x)$
(7)[A] $\displaystyle\lim_{x \to \infty} (x - \sqrt{x^2 - x})$
(8)[A] $\displaystyle\lim_{x \to \infty} \frac{\sqrt{x + 3} - \sqrt{x}}{\sqrt{x + 2} - \sqrt{x + 1}}$

重要な極限をいくつか挙げておこう．

定理 **2.6** $\dfrac{\sin x}{x} \to 1 \ (x \to 0)$．

これは直観的には 2 つの関数 $y = \sin x$ と $y = x$ が $x = 0$ の付近では非常に近い値をもっているということである．

証明[A]　まず，
$$0 < x < \frac{\pi}{2} \text{ のとき } \sin x < x < \tan x \tag{2.1}$$
となることを示そう．図 2.6 のように $\angle \mathrm{AOB} = x$ のとき，面積が $\triangle \mathrm{OAB} = \dfrac{1}{2} \sin x$,

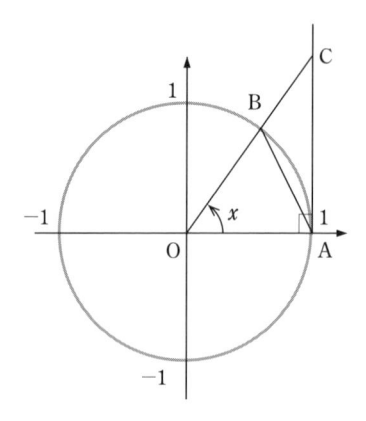

図 **2.6**　$\sin x < x < \tan x$

扇形 OAB $= \dfrac{1}{2}x$, $\triangle$OAC $= \dfrac{1}{2}\tan x$ となるので, (2.1) がいえる.

これより, $0 < x < \dfrac{\pi}{2}$ で $\cos x < \dfrac{\sin x}{x} < 1$ となる. x を $-x$ とすることで, この不等式は, $-\dfrac{\pi}{2} < x < 0$ でも成立する. $\cos x \to 1 \ (x \to 0)$ だから, はさみうちの原理 (定理 2.5 (4)) により, $\dfrac{\sin x}{x} \to 1 \ (x \to 0)$. ∎

これを用いた以下の例題を考える.

例題 2.6 極限値 $\displaystyle\lim_{x \to 0} \dfrac{\sin 2x}{x}$ を求めよ.

解答 $\displaystyle\lim_{x \to 0} \dfrac{\sin 2x}{x} = \lim_{x \to 0} \dfrac{\sin 2x}{2x} \times 2$ であり, $t = 2x$ とすると $x \to 0$ のとき $t \to 0$ であるから $\displaystyle\lim_{x \to 0} \dfrac{\sin 2x}{2x} \times 2 = \lim_{t \to 0} \dfrac{\sin t}{t} \times 2 = 2$. ∎

問 2.6 次の極限値を求めよ.

(1) $\displaystyle\lim_{x \to 0} \dfrac{\sin 3x}{5x}$ (2) $\displaystyle\lim_{x \to 0} \dfrac{\sin \dfrac{x}{3}}{2x}$ (3) $\displaystyle\lim_{x \to 0} \dfrac{\sin 2x}{\sin 5x}$

次はネイピア数 e に関するものである. 証明は §2.4 で与える.

定理 2.7 $\left(1 + \dfrac{1}{x}\right)^x \to e \ (x \to \pm\infty)$.

ネイピア数 e の定義から 自然数 n に対して, $\left(1 + \dfrac{1}{n}\right)^n \to e \ (n \to \infty)$ はわかっている. とびとびに動く n が, 連続的に動く x になっても e に収束する, および $x \to -\infty$ でも e に収束するということである.

例題 2.7 次の極限値を求めよ.
(1) $\displaystyle\lim_{x \to \infty} \left(1 - \dfrac{1}{x}\right)^x$ (2) $\displaystyle\lim_{x \to \infty} \left(1 + \dfrac{2}{x}\right)^x$

解答 (1) $x = -t$ とおくと $x \to \infty$ のとき $t \to -\infty$ である. $\displaystyle\lim_{x \to \infty}\left(1 - \dfrac{1}{x}\right)^x = \lim_{t \to -\infty}\left(1 - \dfrac{1}{-t}\right)^{-t} = \dfrac{1}{\displaystyle\lim_{t \to -\infty}\left(1 + \dfrac{1}{t}\right)^t} = \dfrac{1}{e} = e^{-1}$.

(2) $\displaystyle\lim_{x\to\infty}\left(1+\frac{2}{x}\right)^x = \lim_{x\to\infty}\left(1+\frac{1}{\frac{x}{2}}\right)^x = \lim_{x\to\infty}\left\{\left(1+\frac{1}{\frac{x}{2}}\right)^{\frac{x}{2}}\right\}^2 = e^2.$ ∎

最後は対数関数に対する極限である．証明は §2.4 で与える．

定理 2.8 $\quad \dfrac{\log(1+x)}{x} \to 1 \quad (x\to 0).$

これも直観的には 2 つの関数 $y=\log(x+1)$ と $y=x$ が $x=0$ の付近では非常に近い値をもっているということである．

例題 2.8 極限値 $\displaystyle\lim_{x\to 0}\frac{\log(1+2x)}{x}$ を求めよ．

解答 $\displaystyle\lim_{x\to 0}\frac{\log(1+2x)}{x} = \lim_{x\to 0}\frac{\log(1+2x)}{2x}\times 2$ であり，$t=2x$ とすると $x\to 0$ のとき $t\to 0$ である．$\displaystyle\lim_{x\to 0}\frac{\log(1+2x)}{2x}\times 2 = \lim_{t\to 0}\frac{\log(1+t)}{t}\times 2 = 2.$ ∎

問 2.7 次の極限値を求めよ．

(1) $\displaystyle\lim_{x\to\infty}\left(1-\frac{3}{x}\right)^x$
(2) $\displaystyle\lim_{x\to\infty}\left(1+\frac{1}{2x}\right)^x$
(3) $\displaystyle\lim_{x\to 0}\frac{\log(1+3x)}{2x}$
(4) $\displaystyle\lim_{x\to 0}\frac{\log(1-2x)}{x}$

例題 2.9[A] 次の極限値を求めよ．
(1) $\displaystyle\lim_{x\to 0}\frac{1-\cos x}{x^2}$
(2) $\displaystyle\lim_{x\to 0}\frac{\sin^{-1} x}{x}$
(3) $\displaystyle\lim_{x\to 0}\frac{e^x-1}{x}$

解答 (1) 倍角の公式により，$\cos x = \cos 2\cdot\dfrac{x}{2} = 1-2\sin^2\dfrac{x}{2}$ なので，定理 2.6 より $\dfrac{1-\cos x}{x^2} = \dfrac{2\sin^2\frac{x}{2}}{x^2} = \dfrac{1}{2}\left(\dfrac{\sin\frac{x}{2}}{\frac{x}{2}}\right)^2 \to \dfrac{1}{2} \quad (x\to 0).$

(2) $\sin^{-1} x = t$ とおくと，$x\to 0$ のとき $t\to 0$ となる．$x=\sin t$ なので，定理 2.6 より，$\displaystyle\lim_{x\to 0}\frac{\sin^{-1} x}{x} = \lim_{t\to 0}\frac{t}{\sin t} = 1.$

(3) $e^x-1 = t$ とおくと，$x\to 0$ のとき $t\to 0$ となる．$e^x = t+1$ より $x=\log(t+1)$

なので，定理 2.8 より，$\lim_{x \to 0} \frac{e^x - 1}{x} = \lim_{t \to 0} \frac{t}{\log(t+1)} = 1$.

問 2.8[A] 次の極限値を求めよ．

(1) $\lim_{x \to 0} \frac{1 - \cos x}{x}$ 　　(2) $\lim_{x \to 0} \frac{\log(1 + x)}{\sin x}$

(3) $\lim_{x \to 0} \frac{\log(1 + x^2)}{1 - \cos x}$ 　　(4) $\lim_{x \to -0} \frac{\sin x}{|x|}$

■**連続関数** 　関数といっても，すべての関数が式で書けるとは限らないし，グラフがきわめて複雑になることもある．変な関数もいろいろあるわけだが，われわれはその中で性質のよい関数を扱いたい．性質といってもいろいろなものが考えられるだろうが，もっとも基本的な性質が「連続性」である．

関数の連続性

「$f(x) \to f(a) \ (x \to a)$」が成り立つとき，「関数 $f(x)$ は a で**連続である**」という．区間 I 内のすべての点 a で連続であるとき「$f(x)$ は I で連続である」という．定義域で連続な関数を**連続関数**という．

あらっぽい言い方をすると，区間 I 上の連続関数 $f(x)$ とは，グラフ $y = f(x) \ (x \in I)$ がつながった曲線になるような関数である．

例 2.6 　(1) (第 1 章で復習した) 多項式関数，有理関数，べき乗関数，指数関数，対数関数，三角関数や，この章で導入した逆三角関数は，すべて，定義域で連続，すなわち連続関数であり，$f(x) \to f(a) \ (x \to a)$ となる．たとえば，

- $f(x) = x^2 - 2x + 3 \ \to \ f(a) = a^2 - 2a + 3 \quad (x \to a)$,
- $\dfrac{x+3}{x^2+1} \to \dfrac{a+3}{a^2+1} \quad (x \to a)$,
- $e^x \to e^a \quad (x \to a)$,
- $\tan x \to \tan a \quad (x \to a), \ a \neq \dfrac{2n+1}{2}\pi \ (n \text{ は整数})$.

(2) $H(x) = \begin{cases} 1 & (x \geqq 0) \\ 0 & (x < 0) \end{cases}$ で定義される関数 $H(x)$ を**ヘビサイド関数**とよぶ．この関数は 0 以外で連続で，0 では連続ではない．

関数の極限に関する定理 2.5 によって，連続関数の和，差，積，商でできている関数の連続性について，次が得られる．

> **定理 2.9** 2つの関数 $f(x)$, $g(x)$ がともに $x = a$ で連続であるとする．
> (1) 関数 $f(x) \pm g(x)$, $f(x)g(x)$ も $x = a$ で連続である．
> (2) $g(a) \neq 0$ とすると，関数 $\dfrac{f(x)}{g(x)}$ も $x = a$ で連続である．

例 2.7 (1) $\sin x$ や $\cos x$ はその定義域で連続であるから $f(x) = \sin x + \cos x$ も連続である．
(2) $f(x) = \dfrac{\cos x}{x - 1}$ は $x \neq 1$ で連続である．
(3) $f(x) = x^2 \log x$ は $x > 0$ で連続である．

合成関数，逆関数についても次のことが成り立つ．

> **定理 2.10**
> (1) 2つの関数 $y = f(u)$ $(u \in D)$ と $u = g(x)$ $(x \in E)$ を考える．$f(u)$ と $g(x)$ がともに定義域で連続ならば，合成関数 $y = f(g(x))$ も定義域 $C = \{x \in E \mid g(x) \in D\}$ で連続である．
> (2) 区間 D を定義域とする関数 $y = f(x)$ が D で連続でかつ単調であるとする．このとき，$y = f(x)$ の逆関数 $x = f^{-1}(y)$ も定義域 $f(D)$ で連続である．

以上のことから，連続関数に対しては，四則演算，合成や逆関数をつくるなどの操作を施しても連続性はくずれないことがわかる (割り算のとき，分母が 0 になる点を定義域から除いていることに注意)．

例 2.8 (1) $f(x) = \sin(2x + 1)$ は定義域 $(-\infty, \infty)$ で連続である．
(2) $f(x) = \dfrac{e^{\cos(x^2 + 1)}}{x^2 - 1}$ は定義域 $D = \{x \in R \mid x \neq \pm 1\}$ で連続である．

連続関数はいくつかのよい性質をもっているが，中でも次に述べる 2 つは重要である．

> **定理 2.11 (中間値の定理)**[A]　$y = f(x)$ が有限閉区間 $[a,b]$ $(a < b)$ で連続とする．$f(a) \neq f(b)$ とするとき，$f(a)$ と $f(b)$ の間にある任意の α に対して，$f(c) = \alpha$ となる $c \in (a,b)$ が少なくとも1つは存在する．

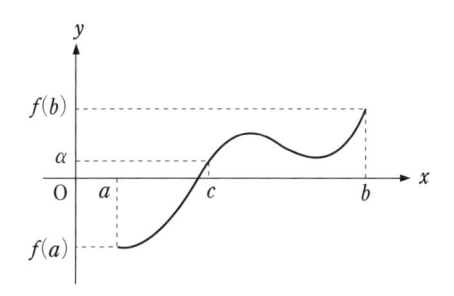

図 2.7　中間値の定理

> **定理 2.12 (最大値・最小値の存在定理)**[A]　$y = f(x)$ が有限閉区間 $[a,b]$ $(a < b)$ で連続とする．このとき，$f(x)$ は $[a,b]$ で必ず最大値，最小値をとる．

$[a,b]$ での最大値とは，すべての $x \in [a,b]$ に対して $f(c) \geqq f(x)$ となるような $f(c)$ $(c \in [a,b])$ であり，最小値とは，すべての $x \in [a,b]$ に対して $f(c) \leqq f(x)$ となるような $f(c)$ $(c \in [a,b])$ である．

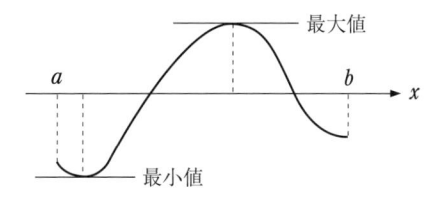

図 2.8　最大値・最小値の存在定理

この2つの定理は図を描けば直観的には明らかなことだろうが，厳密な証明は，実数の本質に関わる難しいものであり，省略する．

2.4 定理の証明[A]

この節では前節までで省略したいくつかの定理の証明を与える.

まずはネイピア数 e に関する定理 2.3 の証明を与えるが,その前に数列の極限に関する次の重要な性質を紹介する.

> **定理 2.13** 数列 $\{a_n\}$ は,単調増加かつ,すべての n に対して $a_n \leqq M$ となる定数 M があるとすると,必ず $\lim_{n\to\infty} a_n$ が存在する.

数直線を考えると直観的には理解できるであろう.厳密な証明は,実数の本質に関わるもので,本書のレベルを超える.この性質は,**実数の連続性**とよばれている.

定理 2.3 の証明を与える.

証明 $a_n = \left(1 + \dfrac{1}{n}\right)^n$ $(n = 1, 2, 3, \ldots)$ とおく.数列 $\{a_n\}$ が単調増加であることと,すべての n に対して $a_n < 3$ であることを示そう.

(a) <u>$\{a_n\}$ が単調増加であることの証明</u>　2 項定理により,

$$a_n = \sum_{k=0}^{n} {}_n\mathrm{C}_k \left(\frac{1}{n}\right)^k = 1 + \sum_{k=1}^{n} \frac{n(n-1)\cdots(n-k+1)}{k!\, n^k}$$

$$= 1 + \sum_{k=1}^{n} \frac{1}{k!}\, 1 \cdot \left(1 - \frac{1}{n}\right) \cdots \left(1 - \frac{k-1}{n}\right) \tag{2.2}$$

である. $1 - \dfrac{i-1}{n} \leqq 1 - \dfrac{i-1}{n+1}$ $(i \geqq 1)$ だから,

$$a_n \leqq 1 + \sum_{k=1}^{n} \frac{1}{k!}\left(1 - \frac{1}{n+1}\right) \cdots \left(1 - \frac{k-1}{n+1}\right)$$

$$< 1 + \sum_{k=1}^{n+1} \frac{1}{k!}\left(1 - \frac{1}{n+1}\right) \cdots \left(1 - \frac{k-1}{n+1}\right) = a_{n+1}$$

となり,$\{a_n\}$ は単調増加数列である.

(b) <u>つねに $a_n < 3$ であることの証明</u>　(2.2) 式より,$a_n \leqq \displaystyle\sum_{k=0}^{n} \dfrac{1}{k!}$ である.

$k \geqq 2$ においては $k! = k \cdot (k-1) \cdots 2 \cdot 1 \geqq 2 \cdot 2 \cdots 2 \cdot 1 = 2^{k-1}$ だから,$n \geqq 2$ のとき,

$$a_n \leqq \frac{1}{0!} + \frac{1}{1!} + \sum_{k=2}^{n} \frac{1}{2^{k-1}} = 2 + \frac{1}{2} \cdot \frac{1 - \left(\frac{1}{2}\right)^{n-1}}{1 - \frac{1}{2}} = 3 - \left(\frac{1}{2}\right)^{n-1} < 3$$

2.4 定理の証明[A]

となり，つねに $a_n < 3$ である．

次に逆三角関数の性質に関する定理 2.4 (2) の後半と (3) のみを示す．

証明 (2) の後半の証明　$-1 \leqq x \leqq 1$ を任意にとり $y = \cos^{-1} x$ とおくと，$x = \cos y$ かつ $0 \leqq y \leqq \pi$．このとき，$\cos(\pi - y) = -\cos y = -x$ かつ $0 \leqq \pi - y \leqq \pi$ である．ゆえに $\cos^{-1} x$ の定義より $\pi - y = \cos^{-1}(-x)$．すなわち $\pi - \cos^{-1} x = \cos^{-1}(-x)$．

(3) の証明　上と同じく，$\cos^{-1} x = y$ とおくと，$x = \cos y$ かつ $0 \leqq y \leqq \pi$．このとき，$\sin\left(\frac{\pi}{2} - y\right) = \cos y = x$ かつ $-\frac{\pi}{2} \leqq \frac{\pi}{2} - y \leqq \frac{\pi}{2}$．ゆえに $\sin^{-1} x$ の定義より $\frac{\pi}{2} - y = \sin^{-1} x$．すなわち $\frac{\pi}{2} - \cos^{-1} x = \sin^{-1} x$．

重要な関数の極限に関する定理を示していく．

ネイピア数に関する関数の極限 (定理 2.7) を示す．

証明 まず，$x \geqq 1$ に対して，$n \leqq x < n+1$ となる自然数 n が定まる．このとき，$1 + \frac{1}{n+1} < 1 + \frac{1}{x} \leqq 1 + \frac{1}{n}$ により，$\left(1 + \frac{1}{n+1}\right)^n < \left(1 + \frac{1}{x}\right)^x < \left(1 + \frac{1}{n}\right)^{n+1}$．ここで，

$$\left(1 + \frac{1}{n+1}\right)^n = \left(1 + \frac{1}{n+1}\right)^{n+1} \cdot \frac{1}{1 + \frac{1}{n+1}} \to e \quad (n \to \infty),$$

$$\left(1 + \frac{1}{n}\right)^{n+1} = \left(1 + \frac{1}{n}\right)^n \cdot \left(1 + \frac{1}{n}\right) \to e \quad (n \to \infty)$$

となるので，$x \to \infty$ のとき $n \to \infty$ となることから $\left(1 + \frac{1}{x}\right)^x \to e \ (x \to \infty)$ が得られる．

次に，$x \to -\infty$ のときを考えよう．$x = -y$ とおくと，

$$\left(1 + \frac{1}{x}\right)^x = \left(\frac{x+1}{x}\right)^x = \left(\frac{-y+1}{-y}\right)^{-y} = \left(\frac{y}{y-1}\right)^y$$

$$= \left(1 + \frac{1}{y-1}\right)^{y-1} \cdot \frac{y}{y-1}$$

$$= \left(1 + \frac{1}{y-1}\right)^{y-1} \cdot \frac{1}{1 - \frac{1}{y}} \to e \quad (y \to \infty)$$

となる．$x \to -\infty$ のとき $y \to \infty$ であるから，$\left(1 + \frac{1}{x}\right)^x \to e \ (x \to -\infty)$ が得られる．

最後に対数関数に関する定理 2.8 を示す.

証明 定理 2.7 で $\frac{1}{x} = h$ とおくと,

$$(1+h)^{\frac{1}{h}} \to e \quad (h \to 0) \tag{2.3}$$

が得られ, これの対数をとると, $\frac{\log(1+h)}{h} \to 1 \ (h \to 0)$ が得られる. ∎

◆◆練習問題 2 ◆◆

A-1. 次の数列 $\{a_n\}$ の極限値を求めよ.

(1) $a_n = \dfrac{n(n+2)}{n+1} - \dfrac{n^3}{n^2+1}$

(2) $a_n = \dfrac{1}{1 \cdot 2} + \dfrac{1}{2 \cdot 3} + \cdots + \dfrac{1}{n \cdot (n+1)}$

(3) $a_n = \dfrac{1^2 + 2^2 + \cdots + n^2}{n^3}$

A-2. 次の値を求めよ.

(1) $\sin^{-1}\left(\sin\dfrac{3}{5}\pi\right)$ (2) $\sin^{-1}\left(\sin\dfrac{7}{5}\pi\right)$ (3) $\cos^{-1}\left(\cos\dfrac{7}{5}\pi\right)$

(4) $\sin\left(2\cos^{-1}\dfrac{2}{5}\right)$

A-3. (1) $\sin^{-1}\left(\dfrac{3}{5}\right) = \tan^{-1} x$ をみたす x を求めよ.

(2) $\sin^{-1}\left(-\dfrac{4}{5}\right) = \cos^{-1} x$ となる実数 x は存在するか. 存在するならばその値を求めよ. 存在しないならその根拠を述べよ.

B-1.[A] $a_1 \geqq 2$, $a_{n+1} = 2 + \dfrac{3}{a_n} \ (n \geqq 1)$ と仮定する.

(1) $a_n \geqq 2 \ (n \geqq 1)$ を示せ.

(2) $|a_{n+1} - 3| \leqq \dfrac{1}{2}|a_n - 3| \ (n \geqq 1)$ を示せ.

(3) $\lim\limits_{n \to \infty} a_n$ を求めよ.

B-2.[A] $\sqrt[n]{n} = 1 + h_n (n = 2, 3, \ldots)$ とおいて, $\lim\limits_{n \to \infty} h_n = 0$ を示すことにより,

$\lim_{n\to\infty} \sqrt[n]{n} = 1$ を証明せよ.

(**Hint**：たとえば, $n = (1+h_n)^n \geq \dfrac{n(n-1)}{2} h_n^2$ を示し, $h_n \to 0 \ (n \to \infty)$ を示す.)

B-3.[A] 漸化式 $a_1 = 1, a_{n+1} = \sqrt{2+a_n}$ で定義された数列 $\{a_n\}$ に対し，次の問いに答えよ.
 (1) $a_n < 2 \ (n = 1, 2, 3, \dots)$ が成り立つことをを示せ.
 (2) $a_n < a_{n+1} \ (n = 1, 2, 3, \dots)$ が成り立つことをを示せ.
 (3) 数列 $\{a_n\}$ の極限値を求めよ.

B-4.[A] 次の等式を示せ.
 (1) $\sin^{-1} \dfrac{4}{5} = \cos^{-1} \dfrac{3}{5}$ (2) $\cos^{-1} x = \sin^{-1} \sqrt{1-x^2} \ (0 \leqq x \leqq 1)$
 (3) $\cos^{-1} x = \pi - \sin^{-1} \sqrt{1-x^2} \ (-1 \leqq x \leqq 0)$

B-5.[A] (1) すべての実数 x に対して，$\tan^{-1} x = \sin^{-1} \dfrac{x}{\sqrt{1+x^2}}$ であることを示せ.
 (2) $\tan^{-1} x + \tan^{-1} \dfrac{1}{x} = \dfrac{\pi}{2} \ (x > 0)$ を証明せよ.

B-6.[A] 等式 $\lim_{t\to\infty} \left(1 + \dfrac{1}{t}\right)^t = \lim_{t\to -\infty} \left(1 + \dfrac{1}{t}\right)^t = e$ を既知として，$\lim_{x\to 0} (1+x)^{\frac{1}{x}} = e$ を示せ.

B-7.[A] f を有限閉区間 $I = [a, b] \ (a < b)$ で連続とする. もしすべての $x \in I$ に対して $f(x) \in I$ ならば，$f(x) = x$ をみたす $x \in I$ が少なくとも1つ存在することを証明せよ.
 (**Hint**：関数 $g(x) = f(x) - x$ に対して，I で中間値の定理を使う.)

B-8.[A] 方程式 $\sin x - x\cos x = 0$ は π と $\dfrac{3}{2}\pi$ の間に実数解をもつことを示せ.

3

微分

3.1 導関数

この節では，関数に対してある瞬間での変化を考える「微分」の考え方とその計算方法を学ぶ．

まず，関数 $y = f(x)$ を $x = a$ の近くで考えよう．

> **平均変化率**
>
> $$\frac{\Delta y}{\Delta x} = \frac{f(a+h) - f(a)}{h}$$ を $x = a$ から $x = a + h$ における $f(x)$ の平均変化率という．

$\Delta x, \Delta y$ はそれぞれ変数 x, y の (特に小さな) 変化量を表す記号である．

直観的にはグラフにおいて，2 点 $(a, f(a))$, $(a+h, f(a+h))$ を通る直線 (図 3.1 の ℓ_1) の傾きが平均変化率である．

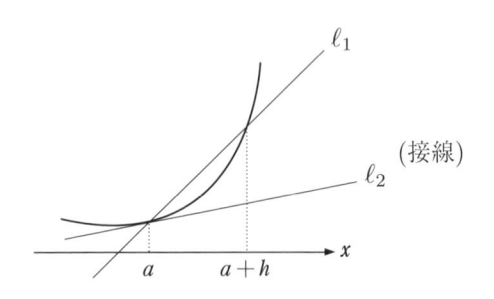

図 3.1 平均変化率

例 3.1 関数 $f(x) = x^2$ を考える．

(1) $x = 0$ から $x = 2$ における平均変化率は $\dfrac{\Delta y}{\Delta x} = \dfrac{f(2) - f(0)}{2 - 0} =$

$\dfrac{2^2 - 0^2}{2} = 2$ である.

(2) $x = 1$ から $x = 3$ における平均変化率は $\dfrac{\Delta y}{\Delta x} = \dfrac{f(3) - f(1)}{3 - 1} = \dfrac{3^2 - 1^2}{2} = 4$ である.

微分係数

$h \to 0$ での平均変化率の極限 $\displaystyle\lim_{h \to 0} \dfrac{f(a+h) - f(a)}{h}$ を $f(x)$ の $x = a$ における**微分係数**といい，$f'(a) = \displaystyle\lim_{h \to 0} \dfrac{f(a+h) - f(a)}{h}$ と書く.

極限が存在しないときは，もちろん，微分係数は考えない．この極限が存在するとき，$f(x)$ は $x = a$ で**微分可能**であるという．今後，$f'(a)$ や $f'(x)$ が現れたら，微分可能であることが仮定されているものとする.

例 3.2 (1) $f(x) = x^2$ において，$x = a$ から $x = a + h$ における平均変化率は $\dfrac{(a+h)^2 - a^2}{h} = \dfrac{2ah + h^2}{h} = 2a + h$ なので，$f'(a) = \displaystyle\lim_{h \to 0}(2a + h) = 2a$ となる．

(2) $f(x) = |x|$ において，$x = 0$ から $x = h$ における平均変化率は，
$\dfrac{|h|}{h} = \begin{cases} 1 & (h > 0) \\ -1 & (h < 0) \end{cases}$ なので，$\displaystyle\lim_{h \to +0} \dfrac{|h|}{h} = 1$, $\displaystyle\lim_{h \to -0} \dfrac{|h|}{h} = -1$ であり，$h \to 0$ での極限が存在しない．よって，$x = 0$ でこの関数は微分可能ではない．

(3) y が時刻 x (物理などでは t を使う) のときの直線上の点の位置を表すとき，平均変化率 $\dfrac{\Delta y}{\Delta x}$ は，途中で y がどう変化したかは考慮せずに，$x = a$ と $x = a + h$ における位置だけで考えた**平均速度**であり，微分係数はある瞬間での**瞬間速度**である．

上の例 3.2(2) のようにある点で連続であるが微分可能でない関数が存在する．しかし，次が成り立つ．

定理 3.1 $f(x)$ は $x = a$ で微分可能であれば $x = a$ で連続である．

xy 平面で $y = f(x)$ のグラフを考えると $x = a$ から $x = a + h$ における平均変化率 $\dfrac{\Delta y}{\Delta x} = \dfrac{f(a+h) - f(a)}{h}$ は点 $(a, f(a))$ と $(a+h, f(a+h))$ を通る直線の傾きなので, $h \to 0$ の極限である $f'(a)$ は, 点 $(a, f(a))$ における**接線** (図 3.1 の ℓ_2) の傾きである. すなわち,

点 $(a, f(a))$ における接線の方程式は
$$y - f(a) = f'(a)(x - a) \tag{3.1}$$
である.

例 3.3 関数 $y = f(x) = x^3$ のグラフの点 $(1, 1)$ における接線の方程式を求める. $x = 1$ のときの微分係数は $f'(1) = \lim_{h \to 0} \dfrac{(1+h)^3 - 1^3}{h} = \lim_{h \to 0} \dfrac{3h + 3h^2 + h^3}{h} = \lim_{h \to 0}(3 + 3h + h^2) = 3$ なので, 接線の方程式は, $y - 1 = 3(x - 1)$ より, $y = 3x - 2$ である.

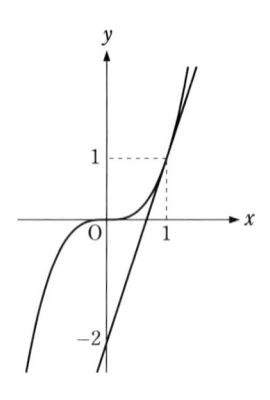

図 3.2　$y = x^3$ と点 $(1, 1)$ における接線

導関数

すべての a において微分係数 $f'(a)$ の値を対応させると, 関数 $f'(x)$ ができる.
$$f'(x) = \lim_{h \to 0} \dfrac{f(x+h) - f(x)}{h}. \tag{3.2}$$

これを $f(x)$ の**導関数**とよび，$y' = f'(x) = \dfrac{dy}{dx} = \dfrac{df}{dx}(x)$ などと表す．

例 3.4 たとえば，$y = f(x) = x^2$ のとき，上でみたように $f'(x) = 2x$．$y = f(x) = x^3$ のときは，$f'(x) = \lim\limits_{h \to 0} \dfrac{(x+h)^3 - x^3}{h} = \lim\limits_{h \to 0} \dfrac{3x^2 h + 3xh^2 + h^3}{h} = \lim\limits_{h \to 0} (3x^2 + 3xh + h^2) = 3x^2$．また，$f(x) = |x|$ のときは，この関数の導関数 $f'(x)$ は，$x = 0$ 以外で定義された関数になる．

導関数 $f'(x)$ を求めることを，$f(x)$ を**微分する**という．後に見るように，導関数を調べることでもとの関数の詳しい情報を得ることができる．

さまざまな関数の導関数を，例 3.2 (1) のようにいちいち定義に従って計算するのはきわめて非能率である．実際には，**基本的な関数の導関数**を基盤とし (記憶し)，**四則，合成に関する微分の公式**をうまく使うことで，体系的に計算することができる．

まず，基本的な関数 (今後，本書では，**基本関数**とよぶ) の導関数を列挙していく (後に表 3.1 にもまとめておく)．これらは必ず覚えなくてはならない．証明は後で与える．

べき乗関数の導関数

1. $f(x) = x^n$ のとき $f'(x) = (x^n)' = nx^{n-1}$ $(n = 1, 2, 3, \ldots)$
2. $f(x) = x^\alpha$ のとき $f'(x) = (x^\alpha)' = \alpha x^{\alpha-1}$
   (α は実数なら何でもよい．α の値によって定義域は異なる．)

例題 3.1 関数 $y = \sqrt[3]{x^2}$ の導関数を求め，グラフの点 $(1,1)$ における接線の方程式を求めよ．

解答 導関数は $(\sqrt[3]{x^2})' = \left(x^{\frac{2}{3}}\right)' = \dfrac{2}{3} x^{\frac{2}{3}-1} = \dfrac{2}{3} x^{-\frac{1}{3}}$ である．ゆえに $(1,1)$ における接線の傾きは $\dfrac{2}{3}$ となり，求める接線は，$y - 1 = \dfrac{2}{3}(x-1)$, $y = \dfrac{2}{3}x + \dfrac{1}{3}$．∎

問 3.1 次の関数の導関数を求め，グラフの点 $(1,1)$ における接線の方程式を求めよ．

(1) $y = x\sqrt{x}$ (2) $y = \sqrt[3]{x^5}$ (3) $y = \dfrac{1}{\sqrt{x^3}}$

指数関数，対数関数の導関数

1. $f(x) = e^x$ のとき $f'(x) = (e^x)' = e^x$
   $f(x) = a^x$ のとき $f'(x) = (a^x)' = a^x \log a$ $(a > 0, a \neq 1)$
2. $f(x) = \log|x|$ のとき $f'(x) = (\log|x|)' = \dfrac{1}{x}$
   $f(x) = \log_a |x|$ のとき $f'(x) = (\log_a |x|)' = \dfrac{1}{x \log a}$
   $(a > 0, a \neq 1)$

例 3.5 (1) $f(x) = 3^x$ の導関数は $f'(x) = (3^x)' = 3^x \log 3$.
(2) $f(x) = \log_2 x$ の導関数は $f'(x) = (\log_2 x)' = \dfrac{1}{x \log 2}$.

三角関数の導関数

1. $f(x) = \sin x$ のとき $f'(x) = (\sin x)' = \cos x$
2. $f(x) = \cos x$ のとき $f'(x) = (\cos x)' = -\sin x$
3. $f(x) = \tan x$ のとき $f'(x) = (\tan x)' = \dfrac{1}{\cos^2 x}$

逆三角関数に対してはその導関数は次のようになっている．$\sin^{-1} x + \cos^{-1} x = \dfrac{\pi}{2}$ に注意しよう．

逆三角関数の導関数

1. $f(x) = \sin^{-1} x$ のとき $f'(x) = (\sin^{-1} x)' = \dfrac{1}{\sqrt{1-x^2}}$
2. $f(x) = \cos^{-1} x$ のとき $f'(x) = (\cos^{-1} x)' = -\dfrac{1}{\sqrt{1-x^2}}$
3. $f(x) = \tan^{-1} x$ のとき $f'(x) = (\tan^{-1} x)' = \dfrac{1}{1+x^2}$

以上を表にまとめておく．

表 **3.1** 基本的な関数の導関数

$f(x)$	$f'(x)$	
x^α	$\alpha x^{\alpha-1}$	∗
e^x	e^x	
$\log |x|$	$\dfrac{1}{x}$	†
$\sin x$	$\cos x$	
$\cos x$	$-\sin x$	
$\tan x$	$\dfrac{1}{\cos^2 x}$	‡
$\sin^{-1} x$	$\dfrac{1}{\sqrt{1-x^2}}$	
$\cos^{-1} x$	$-\dfrac{1}{\sqrt{1-x^2}}$	⋆
$\tan^{-1} x$	$\dfrac{1}{1+x^2}$	

∗: α は実数なら何でもよい．α の値によって定義域が違う (§1.3 参照) ことに注意．

†: どちらも $x \neq 0$ で定義されていることに注意．

‡: $\dfrac{1}{\cos^2 x} = 1 + \tan^2 x$ に注意．

⋆: $\sin^{-1} x + \cos^{-1} x = \dfrac{\pi}{2}$ に注意．

次に，微分の計算公式を述べよう．

定理 3.2 (微分の基本公式)
(1) k を定数とすると，$(k)' = 0$, $(kf(x))' = kf'(x)$.
(2) $(f(x) \pm g(x))' = f'(x) \pm g'(x)$ （複号同順）．

これで関数の和，差，定数倍に関して次のように計算できる．

例題 3.2 次の関数の導関数を求めよ．
(1) $f(x) = 3x^2 - 4x + 2$　　(2) $f(x) = e^x - 2x^{-\frac{1}{2}}$
(3) $f(x) = \sin x - \cos x$　　(4) $f(x) = \sin^{-1} x - \cos^{-1} x$

解答　(1) $(3x^2 - 4x + 2)' = (3x^2)' - (4x)' + (2)' = 3(x^2)' - 4(x)' + 0 = 3 \cdot 2x - 4 = 6x - 4$.

(2) $(e^x - 2x^{-\frac{1}{2}})' = (e^x)' - (2x^{-\frac{1}{2}})' = e^x - 2 \times \left(-\frac{1}{2}\right) x^{-\frac{1}{2}-1} = e^x + x^{-\frac{3}{2}}$.

(3) $(\sin x - \cos x)' = (\sin x)' - (\cos x)' = \cos x - (-\sin x) = \cos x + \sin x$.

(4) $(\sin^{-1} x - \cos^{-1} x)' = (\sin^{-1} x)' - (\cos^{-1} x)' = \dfrac{1}{\sqrt{1-x^2}} - \dfrac{-1}{\sqrt{1-x^2}} = \dfrac{2}{\sqrt{1-x^2}}$.

問 3.2 次の関数の導関数を求めよ．
(1) $f(x) = -2x^2 + 3x + 1$
(2) $f(x) = 2x^3 - 3x^2 + x - 2$
(3) $f(x) = -\dfrac{2}{3}x^3 - \dfrac{1}{4}x^2 - 2x$
(4) $f(x) = \dfrac{2}{5}x^5 - \dfrac{3}{4}x^4 + \dfrac{1}{2}x + 5$
(5) $f(x) = \dfrac{x^5 - x^2 + 1}{x^4}$
(6) $f(x) = (x+2)(x^2 - 3)$
(7) $f(x) = x^{-1} + 3x^{-5}$
(8) $f(x) = x^{\frac{2}{3}} + \sqrt[3]{x}$
(9) $f(x) = x^{\frac{2}{5}} - 3\sqrt[3]{x^2} - x^{-2}$
(10) $f(x) = x^{\sqrt{3}} - \dfrac{1}{x^2}$
(11) $f(x) = 2\sin x - \tan x$
(12) $f(x) = x^{-1} - \tan^{-1} x$

2 つの関数の和，差，定数倍に関しては以上のように「素直な」微分の計算公式が成り立つが，積と商に関しては多少複雑になる．

定理 3.3 (積の微分，商の微分)
(1) $(f(x)g(x))' = f'(x)g(x) + f(x)g'(x)$.
(2) $\left(\dfrac{f(x)}{g(x)}\right)' = \dfrac{f'(x)g(x) - f(x)g'(x)}{\{g(x)\}^2}$.

例 3.6 関数 $y = x \cos x$ の導関数を求める．この関数は $f(x) = x$ と $g(x) = \cos x$ の積と考え，定理 3.3 (1) を適用させると，$y' = (x \cos x)' = (x)' \cos x + x(\cos x)' = \cos x + x(-\sin x) = \cos x - x \sin x$ となる．

例題 3.3 次の関数の導関数を求めよ．
(1) $x^2 e^x$
(2) $x^3 \log x$
(3) $\dfrac{2x - 3}{x^2 + 1}$
(4) $\dfrac{1}{\sin x}$

解答 (1) $(x^2 e^x)' = (x^2)' e^x + x^2 (e^x)' = 2x e^x + x^2 e^x = (x^2 + 2x) e^x$.
(2) $(x^3 \log x)' = (x^3)' \log x + x^3 (\log x)' = 3x^2 \log x + x^3 \dfrac{1}{x} = x^2 (3 \log x + 1)$.

(3) $\left(\dfrac{2x-3}{x^2+1}\right)' = \dfrac{(2x-3)'(x^2+1)-(2x-3)(x^2+1)'}{(x^2+1)^2}$
$= \dfrac{2(x^2+1)-(2x-3)(2x)}{(x^2+1)^2} = \dfrac{-2x^2+6x+2}{(x^2+1)^2} = \dfrac{-2(x^2-3x-1)}{(x^2+1)^2}.$

(4) $\left(\dfrac{1}{\sin x}\right)' = \dfrac{(1)'\sin x - 1(\sin x)'}{(\sin x)^2} = \dfrac{-\cos x}{\sin^2 x}.$

問 3.3 次の関数の導関数を求めよ．

(1) $f(x) = x\sin x$
(2) $f(x) = x^2\cos x$
(3) $f(x) = (\log x)\sin x$
(4) $f(x) = \sin x \cos x$
(5) $f(x) = \dfrac{3x+4}{x+2}$
(6) $f(x) = \dfrac{2x+1}{x^2+x+1}$
(7) $f(x) = \dfrac{\cos x}{\sin x}$
(8) $f(x) = \dfrac{\tan^{-1} x}{x^2+1}$
(9) $f(x) = x^2 \sin^{-1} x \cos^{-1} x$
(10) $f(x) = \dfrac{x\log x}{x^2+1}$

2つの関数 $y = f(u)$, $u = g(x)$ の合成関数である $y = f(g(x))$ の導関数については次が成り立つ．

定理 3.4 (合成関数の微分公式)

$$\{f(g(x))\}' = f'(g(x)) \cdot g'(x)$$

この合成関数の微分の公式は特に重要であり，これが正しく使えるようになることが，導関数の計算の最大のキーポイントとなる．変数記号を少し工夫して $y = f(u)$, $u = g(x)$ の合成関数 $y = f(g(x))$ とみると，それぞれを微分して，

$$y = f(u) \overset{微分}{\to} \dfrac{dy}{du} = f'(u) = f'(g(x))$$

$$u = g(x) \overset{微分}{\to} \dfrac{du}{dx} = g'(x)$$

これらを単に掛ければよい，ということである．ただし，微分した後で，$f'(u)$ の u には $g(x)$ を代入しておかないといけない (例題 3.4 参照)．この公式は標語的に $\dfrac{dy}{dx} = \dfrac{dy}{du} \cdot \dfrac{du}{dx}$ と書ける．

例題 3.4 次の関数の導関数を求めよ．

(1)　$(x^2+1)^3$　　　(2)　$\sin^5 x$　　　(3)　$\cos(3x-1)$
(4)　$\log(\cos x)$　　(5)　$\sin^{-1}(e^x)$　　(6)[A]　$e^{\sqrt{x^2-1}}$

解答　(1)　「固まり」の x^2+1 を u とおくことで，$y=u^3$ と $u=x^2+1$ との合成関数と考えられる．

$$y=u^3 \xrightarrow{微分} \frac{dy}{du}=3u^2$$

$$u=x^2+1 \xrightarrow{微分} \frac{du}{dx}=2x$$

と考えて，$y'=3u^2 \cdot 2x = 3(x^2+1)^2 \cdot 2x = 6x(x^2+1)^2$．

(2)　$\sin x$ を u とおくことで，$y=u^5$ と $u=\sin x$ との合成関数と考えられる．

$$y=u^5 \xrightarrow{微分} \frac{dy}{du}=5u^4$$

$$u=\sin x \xrightarrow{微分} \frac{du}{dx}=\cos x$$

と考えて，$y'=5u^4 \cdot \cos x = 5(\sin x)^4 \cdot \cos x = 5\sin^4 x \cos x$．

(3)　$3x-1$ を u とおくことで，$y=\cos u$ と $u=3x-1$ との合成関数と考えられる．

$$y=\cos u \xrightarrow{微分} \frac{dy}{du}=-\sin u$$

$$u=3x-1 \xrightarrow{微分} \frac{du}{dx}=3$$

と考えて，$y'=-\sin u \cdot 3 = -3\sin(3x-1)$．

(4)　$\cos x$ を u とおくことで，$y=\log u$ と $u=\cos x$ との合成関数と考えられる．

$$y=\log u \xrightarrow{微分} \frac{dy}{du}=\frac{1}{u}$$

$$u=\cos x \xrightarrow{微分} \frac{du}{dx}=-\sin x$$

と考えて，$y'=\frac{1}{u} \cdot (-\sin x) = -\frac{\sin x}{\cos x} = -\tan x$．

(5)　e^x を u とおくことで，$y=\sin^{-1} u$ と $u=e^x$ との合成関数と考えられる．

$$y=\sin^{-1} u \xrightarrow{微分} \frac{dy}{du}=\frac{1}{\sqrt{1-u^2}}$$

$$u=e^x \xrightarrow{微分} \frac{du}{dx}=e^x$$

と考えて，$y'=\frac{1}{\sqrt{1-u^2}} \cdot e^x = \frac{1}{\sqrt{1-(e^x)^2}} \cdot e^x = \frac{e^x}{\sqrt{1-e^{2x}}}$．

(6)　$\sqrt{x^2-1}$ を u とおくことで，$y=e^u$ と $u=\sqrt{x^2-1}$ との合成関数と考えられる．なので，$(e^{\sqrt{x^2-1}})' = e^{\sqrt{x^2-1}} \times (\sqrt{x^2-1})'$ であるが，$u=\sqrt{x^2-1}=(x^2-1)^{\frac{1}{2}}$

も $u = t^{\frac{1}{2}}$ と $t = x^2 - 1$ の合成関数であることに注意して,
$$u = t^{\frac{1}{2}} \xrightarrow{微分} \frac{du}{dt} = \frac{1}{2}t^{-\frac{1}{2}}$$
$$t = x^2 - 1 \xrightarrow{微分} \frac{dt}{dx} = 2x$$
と考えて, $y' = (e^{\sqrt{x^2-1}})' = e^{\sqrt{x^2-1}} \times (\sqrt{x^2-1})' = e^{\sqrt{x^2-1}} \times \left(\frac{1}{2}t^{-\frac{1}{2}} \times 2x\right) =$
$e^{\sqrt{x^2-1}} \times x(x^2-1)^{-\frac{1}{2}} = \dfrac{xe^{\sqrt{x^2-1}}}{\sqrt{x^2-1}}$. ∎

問 3.4 次の関数の導関数を求めよ.
(1) $(2x+3)^5$
(2) $(1-x^2)^{-3}$
(3) $(x^3 - 3x + 1)^{\frac{2}{3}}$
(4) $\sqrt{2x}$
(5) $\sqrt{x^2 + x + 1}$
(6) $\dfrac{1}{(x^2+1)^3}$
(7) $\cos^2 x$
(8) $\tan^2 x$
(9) $\sin(2x+1)$
(10) $\cos(1-2x)$
(11) $\dfrac{1}{\cos^3 x}$
(12) $\sin^{-1}\dfrac{x}{2}$
(13) $\dfrac{1}{3}\tan^{-1}\dfrac{x}{3}$
(14) $\cos^{-1}(2x)$
(15) $\sin^{-1}(x^2)$
(16) $\dfrac{1}{\log x}$
(17) $\log(x^2 + x + 1)$
(18) $\log|\log x|$
(19) $(1 + \tan^2 x)^2$
(20) $\log(x^2 + 4)$
(21) $\log|\sin x|$
(22) $e^{\sin(2x+3)}$
(23) $\tan^{-1}\dfrac{1}{x}$
(24) $\cos^{-1}\dfrac{1}{x^2}$
(25) $x^2(1 - \cos x)^2$
(26) $\sin^3 x \cos(4x)$
(27) xe^{-x^2}
(28)[A] $\tan^{-1} e^{2x}$
(29)[A] $\log(x + \sqrt{x^2+1})$
(30)[A] $\sin^2(x^2)\cos^3(2x)$

以上で述べたことを組み合わせると, さまざまな関数の導関数が体系的に計算できる. たとえば, $f(x) = \dfrac{e^{\sin x} - \log x}{x^2 + \cos x + 1}$ のような複雑な関数も
$$f'(x) = \frac{(e^{\sin x} - \log x)'(x^2 + \cos x + 1) - (e^{\sin x} - \log x)(x^2 + \cos x + 1)'}{(x^2 + \cos x + 1)^2}$$
$$= \frac{\left(e^{\sin x}\cos x - \dfrac{1}{x}\right)(x^2 + \cos x + 1) - (e^{\sin x} - \log x)(2x - \sin x)}{(x^2 + \cos x + 1)^2}$$
と計算できる ($(e^{\sin x})' = e^{\sin x}\cos x$ に注意).

さて, ここで関数 $y = x^x$ $(x > 0)$ を考えてみよう. この導関数を, $y' = xx^{x-1} = x^x$ と計算してはならない. $(x^\alpha)' = \alpha x^{\alpha-1}$ は, α が定数の場

合に正しいのであって，いまのように指数 α が x の関数の場合には成立しない．このように，底も指数も x の関数の場合に導関数を計算する 1 つの方法は，$x^x = e^{x\log x}$ と底を e に変換することであるが，次に与える**対数微分法**を使うとより簡単である．その土台となるのが次の公式である．これは合成関数の微分の公式からすぐ出る．

> **定理 3.5** $f(x) \neq 0$ とすると[1]，
> $$(\log |f(x)|)' = \frac{f'(x)}{f(x)} . \tag{3.3}$$

このことを使った微分法を**対数微分法**といい，特にややこしい指数がからむ場合や，多くの簡単な関数の商や積になっている場合などに有効である．

> **例題 3.5** (1) $y = x^x$ $(x > 0)$ の導関数を求めよ．
> (2) $y = \dfrac{x(x-1)}{(x-2)(x-3)}$ の導関数を求めよ．

解答 (1) $f(x) = x^x$ として両辺の対数をとると，$\log f(x) = \log x^x = x \log x$ となり[2]，両辺を x で微分すると，$\dfrac{f'(x)}{f(x)} = \log x + 1$．ゆえに，$y' = f'(x) = x^x(\log x + 1)$．
(2) やはり $y = f(x)$ として両辺の絶対値の対数をとって $\log |f(x)| = \log |x| + \log |x-1| - \log |x-2| - \log |x-3|$ より $\dfrac{f'(x)}{f(x)} = \dfrac{1}{x} + \dfrac{1}{x-1} - \dfrac{1}{x-2} - \dfrac{1}{x-3}$．ゆえに，
$f'(x) = \dfrac{x(x-1)}{(x-2)(x-3)} \left(\dfrac{1}{x} + \dfrac{1}{x-1} - \dfrac{1}{x-2} - \dfrac{1}{x-3} \right) = \dfrac{(x-1)}{(x-2)(x-3)} + \dfrac{x}{(x-2)(x-3)} - \dfrac{x(x-1)}{(x-2)^2(x-3)} - \dfrac{x(x-1)}{(x-2)(x-3)^2}$．

> **問 3.5** 次の関数の導関数を対数微分法を使って求めよ．
> (1) $y = x^{(2x+1)}$ $(x > 0)$ (2) $y = a^{\frac{1}{x}}$ $(a > 0, a \neq 1)$
> (3) $y = x^{\sin x}$ $(x > 0)$ (4) $y = (\sin x)^x$ $(0 < x < \pi)$
> (5) $y = (\cos x)^{\log x}$ $\left(0 < x < \dfrac{\pi}{2}\right)$ (6) $y = (\log x)^x$ $(x > 1)$
> (7) $y = \dfrac{x \sin x}{(x^2+1)(x-2)}$

---
[1] $f(x)$ が連続関数のとき，「$\log |f(x)|$ が微分可能ならば，$f(x)$ も微分可能である」がいえる．
[2] $x > 0$, $y = f(x) > 0$ であるので，絶対値はつけなくてよい．ただしつけても間違いではない．

前に述べた $(e^x)' = e^x$ や $a > 0$, $a \neq 1$ のときの $(a^x)' = (\log a)\, a^x$ も，対数微分法で示すことができる．また，任意の実数 α に対して，$y = x^\alpha$ から $\log y = \alpha \log x$, $\dfrac{y'}{y} = \dfrac{\alpha}{x}$, $y' = y\dfrac{\alpha}{x} = \alpha x^{\alpha-1}$ となって，$(x^\alpha)' = \alpha x^{\alpha-1}$ が示せる．

■**パラメータ表示された曲線の接線**[A] ■ 連続関数 $y = f(x)$ のグラフが，曲線になることはおなじみであろう．逆に，曲線を式で表現すると考えると，関数のグラフとしての表現以外の表現もある．そのうちの1つが，パラメータ表示である．

パラメータ (媒介変数) とよばれる補助的な変数 t を使って，変数 x, y が $x = f(t), y = g(t)$ と定まるとき，これは xy 平面における曲線を表しているとみることができる．これを曲線の**パラメータ表示**という．たとえば，$x = \cos t$, $y = \sin t$ $(0 \leqq t \leqq 2\pi)$ は，t が変化するにつれて点 (x,y) が動くとみると，円周上をちょうど1周するので，円を表しているとみることができる．

定理 3.6[A]　曲線 C: $\begin{cases} x = f(t) \\ y = g(t) \end{cases}$, $\alpha < t < \beta$ において，$f(t), g(t)$ は $t = t_0$ で微分可能とする．

(1) $f'(t_0) \neq 0$ とすると，点 $(f(t_0), g(t_0))$ における接線の傾きは，$\dfrac{g'(t_0)}{f'(t_0)}$ である $\left(\text{これは，}\dfrac{dy}{dx} = \dfrac{\dfrac{dy}{dt}}{\dfrac{dx}{dt}}\text{と表せる}\right)$．すなわち，接線の方程式は，

$$y - g(t_0) = \dfrac{g'(t_0)}{f'(t_0)}(x - f(t_0))\ . \tag{3.4}$$

(2) $f'(t_0) = 0$, $g'(t_0) \neq 0$ とすると，点 $(f(t_0), g(t_0))$ における接線は x 軸に垂直である．すなわち，接線の方程式は，$x = f(t_0)$ となる．

---

(1), (2) の場合を統合して，接線の方程式は，

$$f'(t_0)(y - g(t_0)) = g'(t_0)(x - f(t_0)) \tag{3.5}$$

と書くこともできる．$f'(t_0) = g'(t_0) = 0$ の場合は，(普通の意味の) 接線はな

い．このような点 $(f(t_0), g(t_0))$ を曲線 C の**特異点**とよぶ．特異点では，接線は考えない．

例題 3.6[A]　次の曲線の，与えられた t_0 に対応する点における接線の方程式を求めよ．

(1) 円 $\begin{cases} x = \cos t \\ y = \sin t \end{cases}$, $\quad t_0 = \dfrac{2}{3}\pi$ および $t_0 = \pi$.

(2) サイクロイド $\begin{cases} x = a(t - \sin t) \\ y = a(1 - \cos t) \end{cases}$ $(a > 0)$, $\quad t_0 = \dfrac{\pi}{3}$.

解答　(1) $x' = -\sin t$, $y' = \cos t$ より[3], $\dfrac{dy}{dx} = \dfrac{(\sin t)'}{(\cos t)'} = \dfrac{\cos t}{-\sin t}$. $t = \dfrac{2}{3}\pi$ においては $\dfrac{dy}{dx} = \dfrac{-\dfrac{1}{2}}{-\dfrac{\sqrt{3}}{2}} = \dfrac{\sqrt{3}}{3}$, $x = -\dfrac{1}{2}$, $y = \dfrac{\sqrt{3}}{2}$ ゆえ，求める接線の方程式は

$y - \dfrac{\sqrt{3}}{2} = \dfrac{\sqrt{3}}{3}\left(x + \dfrac{1}{2}\right)$, すなわち $y = \dfrac{\sqrt{3}}{3}x + \dfrac{2\sqrt{3}}{3}$. $t = \pi$ においては $x' = 0$ なので，接線は垂直である．$t = \pi$ で $x = -1$ なので，求める接線の方程式は $x = -1$.

(2) $x' = a(1 - \cos t)$, $y' = a \sin t$ より, $\dfrac{dy}{dx} = \dfrac{\sin t}{1 - \cos t}$. $t = \dfrac{\pi}{3}$ においては

$\dfrac{dy}{dx} = \dfrac{\dfrac{\sqrt{3}}{2}}{\dfrac{1}{2}} = \sqrt{3}$, $x = a\left(\dfrac{\pi}{3} - \dfrac{\sqrt{3}}{2}\right)$, $y = \dfrac{a}{2}$ ゆえ，求める接線の方程式は，

$y = \sqrt{3}x + a\left(2 - \dfrac{\sqrt{3}\pi}{3}\right)$. この曲線は，$y = f(x)$ の形に表すのは難しい．

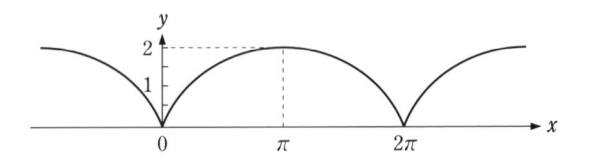

図 3.3　サイクロイド $(a = 1)$

---

[3] ここでは，$'$ は t に関する微分を表している．x に関する微分はそれと区別するため，$\dfrac{dy}{dx}$ と書いている．

問 3.6[A] 次の曲線に対し，$\dfrac{dy}{dx}$ を t の式として求め，与えられた t_0 に対応する点における接線の方程式を求めよ．ただし，$a > 0, b > 0$ とする．

(1) $x = at^2, y = 2at.\ \ t_0 = 3.$

(2) $x = \dfrac{1}{\cos t}, y = \tan t.\ \ t_0 = \dfrac{\pi}{4}.$

(3) 楕円：$x = a\cos t, y = b\sin t.\ \ t_0 = \dfrac{2}{3}\pi.$

(4) 正葉線：$x = \dfrac{3at}{1+t^3}, y = \dfrac{3at^2}{1+t^3}.\ \ t_0 = 2.$ (図 3.4 (a))

(5) $x = e^t \cos t, y = e^t \sin t.\ \ t_0 = \dfrac{5}{6}\pi.$

(6) アステロイド：$x = a\cos^3 t, y = a\sin^3 t.\ \ t_0 = \dfrac{\pi}{3}.$ (図 3.4 (b))

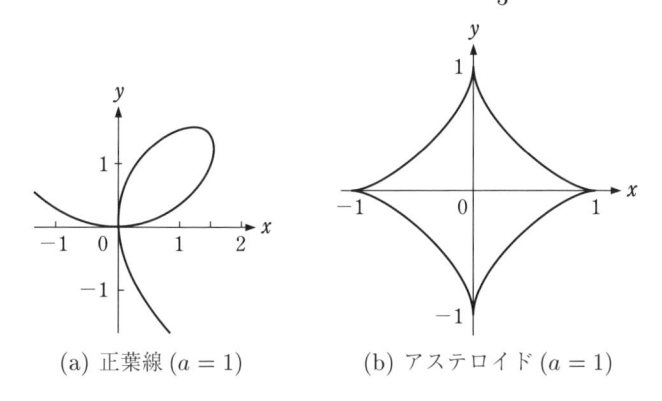

(a) 正葉線 $(a = 1)$ (b) アステロイド $(a = 1)$

図 **3.4**

3.2 導関数の応用

この節では，導関数の応用として，不定形の極限，増減，凹凸などを解説する．方程式の重要な近似解法であるニュートン法については，巻末補足の章で解説する．

■**不定形の極限**■ 定理 2.6 $\left(\displaystyle\lim_{x \to 0} \dfrac{\sin x}{x}\right)$ や定理 2.8 $\left(\displaystyle\lim_{x \to 0} \dfrac{\log(1+x)}{x}\right)$ の極限は，分子だけ，分母だけを考えると，0 に収束している．すなわち，$\dfrac{0}{0}$

の形をしていて，これだけでは全体の極限はすぐにはわからない．$\dfrac{0}{0}$, $\dfrac{\infty}{\infty}$, $0 \times \infty$, 0^0, 1^∞, ∞^0 など，部分ごとの極限がわかっても，全体の極限がすぐにはわからない形の極限を，**不定形の極限**という．

例 3.7 $\displaystyle\lim_{x \to 2} \dfrac{x^2 - 3x + 2}{x^2 - x - 2}$ や $\displaystyle\lim_{x \to 0} \dfrac{\sin x}{x + 1 - \cos x}$ は $\dfrac{0}{0}$ 形の不定形であり，$\displaystyle\lim_{x \to \infty} \dfrac{2x + 1}{e^x}$ や $\displaystyle\lim_{x \to \infty} \dfrac{\log x}{x}$ は $\dfrac{\infty}{\infty}$ 形の不定形である．

$\dfrac{0}{0}$ 形の不定形の極限について，次の定理が成り立つ (証明省略)．

> **定理 3.7 ((ド・) ロピタルの定理)** $x = a$ の近くで定義された関数 $f(x), g(x)$ について，$x \neq a$ では $g(x) \neq 0, g'(x) \neq 0$ とする．また $x \to a$ のとき $f(x) \to 0, g(x) \to 0$ とする．このとき，
> $$\lim_{x \to a} \dfrac{f'(x)}{g'(x)} = \alpha \text{ ならば, } \lim_{x \to a} \dfrac{f(x)}{g(x)} = \alpha.$$

例 3.8 極限値 $\displaystyle\lim_{x \to 2} \dfrac{x^2 - 3x + 2}{x^2 - x - 2}$ を「ロピタルの定理」を使って求めてみる．$\displaystyle\lim_{x \to 2} \dfrac{x^2 - 3x + 2}{x^2 - x - 2}$ は $\dfrac{0}{0}$ 形の不定形である．分母，分子を微分したもの[4] の極限を考えると，$\displaystyle\lim_{x \to 2} \dfrac{2x - 3}{2x - 1} = \dfrac{1}{3}$ なので，ロピタルの定理により，もとの極限値も $\dfrac{1}{3}$ である．以上の議論を，簡潔に

$$\lim_{x \to 2} \dfrac{x^2 - 3x + 2}{x^2 - x - 2} = \lim_{x \to 2} \dfrac{(x^2 - 3x + 2)'}{(x^2 - x - 2)'} = \lim_{x \to 2} \dfrac{2x - 3}{2x - 1} = \dfrac{1}{3}$$

と書く (厳密には，3 つ目の = がわかって初めて，1 つ目の = が保証されることに注意)．

> **例題 3.7** 次の極限値を求めよ．
> (1) $\displaystyle\lim_{x \to 0} \dfrac{\sin x}{x + 1 - \cos x}$ (2) $\displaystyle\lim_{x \to 0} \dfrac{\tan 2x}{x}$

---

[4] $\dfrac{f'(x)}{g'(x)}$ と $\left\{\dfrac{f(x)}{g(x)}\right\}'$ とはまったく違う．$\dfrac{x^2 - 3x + 2}{x^2 - x - 2}$ を微分するのではない．

解答 (1) $\displaystyle\lim_{x\to 0}\frac{\sin x}{x+1-\cos x}$ は $\dfrac{0}{0}$ 形の不定形である．

$$\lim_{x\to 0}\frac{\sin x}{x+1-\cos x}=\lim_{x\to 0}\frac{(\sin x)'}{(x+1-\cos x)'}=\lim_{x\to 0}\frac{\cos x}{1+\sin x}=1.$$

(2) $\displaystyle\lim_{x\to 0}\frac{\tan 2x}{x}$ は $\dfrac{0}{0}$ 形の不定形である．

$$\lim_{x\to 0}\frac{\tan 2x}{x}=\lim_{x\to 0}\frac{(\tan 2x)'}{(x)'}=\lim_{x\to 0}\frac{\dfrac{1}{\cos^2(2x)}(2x)'}{1}=\lim_{x\to 0}\frac{2}{\cos^2(2x)}=2.\ \blacksquare$$

問 3.7 次の極限値を求めよ．
(1) $\displaystyle\lim_{x\to 0}\frac{e^x-e^{-x}}{\sin x}$ (2) $\displaystyle\lim_{x\to 1}\frac{\sqrt{x}-\sqrt[3]{x}}{x-1}$ (3) $\displaystyle\lim_{x\to 0}\frac{\log(3x+1)}{e^x+2\sin x-1}$
(4) $\displaystyle\lim_{x\to 0}\frac{e^x-1-x}{x^2}$

定理 3.7 は，$\alpha=\pm\infty$ に対しても成立し，$x\to\pm\infty,\ x\to a+0,\ x\to a-0$ における極限に関しても同様である．また，$\dfrac{\infty}{\infty}$ の形の不定形の極限についても同様の定理が成立し，これらを総称して **(ド・) ロピタルの定理** という．

例題 3.8 次の極限値を求めよ．
(1) $\displaystyle\lim_{x\to\infty}\frac{2x+1}{e^x}$ (2) $\displaystyle\lim_{x\to\infty}\frac{\log x}{x}$

解答 (1) $\displaystyle\lim_{x\to\infty}\frac{2x+1}{e^x}$ は $\dfrac{\infty}{\infty}$ 形の不定形である．

$$\lim_{x\to\infty}\frac{2x+1}{e^x}=\lim_{x\to\infty}\frac{(2x+1)'}{(e^x)'}=\lim_{x\to\infty}\frac{2}{e^x}=0.$$

(2) $\displaystyle\lim_{x\to\infty}\frac{\log x}{x}$ は $\dfrac{\infty}{\infty}$ 形の不定形．

$$\lim_{x\to\infty}\frac{\log x}{x}=\lim_{x\to\infty}\frac{(\log x)'}{(x)'}=\lim_{x\to\infty}\frac{\dfrac{1}{x}}{1}=0\ \blacksquare$$

問 3.8 次の極限値を求めよ．
(1) $\displaystyle\lim_{x\to\infty}\frac{3x+2}{e^{2x}}$ (2) $\displaystyle\lim_{x\to\infty}\frac{\log(2x+3)}{3x+1}$ (3) $\displaystyle\lim_{x\to\infty}\frac{\log(x^2+1)}{x^2+1}$

例題 3.9[A] 次の極限値を求めよ．

(1) $\displaystyle\lim_{x\to 1-0} \frac{\sin^{-1} x - \dfrac{\pi}{2}}{\sqrt{1-x}}$
(2) $\displaystyle\lim_{x\to 0} \frac{e^{2x} - 2x - 1}{x^2 + 1 - \cos x}$
(3) $\displaystyle\lim_{x\to\infty} \frac{e^x}{x^2}$
(4) $\displaystyle\lim_{x\to +0} \frac{\log x}{x}$

解答 (1) $\displaystyle\lim_{x\to 1-0} \frac{\sin^{-1} x - \dfrac{\pi}{2}}{\sqrt{1-x}} = \lim_{x\to 1-0} \frac{\dfrac{1}{\sqrt{1-x^2}}}{-\dfrac{1}{2\sqrt{1-x}}} = \lim_{x\to 1-0} \frac{-2}{\sqrt{1+x}} = -\sqrt{2}$.

(2) $\displaystyle\lim_{x\to 0} \frac{e^{2x} - 2x - 1}{x^2 + 1 - \cos x}$ は $\dfrac{0}{0}$ 形の不定形である．

$\displaystyle\lim_{x\to 0} \frac{e^{2x} - 2x - 1}{x^2 + 1 - \cos x} = \lim_{x\to 0} \frac{(e^{2x} - 2x - 1)'}{(x^2 + 1 - \cos x)'} = \lim_{x\to 0} \frac{2e^{2x} - 2}{2x + \sin x}$ となるが，これも

$\dfrac{0}{0}$ 形の不定形であるので，再度ロピタルの定理を使うことができ，$\displaystyle\lim_{x\to 0} \frac{2e^{2x} - 2}{2x + \sin x} =$

$\displaystyle\lim_{x\to 0} \frac{(2e^{2x} - 2)'}{(2x + \sin x)'} = \lim_{x\to 0} \frac{4e^{2x}}{2 + \cos x} = \frac{4}{3}$．したがって，[与式] $= \dfrac{4}{3}$．

(3) $\displaystyle\lim_{x\to\infty} \frac{e^x}{x^2}$ は，一度，分母，分子を微分しても，$\displaystyle\lim_{x\to\infty} \frac{e^x}{2x}$ となり，やはり不定形である．この場合，再度ロピタルの定理を使うことができ，結局，

$$\lim_{x\to\infty} \frac{e^x}{x^2} = \lim_{x\to\infty} \frac{e^x}{2x} = \lim_{x\to\infty} \frac{e^x}{2} = \infty$$

となる．同様にして，すべての自然数 n について，$\displaystyle\lim_{x\to\infty} \frac{e^x}{x^n} = \infty$ となる．

(4) $\displaystyle\lim_{x\to +0} \frac{\log x}{x} = \lim_{x\to +0} \frac{\dfrac{1}{x}}{1} = \infty$ とやってはならない．$\dfrac{\log x}{x}$ は不定形ではないので，ロピタルの定理は使えない．実際，$\dfrac{-\infty}{+0}$ の形なので，極限は $-\infty$ とわかる．このように，不定形でない場合は，むしろ簡単なのである． ∎

問 3.9[A] 次の極限値を求めよ．

(1) $\displaystyle\lim_{x\to 0} \frac{\tan x - \sin x}{x^3}$
(2) $\displaystyle\lim_{x\to 0}\left(\frac{1}{x} - \frac{1}{\sin x}\right)$
(3) $\displaystyle\lim_{x\to +0} \frac{1 - \cos x}{e^x + e^{-x} - 2}$

(4) $\displaystyle\lim_{x\to 0} \frac{\log(1+x) - x + \dfrac{x^2}{2}}{x^3}$
(5) $\displaystyle\lim_{x\to\infty} \frac{\log(e^x + 1)}{\log(2e^x + 1)}$

3.2 導関数の応用

■**積の形の不定形の極限**[A]■ $0 \times \infty$ の形の不定形は，変形して分数形にすると，$\dfrac{0}{0}$ または $\dfrac{\infty}{\infty}$ の形になる．

例題 3.10[A] 次の極限値を求めよ．
(1) $\displaystyle\lim_{x \to -\infty} xe^x$ (2) $\displaystyle\lim_{x \to +0} x \log x$

解答 (1) $\displaystyle\lim_{x \to -\infty} xe^x = \lim_{x \to -\infty} \dfrac{x}{e^{-x}}$. これは $\dfrac{\infty}{\infty}$ の形なので，ロピタルの定理により，[与式]$= \displaystyle\lim_{x \to -\infty} \dfrac{1}{-e^{-x}} = 0$. これを $\displaystyle\lim_{x \to -\infty} \dfrac{e^x}{\dfrac{1}{x}}$ としても $\dfrac{0}{0}$ の不定形となるが，これはロピタルの定理を使っても簡単にはならない．このように，分数形に直す場合，2 通りの方法があるので，1 つのやり方でだめなら，もう 1 つの方も試す必要がある．

(2) $\displaystyle\lim_{x \to +0} x \log x = \lim_{x \to +0} \dfrac{\log x}{\dfrac{1}{x}} = \lim_{x \to +0} \dfrac{\dfrac{1}{x}}{-\dfrac{1}{x^2}} = \lim_{x \to +0} (-x) = 0.$ ∎

問 3.10[A] 次の極限値を求めよ．
(1) $\displaystyle\lim_{x \to 0} x \log |\sin x|$ (2) $\displaystyle\lim_{x \to +0} x(\log x)^2$ (3) $\displaystyle\lim_{x \to \infty} x \left(\tan^{-1} x - \dfrac{\pi}{2} \right)$

0^0, 1^∞, ∞^0 などの不定形は，その対数をとることで，上で考えた $\dfrac{0}{0}$, $\dfrac{\infty}{\infty}$, $0 \times \infty$ のいずれかの形に変形できる[5]．$y = e^{\log y}$ に注意しよう．

例題 3.11[A] 次の極限値を求めよ．
(1) $\displaystyle\lim_{x \to +0} x^x$ (2) $\displaystyle\lim_{x \to \infty} x^{\frac{1}{x}}$

解答 (1) $y = x^x$ とおく．$\log y = x \log x$．例題 3.10(2) より，$\log y \to 0$ $(x \to +0)$．ゆえに，$\displaystyle\lim_{x \to +0} y = \lim_{x \to +0} e^{\log y} = 1$.
なお，この極限は 0^0 の形の不定形である．すでに $0^0 = 1$ と定めた (§1.3 または §1.5 参照) が，だからといって，すぐにこの極限も 1 と決まっているわけではない．実際，$\displaystyle\lim_{x \to +0} x^{\frac{1}{1+\log x}}$ も 0^0 の形の不定形だが，$y = x^{\frac{1}{1+\log x}}$ とおくと，$\log y = \log x^{\frac{1}{1+\log x}} = $

---

[5] 「ややこしいべきを，対数をとることで扱いやすくする」というアイデアは，ほかの問題でもよく使われている．

$\dfrac{1}{1+\log x}\log x = \dfrac{1}{\dfrac{1}{\log x}+1} \to 1 \ (x \to +0)$ なので，$\lim\limits_{x\to+0} y = \lim\limits_{x\to+0} e^{\log y} = e$ となり，1 と異なる極限をもつ．

(2) $y = x^{\frac{1}{x}}$ とおくと，$\log y = \dfrac{\log x}{x}$ であり，ロピタルの定理により $\lim\limits_{x\to\infty} \dfrac{\log x}{x} = \lim\limits_{x\to\infty} \dfrac{\dfrac{1}{x}}{1} = 0$ なので，$\lim\limits_{x\to\infty} y = e^0 = 1$. ∎

問 3.11[A] 次の極限値を求めよ．
(1) $\lim\limits_{x\to\infty} x^{\frac{1}{(\log x)^2}}$ 　(2) $\lim\limits_{x\to+0}(\sin x)^x$ 　(3) $\lim\limits_{x\to+0}(\sin x)^{\frac{1}{\log x}}$

■**関数の変化のようす**　微積分学の大きな目標の 1 つは，関数の変化のようすを調べることである．関数の変化のようすを記述する言葉 (概念) を少し導入しよう．

$y = f(x)$ を，区間 I で定義された関数とする．

┌─ 関数の単調性 ─────────────────────────
│
│　$f(x)$ が I で**単調増加**とは，$x_1, x_2 \in I$ に対し，$x_1 < x_2$ なら必ず
│　$f(x_1) < f(x_2)$ となることである (§1.2 参照)．同様に，**単調減少**とは，
│　$x_1, x_2 \in I$ に対し，$x_1 < x_2$ なら必ず $f(x_1) > f(x_2)$ となることである．
│
└─────────────────────────────────

つまり，x の値が増加するにつれて $f(x)$ の値が増加していくのが「単調増加」，減少していくのが「単調減少」な関数である．

次は関数のグラフのふくらみ具合に関する言葉である．

┌─ 関数の凹凸 ─────────────────────────
│
│　$f(x)$ が I で**下に凸**とは，$x_1, x_2 \in I$ に対し，$x_1 < x_2$ なら必ず
│
│　　$$f(x) < f(x_1) + \dfrac{f(x_2) - f(x_1)}{x_2 - x_1}(x - x_1) \quad (x_1 < x < x_2) \quad (3.6)$$
│
│　となることである．
│
└─────────────────────────────────

これは「x_1 と x_2 の間では，両端 $(x_1, f(x_1))$，$(x_2, f(x_2))$ を結ぶ直線よりも関数のグラフの方が下にある」ということを意味している (図 3.5)．$f(x)$ が

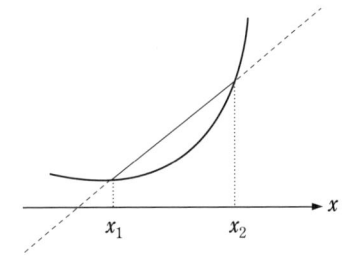

図 3.5　下に凸

微分可能な場合には，この条件は，接線が常にグラフの下にあること，すなわち「$a \in I$ なら必ず

$$f(x) > f'(a)(x-a) + f(a) \qquad (x \neq a,\ x \in I) \tag{3.7}$$

となること」と同値である (証明は省略する).

いずれにせよ，直観的には，グラフが下にふくらんでいるということである. 同様に "上に凸" が定義される.

関数の凹凸 2

$f(x)$ が I で上に凸とは $x_1, x_2 \in I$ に対し，$x_1 < x_2$ なら必ず

$$f(x) > f(x_1) + \frac{f(x_2) - f(x_1)}{x_2 - x_1}(x - x_1) \qquad (x_1 < x < x_2) \tag{3.8}$$

となることである.

次に関数のグラフの部分的な性質に関する言葉を定義する.

関数の極大

$f(x)$ が $x = x_0$ において**極大**になるとは，$x = x_0$ の近くではどんな x に対しても，$f(x_0) > f(x)\ (x \neq x_0)$ となることである. このとき，関数値 $f(x_0)$ を**極大値**という.

ようは $\underline{x = x_0\ \text{の近くだけをみる}}$ と $f(x_0)$ の値が一番大きくなっているということである. 同様に，"極小" が定義される.

> **関数の極小**
>
> $f(x)$ が $x = x_0$ において**極小**になるとは，$x = x_0$ の近くではどんな x に対しても，$f(x_0) < f(x)$ $(x \neq x_0)$ となることである．このとき，関数値 $f(x_0)$ を**極小値**という．

これも $x = x_0$ の近くだけをみると $f(x_0)$ の値が一番小さくなっているということである．"極大(極小)になる" ことを "極大値(極小値)をとる" ともいう．極大値，極小値を合わせて，**極値**という．

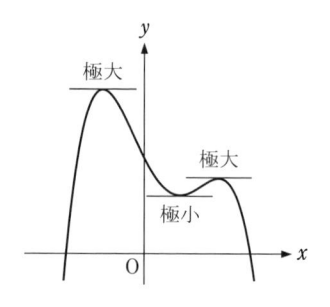

図 **3.6** 極大極小

一般にグラフにおいては，上に凸から下に凸へ，または，下に凸から上に凸へ，のように凹凸が変化する点が存在することがある．

> **凹凸の変化**
>
> グラフ上の点 $(x_0, f(x_0))$ の左右で凹凸が変化するとき，この点を**変曲点**という．

■**導関数による判定—増減・凹凸表**■ $f(x)$ の増減，凹凸は，導関数 $f'(x)$ の正負や，その $f'(x)$ の導関数[6]の正負を調べることでわかる．まずは第2次導関数を定義しよう．

---

[6] もちろん $f(x)$ や $f'(x)$ が微分可能である場合である．

第 2 次導関数

$f(x)$ の導関数 $f'(x)$ の導関数 $\{f'(x)\}'$ を $f(x)$ の**第 2 次導関数**とよび，$y'' = f''(x) = \dfrac{d^2y}{dx^2} = \dfrac{d^2f}{dx^2}(x)$ と書く．

例 3.9 (1)　$f(x) = x^4$ の第 2 次導関数は，導関数が $f'(x) = 4x^3$ であるのでもう一度微分して $f''(x) = 12x^2$．

(2)　$g(x) = \sin x$ では，$g'(x) = \cos x$，$g''(x) = -\sin x$．

問 3.12　次の関数の第 2 次導関数 y'' を求めよ．
(1) $y = x^3 - 4x^2 + x - 2$　　(2) $y = \log(x^2 + 1)$
(3) $y = \dfrac{x-3}{x^2+1}$　　(4) $y = e^x \sin x$　　(5) $y = e^{-x^3}$

$f(x)$ の増減，凹凸は，$f'(x)$, $f''(x)$ の正負で次のようにわかる．

定理 3.8

(1)　区間 I で $f'(x) > 0$ ならば，$f(x)$ は I で単調増加．I で $f'(x) < 0$ ならば，$f(x)$ は I で単調減少．

(2)　I で $f''(x) > 0$ ならば，$f(x)$ は I で下に凸．I で $f''(x) < 0$ ならば，$f(x)$ は I で上に凸．

(3)　$f(x)$ が $x = a$ で極値をとり，a が I の端点でない[7]なら $f'(a) = 0$．

きちんとした証明は省略する (後で述べる平均値の定理が必要である) が，ここでは直観的な説明を与えておこう．まず (1) だが，$f'(x) > 0$ とは，$y = f(x)$ のグラフの接線がすべて右上がりということで，このとき，$y = f(x)$ のグラフ自身も右上がりであることは，直観的には明らかだろう．

(2) は，$f''(x) > 0$ ならば，(1) の結果により $f'(x)$ が単調増加である．つまり，$y = f(x)$ のグラフは，右へいくほど接線の傾きが大きくなるということで，これは，$y = f(x)$ のグラフが下にふくらんでいるということである．

(3) は，グラフで見ると直観的には明らかだろう．

$f'(x)$ や $f''(x)$ の符号から $f(x)$ の増減，凹凸を調べるために，実際には次

---

[7] はじめから，微分係数や極値は区間の端点では考えていない，と思ってよい．

のような**増減・凹凸表**を書く．

例 3.10 $y = x^3 - 6x^2 + 9x - 1$ を考える．

導関数 $y' = 3x^2 - 12x + 9 = 3(x^2 - 4x + 3) = 3(x-3)(x-1)$ であるので，この正負が変わる可能性があるのは方程式 $y' = 0$ の解である $x = 3$ と $x = 1$ である．実際に調べるとこの 2 つの x の前後で y' の正負が変わる．また，第 2 次導関数 $y'' = 6x - 12 = 6(x-2)$ なので，この正負が変わる可能性があるのは方程式 $y'' = 0$ の解である $x = 2$ であり，実際に正負が変わる (連続関数は，符号の変わり目では 0 になるので，0 になるところをまず調べるとよい)．したがって，$\lim_{x \to \pm\infty} y = \pm\infty$ も考慮すると，次の表のようにまとめられる (y', y'' の符号は，これらの式 $y' = 3(x-3)(x-1)$, $y'' = 6(x-2)$ から求めるのである)．

x	$(x \to -\infty)$	$\cdots$	1	$\cdots$	2	$\cdots$	3	$\cdots$	$(x \to \infty)$
y'		+	0	−	−	−	0	+	
y''		−	−	−	0	+	+	+	
y	$-\infty$	↗	極大 3	↘	変曲点 1	↘	極小 −1	↗	∞

このような表を**増減・凹凸表**とよぶ．凹凸が必要ない場合は，y'' や凹凸は書かなくてもよい (**増減表**)．このような増減・凹凸表が書ければ，要点をおさえた**グラフの概形**も描ける．

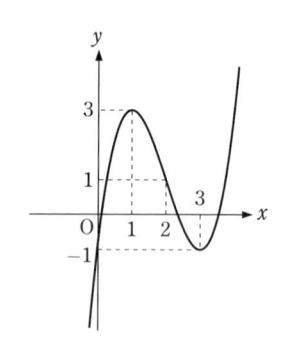

図 **3.7** $y = x^3 - 6x^2 + 9x - 1$ のグラフの概形

$f'(a) = 0, f''(a) > 0$ なら $x = a$ で $f(x)$ は極小値をとる．また，$f'(a) = 0$,

$f''(a) < 0$ なら $x = a$ で $f(x)$ は極大値をとる. $f'(a) = f''(a) = 0$ の場合には, 必ずしも極値をとるとは限らない (一般に, $f'(a) = 0$ となる $x = a$ を $f(x)$ の**停留点**という). たとえば, $y = x^3$ は $x = 0$ で極値をとらない.

例 3.11 $y = e^{-x^2}$ を考える. $y' = -2xe^{-x^2}$ なので, y' は $x = 0$ で符号が変わる (e^{-x^2} が負になることはない). また, $y'' = 2(2x^2 - 1)e^{-x^2}$ なので, y'' は $x = \pm\dfrac{1}{\sqrt{2}}$ で符号が変わる. したがって, $\lim_{x \to \pm\infty} y = 0$ も考慮すると, 次の表のようにまとめられる

(y', y'' の符号は, $y' = -2xe^{-x^2}$, $y'' = 2(2x^2 - 1)e^{-x^2}$ から求める).

x	$(x \to -\infty)$	$\cdots$	$-\dfrac{1}{\sqrt{2}}$	$\cdots$	0	$\cdots$	$\dfrac{1}{\sqrt{2}}$	$\cdots$	$(x \to \infty)$
y'		$+$	$+$	$+$	0	$-$	$-$	$-$	
y''		$+$	0	$-$	$-$	$-$	0	$+$	
y	0	↗	変曲点 $e^{-\frac{1}{2}}$	↗	極大 1	↘	変曲点 $e^{-\frac{1}{2}}$	↘	0

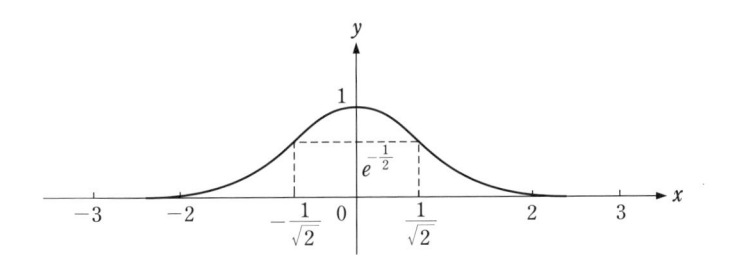

図 3.8 $y = e^{-x^2}$ のグラフの概形

例題 3.12[A] 関数 $y = x^2 \log x$ ($x > 0$) の増減, 凹凸, 極値, 変曲点を調べ, 極限も考慮してグラフの概形を描け.

解答 $y' = x(2\log x + 1)$, $y'' = 2\log x + 3$ である. $y' = 0$ となるのは, $\log x = -\dfrac{1}{2}$, すなわち $x = e^{-\frac{1}{2}}$ である. また, $y'' = 0$ となるのは, $\log x = -\dfrac{3}{2}$ すなわち $x = e^{-\frac{3}{2}}$ である. したがって, $\lim_{x \to +0} y = 0$ (ロピタルの定理でわかる), $\lim_{x \to +0} y' = 0$

(これもロピタルの定理でわかる), $\lim_{x \to \infty} y = \infty$ も考慮すると，次の表のようにまとめられる．

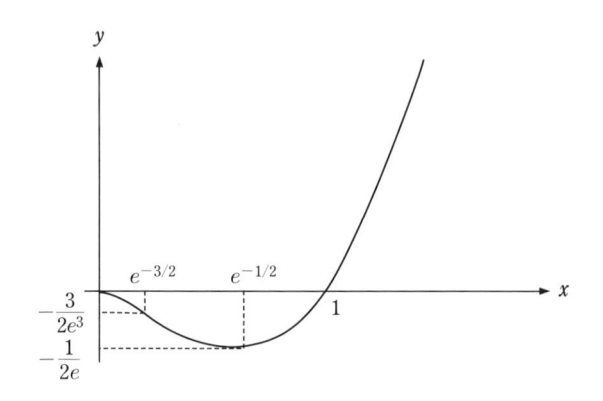

x	$(x \to +0)$	$\cdots$	$e^{-\frac{3}{2}}$	$\cdots$	$e^{-\frac{1}{2}}$	$\cdots$	$(x \to \infty)$
y'	0	−	−	−	0	+	
y''		−	0	+	+	+	
y	0	↘	変曲点 $-\frac{3}{2}e^{-3}$	↘	極小 $-\frac{1}{2}e^{-1}$	↗	∞

図 3.9 $y = x^2 \log x$ のグラフの概形

このように，グラフの概形を描くためには，必要に応じて極限や $y = 0$ となる x の値 (***x* 切片**という), $x = 0$ における y の値 (***y* 切片**) なども調べた方がよい．

問 3.13 次の関数の増減，凹凸，極値，変曲点を調べ，必要なら極限も考慮してグラフの概形を描け．

(1) $y = -x^3 + 3x^2 - 2$
(2) $y = x^3 - 12x + 8$
(3) $y = 2x^3 - 9x^2 + 12x - 2$
(4) $y = x^4 - 2x^2 + 2$
(5) $y = \dfrac{1}{1+x^2}$
(6) $y = \dfrac{4x}{1+x^2}$
(7) $y = (x^2+1)e^x$
(8) $y = x + 2\cos x \ \ (-\pi \leqq x \leqq \pi)$
(9) $y = x - 2\sin x \ \ (-\pi \leqq x \leqq 2\pi)$
(10) $y = x \log x \ \ (x > 0)$

■ **速度・加速度**[A]　関数 $x = f(t)$ において，t は時刻を表し，x は直線上の位置を表すとしよう．すなわち，この関数は直線上を動く点の運動を表している．このとき，$f'(t)$ は時刻 t における (瞬間) 速度を表していた．(x が減る方向に向いているときは，マイナスの値になる．向きを符号で表した「符号つきの速度」である．) したがって，$f''(t)$ は速度の変化率，すなわち**加速度**を表している．

たとえば，自由落下運動は，$s = \dfrac{1}{2}gt^2$ と表せる．ただし，s は落下させる地点から下に測った距離であり，g は定数である．このとき，$s'(t) = gt$ だから，速度が時間に比例して増していくということであり，$s''(t) = g$ だから，加速度が一定値 g ということである．この g は**重力加速度**とよばれる．

x が位置ではなく，ある量を表す場合も，$x'(t)$ は x が変化する速度であり，$x''(t)$ は加速度である．

> **例題 3.13**[A]　上面の半径 10 cm，深さ 20 cm の逆直円錐形の容器に，毎秒 1 cm³ の割合で静かに水を注ぐとき，水面の上昇速度，上昇加速度を，深さ x で表せ．

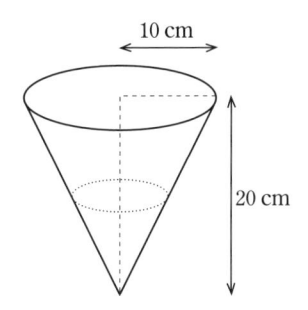

図 3.10　容器 (例題 3.13)

解答　水の深さを x cm，水の体積を V cm³ とする．どちらも時刻 t (秒) の関数であり，直円錐の容器であることから $V = \dfrac{\pi}{3}\left(\dfrac{x}{2}\right)^2 x = \dfrac{\pi}{12}x^3$ である．したがって，合成関数の微分の公式により，$\dfrac{dV}{dt} = \dfrac{\pi}{12}3x^2 \dfrac{dx}{dt}$．題意より $\dfrac{dV}{dt} = 1$ なので，$\dfrac{dx}{dt} = \dfrac{4}{\pi x^2}$．これより，$\dfrac{d^2x}{dt^2} = \dfrac{4}{\pi}(-2)x^{-3}\dfrac{dx}{dt} = \dfrac{-32}{\pi^2 x^5}$．　∎

問 3.14[A]　地面に垂直な壁に立てかけられた長さ 4 m のはしごがある．下端 A が地面上を毎秒 5 cm の速度で壁から遠ざかるものとすれば，A が壁から x m のところに達した瞬間のはしごの上端 B の降下速度 v を x で表せ．

3.3　平均値の定理

ロピタルの定理 (定理 3.7) や 定理 3.8 などはすべて，導関数 $f'(x)$, $f''(x)$ の情報から，もとの関数 $f(x)$ の情報を引き出すという議論である．このような議論の基礎となるのが，**平均値の定理**である．

まず，出発点となるのは，次の定理である．

> **定理 3.9 (ロルの定理)**　$f(x)$ は $[a,b]$ で連続，(a,b) で微分可能とする．$f(a)=f(b)$ ならば，$f'(c)=0$ となる $c\in(a,b)$ が必ず存在する．

これは，図を描くと直観的には明らかであるが，厳密な証明には定理 2.12 が要る．証明は省略する．

このロルの定理により，次の (ラグランジュの) 平均値の定理が示せる．

> **定理 3.10 (平均値の定理)**　$f(x)$ は $[a,b]$ で連続，(a,b) で微分可能とする．このとき $\dfrac{f(b)-f(a)}{b-a}=f'(c)$ となる $c\in(a,b)$ が必ず存在する．

直観的には点 $(a,f(a))$ と点 $(b,f(b))$ を結ぶ直線と同じ傾きをもつ接線の接点 $(c,f(c))$ が $x=a$ と $x=b$ の間に存在するということである．

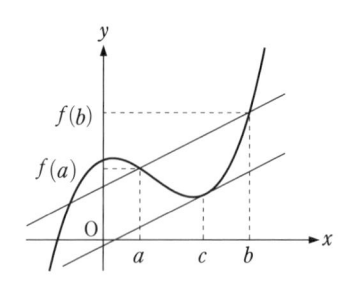

図 **3.11**　平均値の定理

証明[A] $k = \dfrac{f(b)-f(a)}{b-a}$ とおき，$F(x) = f(x) - kx$ とおく．このとき，$F(b) - F(a) = f(b) - f(a) - k(b-a) = 0$ である．$F(x)$ は $[a,b]$ で連続で，(a,b) で微分可能だから，$F(x)$ に対してロルの定理を使うことができ，$F'(c) = 0$ となる $c \in (a,b)$ が必ず存在する．ところが，$F'(x) = f'(x) - k$ なので，$F'(c) = 0$ は $k = f'(c)$ を意味する． ∎

$b = a+h, h > 0$ とおくと，$c \in (a,b)$ なる c は $c = a + \theta h, 0 < \theta < 1$ と書けるので，平均値の定理は次の形で使われることも多い．

> **定理 3.11 (平均値の定理 2)** $f(x)$ は $[a, a+h]$ $(h > 0)$ で連続，$(a, a+h)$ で微分可能とする．このとき $f(a+h) = f(a) + f'(a+\theta h)h$ となる $\theta \in (0,1)$ が必ず存在する．

また，次の一見当たり前に思える定理も，平均値の定理を使わずに厳密に証明するのは難しい．

> **定理 3.12** $f(x)$ は区間 (a,b) で微分可能で，つねに $f'(x) = 0$ とする．このとき，$f(x)$ は定数関数である．

証明 定数関数でないとすると，$f(c) \neq f(d), a < c < d < b$ となる c,d がある．区間 $[c,d]$ で平均値の定理を使うと，$f'(e) = \dfrac{f(d) - f(c)}{d - c} \neq 0$ となる $e \in (c,d)$ があるが，これはつねに $f'(x) = 0$ という仮定に反する． ∎

3.4 高次導関数

■第 n 次導関数■ 関数 $y = f(x)$ に対して，n 回微分を繰り返してできる関数を $f(x)$ の**第 n 次導関数**という．$n = 2$ のときはすでに述べた．n 回微分を繰り返すことができるとき，$y = f(x)$ は **n 回微分可能**という．また，n 回微分可能で，$f^{(n)}(x)$ が連続関数のとき，$f(x)$ は **C^n 級**であるという．$f^{(n)}(x)$ が連続なら $f(x), \cdots, f^{(n-1)}(x)$ もすべて連続である．また，曲線 $y = f(x)$ や $x = f(t), y = g(t)$ において，$f(x)$ や $f(t), g(t)$ が C^n 級関数のとき，C^n 級曲線という．

記号としては，
$$y^{(n)} = f^{(n)}(x) = \frac{d^n y}{dx^n} = \frac{d^n f}{dx^n}(x)$$
などと書く (n をどこに書くかに注意．第 n 次導関数を $\left(\dfrac{d}{dx}\right)^n y$ と見ることから作られた記号法である)．n が小さいときは，$y^{(1)} = y'$, $y^{(2)} = y''$, $y^{(3)} = y'''$ などと書く．また，$y^{(0)} = y$ と定める．

$y = f(x)$ を何度か微分して，$y^{(n)}$ を予想することができれば，$y^{(n)}$ を n の入った式で表すことができるが，一般には難しい．$y = e^x$, $\sin x$, $\cos x$, $(x+k)^a$ などは，簡単に予想することができる．

例 3.12 (1) $(e^x)^{(n)} = e^x$．

(2) $(\sin x)^{(n)} = \left\{\begin{array}{ll} \sin x & (n = 0, 4, 8, \cdots) \\ \cos x & (n = 1, 5, 9, \cdots) \\ -\sin x & (n = 2, 6, 10, \cdots) \\ -\cos x & (n = 3, 7, 11, \cdots) \end{array}\right\} = \sin\left(x + \dfrac{\pi}{2}n\right)$．

(3) $(\cos x)^{(n)} = \left\{\begin{array}{ll} \cos x & (n = 0, 4, 8, \cdots) \\ -\sin x & (n = 1, 5, 9, \cdots) \\ -\cos x & (n = 2, 6, 10, \cdots) \\ \sin x & (n = 3, 7, 11, \cdots) \end{array}\right\} = \cos\left(x + \dfrac{\pi}{2}n\right)$．

(4) k, a を実数とすると，$\{(x+k)^a\}^{(n)} = a(a-1)\cdots(a-n+1)(x+k)^{a-n}$．

例題 3.14 次の関数の第 n 次導関数を求めよ．
(1) $y = \log x$　　(2) $y = \dfrac{1}{2x+1}$　　(3)[A] $y = \dfrac{1}{x^2-1}$

解答 (1) $y' = \dfrac{1}{x} = x^{-1}$, $y'' = (-1)x^{-2}$, $y''' = (-1)(-2)x^{-3}$ となるので，$y^{(n)} = (-1)\cdots(-n+1)\, x^{-n} = (-1)^{n-1}(n-1)!\, x^{-n}$ とわかる (厳密には，この予想を数学的帰納法で証明すべきだが，微分のプロセスから，正しいことはほとんど明らかだろう)．

(2) $y = (2x+1)^{-1}$ なので，$y' = (-1)(2x+1)^{-2} \times (2x+1)' = -2(2x+1)^{-2}$. 同様に $y'' = (-2)(-2)(2x+1)^{-3} \times (2x+1)' = (-2)(-4)(2x+1)^{-3} = 2^2(-1)(-2)(2x+$

$1)^{-3}$, $y''' = (-2)(-4)(-6)(2x+1)^{-4} = 2^3(-1)(-2)(-3)(2x+1)^{-4}$ となる. よって $y^{(n)} = 2^n(-1)(-2)\cdots(-n)(2x+1)^{-n-1} = (-2)^n n!(2x+1)^{-n-1}$.

(3) これについては, y', y'', y''' などを計算しても, なかなか $y^{(n)}$ の類推はできないが, $y = \dfrac{1}{2}\left(\dfrac{1}{x-1} - \dfrac{1}{x+1}\right)$ と表す[8]と, $y^{(n)} = \dfrac{1}{2}\{(x-1)^{-1} - (x+1)^{-1}\}^{(n)} = \dfrac{(-1)^n n!}{2}\{(x-1)^{-n-1} - (x+1)^{-n-1}\}$ とわかる. ∎

問 **3.15** 次の関数の第 n 次導関数を求めよ.
(1) $\dfrac{1}{x^2}$ (2) $\dfrac{x}{x-1}$ (3) $x^2 \log x$ (4) $\dfrac{1}{\sqrt{1-x}}$
(5)[A] $\dfrac{1}{x^2 - 2x - 3}$

■**ライプニッツの公式**[A] 2 つの関数 $f(x)$ と $g(x)$ の積 $f(x)g(x)$ に関して, その導関数は

$$\bigl(f(x)g(x)\bigr)' = f'(x)g(x) + f(x)g'(x)$$

であった (定理 3.3 で与えられた). もう一度微分して $f(x)g(x)$ の第 2 次導関数を求めてみよう (上の公式をもう一度適用する).

$$\begin{aligned}
\bigl(f(x)g(x)\bigr)'' &= \bigl(f'(x)g(x) + f(x)g'(x)\bigr)' \\
&= \bigl(f'(x)g(x)\bigr)' + \bigl(f(x)g'(x)\bigr)' \\
&= \{f''(x)g(x) + f'(x)g'(x)\} + \{f'(x)g'(x) + f(x)g''(x)\} \\
&= f''(x)g(x) + 2f'(x)g'(x) + f(x)g''(x)
\end{aligned}$$

これは $(a+b)^2$ の展開公式を $a^2 b^0 + 2a^1 b^1 + a^0 b^2$ と考えたときの式に似ている. これを踏まえたより高次の導関数に関する積の公式がある (商や合成に関する公式もなくはないが, 非常にややこしいので省略する).

定理 3.13[A] (ライプニッツの公式)

$$\begin{aligned}
\{f(x)g(x)\}^{(n)} &= \sum_{k=0}^{n} {}_n C_k \, f^{(n-k)}(x) \, g^{(k)}(x) \\
&= f^{(n)}(x)g(x) + nf^{(n-1)}(x)g'(x) + \cdots + f(x)g^{(n)}(x)
\end{aligned} \tag{3.9}$$

---

[8] こういう式の変形を**部分分数分解**という.

例題 3.15[A]　$x^2 e^x$ の第 n 次導関数を求めよ．

解答　$(x^2 e^x)^{(n)} = \sum_{k=0}^{n} {}_n C_k (x^2)^{(n-k)} (e^x)^{(k)}$ において，$(x^2)^{(0)} = x^2$, $(x^2)^{(1)} = 2x$, $(x^2)^{(2)} = 2$, $(x^2)^{(n-k)} = 0 \ (n-k \geq 3)$ であり，$(e^x)^{(k)} = e^x$ なので，$(x^2 e^x)^{(n)} = {}_n C_n x^2 e^x + {}_n C_{n-1} 2x e^x + {}_n C_{n-2} 2 e^x = \{x^2 + 2nx + n(n-1)\} e^x$. ∎

問 3.16[A]　次の関数の第 n 次導関数を求めよ．
(1) $x^2 e^{2x}$　　(2) $x^3 e^x$　　(3) $x \sin x$

■テイラーの定理■　まず，次の例からはじめよう．

例 3.13　3 次関数 $f(x) = x^3 - 3x^2 + 5x + 1$ を $x = 1$ の近くで考えよう．$x = 1$ の近くということは $h = x - 1$ が 0 に近いということなので，$x - 1$ に関して昇べきの順[9]に並べるのがよいだろう．このためには，

$$x^3 - 3x^2 + 5x + 1 = c_0 + c_1(x-1) + c_2(x-1)^2 + c_3(x-1)^3 \quad (3.10)$$

となる $c_0 \sim c_3$ を求めればよい．$x = 1 + h$ を左辺に代入して，h の式として整理するという手があるが，微分を使って以下のように求めることもできる．すなわち，(3.10) において，$x = 1$ を代入すると $4 = c_0$ となり，c_0 が求まる．次に (3.10) の両辺を微分すると $3x^2 - 6x + 5 = c_1 + c_2 \times 2(x-1) + c_3 \times 3(x-1)^2$ となり，$x = 1$ を代入すると，$2 = c_1$ より c_1 が求まる．以下，「微分してから $x = 1$ を代入する」を繰り返すと，$c_2 = 0$, $c_3 = 1$ も求まる．

　一般に $f(x)$ が多項式でなくても，(3.10) のような

$$f(x) = c_0 + c_1(x-a) + \cdots + c_n(x-a)^n + R_{n+1} \quad (3.11)$$

の形に表すことができるというのが**テイラーの定理**である．多項式とは限らないので，$x - a$ についての昇べきの部分と残りの部分 R_{n+1} の和の形になる．c_k を**テイラー係数**と言い，R_{n+1} を**剰余項**という．上の例の方法を一般化して c_k を求めておこう．簡単のため，$f(x)$ は n 次式として，R_{n+1} の部分は

---

[9] 指数が小さい項から大きい項へと並べるのを「昇べきの順」といい，指数が大きい項から小さい項へと並べるのを「降べきの順」という．

無視する[10]．先ず $x = a$ を代入すると，$c_0 = f(a)$．次に (3.11) を x で微分すると，

$$f'(x) = c_1 + 2c_2(x-a) + \cdots + nc_n(x-a)^{n-1}$$

なので，$x = a$ を代入すると，$c_1 = f'(a)$．以下同様に，「微分して $x = a$ を代入する」という操作を繰り返すと，$k!\,c_k = f^{(k)}(a)$ が得られる．すなわち

$$c_k = \frac{f^{(k)}(a)}{k!} \qquad (0 \leqq k \leqq n).$$

テイラーの定理を正確に述べると以下のようになる．

定理 3.14 (テイラーの定理) $f(x)$ が $x = a$ の近くで $(n+1)$ 回微分可能とすると，

$$f(x) = \sum_{k=0}^{n} \frac{1}{k!} f^{(k)}(a)(x-a)^k + R_{n+1} \tag{3.12}$$

$$R_{n+1} = \frac{1}{(n+1)!} f^{(n+1)}(c)(x-a)^{n+1} \tag{3.13}$$

(c は a と x の間の実数)

と書ける．

R_{n+1} には $(x-a)^{n+1}$ があるので，$|x-a|$ が小さいところでは，(3.12) の右辺第 1 項を $f(x)$ の近似式，R_{n+1} を誤差項とみることができる．

$x - a = h$ とおき，$a < c < a + h$ なる c は $c = a + \theta h,\, 0 < \theta < 1$ と表されることを使うと，

$$f(a+h) = f(a) + f'(a)h + \frac{f''(a)}{2}h^2 + \cdots + \frac{f^{(n)}(a)}{n!}h^n + R_{n+1} \tag{3.14}$$

$$R_{n+1} = \frac{1}{(n+1)!} f^{(n+1)}(a+\theta h)h^{n+1}, \quad 0 < \theta < 1 \tag{3.15}$$

と書くこともできる．

(3.12) や (3.14) を $f(x)$ の <u>$x = a$ における n 次までの</u> **テイラー展開**とよぶ[11]．

---

[10] 定理のちゃんとした証明では，もちろん無視はできないが，c_k は結果的に無視した時と同じになる．

[11] この式で a がどこにあるかに注意．特に，$f^{(k)}(x)$ には $x = a$ を代入していることに注

$\sum_{k=0}^{n} \frac{1}{k!} f^{(k)}(a)(x-a)^k$ を $f(x)$ の $x=a$ における n 次のテイラー多項式 (x の n 次式になっていることに注意) とよび, R_{n+1} を $(n+1)$ 次の剰余項とよぶ.

特に, $a=0$ の場合は,

$$f(x) = f(0) + f'(0)x + \frac{1}{2}f''(0)x^2 + \cdots + \frac{1}{n!}f^{(n)}(0)x^n + R_{n+1} \quad (3.16)$$

$$R_{n+1} = \frac{1}{(n+1)!} f^{(n+1)}(\theta x) x^{n+1}, \quad (0 < \theta < 1) \quad (3.17)$$

と書ける. この (3.16) のような「$x=0$ におけるテイラー展開」を, 特にマクローリン展開とよぶ.

$n = 1, 2, 3$ のときの式は, 剰余項も含めしっかり理解, 記憶しておこう.
$$f(x) = f(a) + f'(a)(x-a) + R_2$$
$$f(x) = f(a) + f'(a)(x-a) + \frac{1}{2!}f''(a)(x-a)^2 + R_3$$
$$f(x) = f(a) + f'(a)(x-a) + \frac{1}{2!}f''(a)(x-a)^2 + \frac{1}{3!}f'''(a)(x-a)^3 + R_4$$

n が大きくなるにつれて, 前の部分は変わらないで, 後により精密な項が付け加わるのみで近似がよくなっていっている. これは大きな長所である.

例題 3.16 関数 $f(x) = \log x$ の $x=1$ におけるテイラー展開を, 3 次の項まで求めよ. 剰余項は R_4 と書いておくのみでよい.

解答 まず $f(1) = \log 1 = 0$ である. $f'(x) = \frac{1}{x} = x^{-1}$, $f''(x) = -x^{-2}$, $f'''(x) = 2x^{-3}$ なので, $f'(1) = 1, f''(1) = -1, f'''(1) = 2$. したがって, 求めるテイラー展開は,

$$\log x = (x-1) - \frac{1}{2}(x-1)^2 + \frac{1}{3}(x-1)^3 + R_4$$

である[12]. この最後の式は $\log(1+h) = h - \frac{1}{2}h^2 + \frac{1}{3}h^3 + R_4$ とも書ける.

意. なお「$x=a$ における」というのは, $x=a$ の近くで考えているという意味である.
[12] $(x-1)$ というカタマリを崩さないこと, 昇べきの順に並べること, に注意.

問 3.17 次の関数のテイラー展開を，与えられた点 $x = a$ において，与えられた次数 n まで求めよ．剰余項は R_{n+1} と書いておくのみでよい．

(1) $f(x) = \sqrt{1+x}$, $a = 0$, $n = 3$ (2) $f(x) = \dfrac{1}{\sqrt{1-x}}$, $a = 0$, $n = 3$

(3) $f(x) = \sin x$, $a = \dfrac{\pi}{2}$, $n = 4$ (4) $f(x) = \dfrac{1}{1+x}$, $a = 1$, $n = 3$

(5) $f(x) = \tan^{-1} x$, $a = 0$, $n = 3$ (6)[A] $f(x) = e^x \cos x$, $a = 0$, $n = 3$

(7)[A] $f(x) = \sqrt{2+x}$, $a = 2$, $n = 3$ (8)[A] $f(x) = e^{-x^2}$, $a = 0$, $n = 4$

(9)[A] $f(x) = \log(\sin x)$, $a = \dfrac{\pi}{2}$, $n = 4$

■ 近似 ■　$n = 1$ の場合のテイラーの定理

$$f(a+h) = f(a) + f'(a)h + R_2$$

を使うと，1次式近似[13] について，次が成り立つ．

定理 3.15[A]　関数 $f(x)$ において，x が $x = a$ から $x = a + \Delta x$ に変化すると，y の変化量 $\Delta y = f(a + \Delta x) - f(a)$ は

$$\Delta y = f'(a)\Delta x + R$$

となり，誤差 R は次の評価をみたす．

$$|R| \leqq \dfrac{M}{2}|\Delta x|^2$$

ここで，M は $a \leqq x \leqq a + \Delta x$ (または $a + \Delta x \leqq x \leqq a$) において $|f''(x)| \leqq M$ となるようにとる．

例題 3.17　(1) $\sqrt[4]{1.01}$ の近似値を $f(x) = \sqrt[4]{1+x}$ の $x = 0$ における1次式近似を使って求めよ．
(2)[A] (1) で求めた近似の誤差を評価せよ．

解答　(1) $f'(x) = \dfrac{1}{4}(1+x)^{-\frac{3}{4}}$, $f''(x) = -\dfrac{3}{16}(1+x)^{-\frac{7}{4}}$ なので，$\sqrt[4]{1+x} =$

---

[13] 1次式 $y = f(a) + f'(a)(x-a)$ は，$y = f(x)$ のグラフの点 $(a, f(a))$ における接線の方程式であることに注意．

$1 + \dfrac{1}{4}x + R$ となり, $\sqrt[4]{1.01} = 1 + \dfrac{1}{4}0.01 + R = 1.0025 + R$ より, 近似値は 1.0025 である.

(2) $M = \dfrac{3}{16}$ ととれるので, $|R| \leq \dfrac{1}{2} \cdot \dfrac{3}{16} 0.0001 < 0.00001$ となる. したがって, 誤差は 0.00001 未満である. ∎

問 3.18 (1) $\sqrt{1.1}$ の近似値を $f(x) = \sqrt{1+x}$ の $x = 0$ における 1 次式近似を使って求めよ.
(2)[A] (1) で求めた近似の誤差を評価せよ.

$n \geq 2$ の場合の近似式と誤差評価を使うと, より精密な近似が得られるが, ここでは深く立ち入らず 1 つ例を与えるだけとする.

例 3.14 [A] $f(x) = e^x$ に対して, $a = 0$ として, $n = 1, 2, 3$ で使うと,

$$e^x = 1 + x + R_2, \quad R_2 = \dfrac{e^{\theta_1 x}}{2} x^2$$

$$= 1 + x + \dfrac{1}{2}x^2 + R_3, \quad R_3 = \dfrac{e^{\theta_2 x}}{6} x^3$$

$$= 1 + x + \dfrac{1}{2}x^2 + \dfrac{1}{6}x^3 + R_4, \quad R_4 = \dfrac{e^{\theta_3 x}}{24} x^4$$

となる. 3 カ所の θ_i $(i = 1, 2, 3)$ は $0 < \theta_i < 1$ ではあるが同じものとは限らず, n や x の値に応じて変わりうるものである (図 3.12).

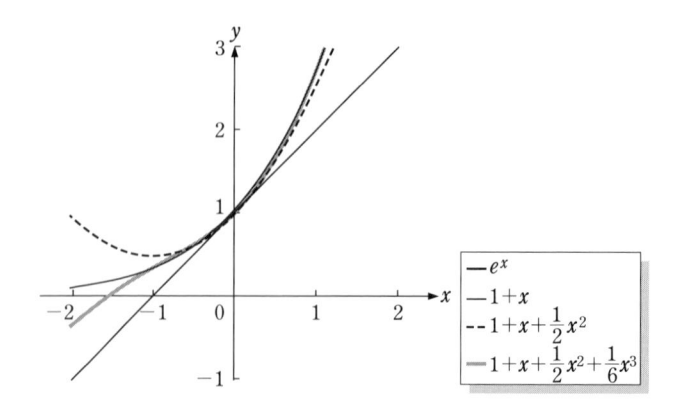

図 3.12 $y = e^x$ の $x = 0$ におけるテイラー多項式 (1, 2, 3 次): $y = 1 + x$, $y = 1 + x + \dfrac{1}{2}x^2$, $y = 1 + x + \dfrac{1}{2}x^2 + \dfrac{1}{6}x^3$

たとえば、$x = 0.1$ として、$n = 2$ のときの式を使うと、$e^{0.1} = 1 + 0.1 + \frac{1}{2}0.01 + R_3 = 1.105 + R_3$。ここで、$R_3 = \frac{1}{6}e^{0.1\theta} \times 0.001 \ (0 < \theta < 1)$ なので、$0 < e^{0.1\theta} < e^{0.1} < e < 3$ より[14] $0 < R_3 < 0.0005$。こうして、$e^{0.1}$ の近似として、$e^{0.1} \fallingdotseq 1.105$ より正確な $1.105 < e^{0.1} < 1.1055$ が得られる (同様にして、$n = 3$ のときの式を使うと、もっとよい近似の $e^{0.1} \fallingdotseq 1.1051667$ や $1.1051666 < e^{0.1} < 1.105176$ が得られる)。

■**無限次の展開**[A] ■ $f(x)$ が無限回微分可能の場合、すべての n について、テイラーの定理を使うことができる。特に、x を固定したときに $R_{n+1} \to 0 \ (n \to \infty)$ が成立するような x に対して、

$$f(x) = \sum_{n=0}^{\infty} \frac{f^{(n)}(a)}{n!}(x-a)^n = f(a) + f'(a)(x-a)$$
$$+ \frac{1}{2}f''(a)(x-a)^2 + \cdots + \frac{1}{n!}f^{(n)}(a)(x-a)^n + \cdots$$

という無限和[15]で表すことができる。これを $f(x)$ の $x = a$ における (無限次の) **テイラー展開**とよぶ。単にテイラー展開といえば、この無限次の展開を指すことが多い。

例 3.15 [A] $f(x) = e^x, a = 0$ のとき、$R_{n+1} = \frac{1}{(n+1)!}e^{\theta_{n+1}x}x^{n+1} \ (0 < \theta_{n+1} < 1)$ となる (θ_{n+1} は x によって変わりうるが、いまは x を固定して考える) ので、$\frac{|R_{n+1}|}{|R_n|} = \frac{|x|}{n+1}e^{(\theta_{n+1}-\theta_n)x} \leq \frac{|x|e^{|x|}}{n+1}$ となる。これから、すべての実数 x について $R_{n+1} \to 0 \ (n \to \infty)$ となることが示せる。したがって、

$$e^x = \sum_{n=0}^{\infty} \frac{1}{n!}x^n = \frac{1}{0!} + \frac{1}{1!}x + \frac{1}{2!}x^2 + \frac{1}{3!}x^3 + \frac{1}{4!}x^4 + \cdots$$
$$= 1 + x + \frac{1}{2}x^2 + \frac{1}{6}x^3 + \frac{1}{24}x^4 + \cdots \qquad (3.18)$$

という (無限次の) マクローリン展開が得られる。

---

[14] 実は、$e^{0.1} < 1.2$ がわかるが、ここではすぐにわかる粗い評価をしておく。
[15] 正確には**無限級数**という。いまの場合、**べき級数**とよばれる特別な形の無限級数となる。

特にここで, $x=1$ とすると,

$$e = \sum_{n=0}^{\infty} \frac{1}{n!} = \frac{1}{0!} + \frac{1}{1!} + \frac{1}{2!} + \frac{1}{3!} + \frac{1}{4!} + \cdots$$

$$= 1 + 1 + \frac{1}{2} + \frac{1}{6} + \frac{1}{24} + \cdots \tag{3.19}$$

となり, e の無限級数表示が得られる.

次の関数のマクローリン展開も有名かつ有用である.

例 3.16 [A]

- $(1+x)^\alpha = \sum_{n=0}^{\infty} \dfrac{\alpha(\alpha-1)\cdots(\alpha-n+1)}{n!} x^n \quad (-1 < x < 1),$

  α が自然数のときは, 2 項定理と一致する. α が一般の実数のとき, この式を (ニュートンの) **一般 2 項定理**とよぶ. また, $\dfrac{\alpha(\alpha-1)\cdots(\alpha-n+1)}{n!}$ を**一般化された 2 項係数**とよぶ.

- $\log(1+x) = \sum_{n=1}^{\infty} \dfrac{(-1)^{n-1}}{n} x^n \quad (-1 < x \leqq 1),$

- $\sin x = \sum_{n=0}^{\infty} \dfrac{(-1)^n}{(2n+1)!} x^{2n+1} \quad (x \in (-\infty, \infty)),$

- $\cos x = \sum_{n=0}^{\infty} \dfrac{(-1)^n}{(2n)!} x^{2n} \quad (x \in (-\infty, \infty)).$

■**TOPICS：オイラーの公式**[A]■　虚数単位を i (つまり $i^2 = -1$) とする. 実数 a, b を用いて, $z = a + bi$ と表される数を**複素数**という. 上で求めた, e^x のマクローリン展開に形式的に $x = i\theta$ を代入してみる. $i^2 = -1$ に注意して計算すると,

$$e^{i\theta} = \sum_{n=0}^{\infty} \frac{1}{n!} (i\theta)^n = \frac{1}{0!} + \frac{1}{1!} i\theta + \frac{1}{2!} (i\theta)^2 + \frac{1}{3!} (i\theta)^3 + \frac{1}{4!} (i\theta)^4 + \cdots$$

$$= 1 + i\theta - \frac{1}{2!}\theta^2 - \frac{1}{3!}i\theta^3 + \frac{1}{4!}\theta^4 + \cdots$$

$$= \left(1 - \frac{1}{2!}\theta^2 + \frac{1}{4!}\theta^4 + \cdots\right) + i\left(\theta - \frac{1}{3!}\theta^3 + \cdots\right) \tag{3.20}$$

となり，$\cos x, \sin x$ のマクローリン展開に $x = \theta$ が代入されているとみると，この式は次のようになる．

$$e^{i\theta} = \cos\theta + i\sin\theta$$

これをオイラーの公式という．

任意の複素数 $z = a + bi$ はその大きさ $r = \sqrt{a^2 + b^2}$ と偏角 θ を用いて，$z = r(\cos\theta + i\sin\theta)$ という極形式で表されるので，任意の複素数は e を用いても表されることになる．

複素数まで世界を広げると指数関数 e^x と三角関数 $\cos x, \sin x$ が密接に関わっているということである．

3.5　定理の証明[A]

この節では前節までで省略した定理，公式などの証明を与える．

定理 3.1 の証明　$f(x)$ が $x = a$ で微分可能であるとする．$x \neq a$ のとき，$f(x) - f(a) = \dfrac{f(x) - f(a)}{x - a} \cdot (x - a)$ である．$h = x - a$ とすると，$x \to a$ のとき $h \to 0$ であるから，$\displaystyle\lim_{x \to a}(f(x) - f(a)) = \lim_{x \to a}\dfrac{f(x) - f(a)}{x - a} \cdot (x - a) = \lim_{h \to 0}\dfrac{f(a+h) - f(a)}{h} \cdot h = f'(a) \cdot 0 = 0$．つまり，$\displaystyle\lim_{x \to a} f(x) = f(a)$ となり $x = a$ で連続である． ∎

定理 3.2 の証明　(1) $y = k$ (定数) なる定数関数については，平均変化率が 0 なので，その極限の導関数も 0 である．つまり，$f(x) = k$ のとき，$\dfrac{f(a+h) - f(a)}{h} = \dfrac{k - k}{h} = 0 \to 0 \ (h \to 0)$．また，$y = kf(x)$ について，$x = a$ における微分係数を考えると，

$$\dfrac{kf(a+h) - kf(a)}{h} = k\dfrac{f(a+h) - f(a)}{h} \to kf'(a) \ (h \to 0).$$

(2) $x = a$ における微分係数を考えると，

$$\dfrac{(f(a+h) \pm g(a+h)) - (f(a) \pm g(a))}{h}$$
$$= \dfrac{(f(a+h) - f(a)) \pm (g(a+h) - g(a))}{h}$$
$$= \dfrac{f(a+h) - f(a)}{h} \pm \dfrac{g(a+h) - g(a)}{h} \to f'(a) \pm g'(a) \quad (h \to 0). \quad ∎$$

定理 3.3 の証明 (1) $x = a$ における微分係数を考えると，

$$\frac{f(a+h)g(a+h) - f(a)g(a)}{h}$$

$$= \frac{f(a+h)g(a+h) - f(a)g(a+h) + f(a)g(a+h) - f(a)g(a)}{h}$$

$$= \frac{f(a+h) - f(a)}{h}g(a+h) + f(a)\frac{g(a+h) - g(a)}{h}$$

$$\to f'(a)g(a) + f(a)g'(a) \quad (h \to 0).$$

(2) $x = a$ における微分係数を考えると，

$$\left(\frac{f(a+h)}{g(a+h)} - \frac{f(a)}{g(a)}\right)\frac{1}{h}$$

$$= \left(\frac{f(a+h)g(a) - f(a)g(a+h)}{g(a+h)g(a)}\right)\frac{1}{h}$$

$$= \left(\frac{f(a+h)g(a) - f(a)g(a) + f(a)g(a) - f(a)g(a+h)}{g(a+h)g(a)}\right)\frac{1}{h}$$

$$= \frac{1}{g(a+h)g(a)}\left(\frac{f(a+h) - f(a)}{h}g(a) - f(a)\frac{g(a+h) - g(a)}{h}\right)$$

$$\to \frac{1}{\{g(a)\}^2}\{f'(a)g(a) - f(a)g'(a)\} \quad (h \to 0). \quad \blacksquare$$

定理 3.4 の証明 $d(h) = \dfrac{g(a+h) - g(a)}{h} - g'(a)$ とおく．$d(h) \to 0 \ (h \to 0)$ であり，$g(a+h) = g(a) + \{g'(a) + d(h)\}h$ である．また，$b = g(a)$ とし，$e(k) = \dfrac{f(b+k) - f(b)}{k} - f'(b)$ とおく．$e(k) \to 0 \ (k \to 0)$ であり，$e(0) = 0$ とおくと $e(k)$ は $k = 0$ の近くで連続である．また，$f(b+k) = f(b) + \{f'(b) + e(k)\}k$ である．ここで，$k = g(a+h) - g(a) = g(a+h) - b = \{g'(a) + d(h)\}h$ とおくと，$h \to 0$ のとき $k \to 0$ となることから，

$$\frac{f(g(a+h)) - f(g(a))}{h} = \frac{f(b+k) - f(b)}{h}$$

$$= \{f'(b) + e(k)\}\{g'(a) + d(h)\}$$

$$\to f'(b)g'(a) \quad (h \to 0). \quad \blacksquare$$

■基本関数の導関数の導出■ 以下では，基本関数の導関数を定義通りに導出する．つまり表 3.1 で与えた公式を証明していく．

べき乗関数 x^α の導関数

まず，$\alpha = n$ が自然数のときに，$(x^n)' = nx^{n-1}$ を示そう．2項定理を使うと，

$$\frac{(x+h)^n - x^n}{h} = \frac{1}{h}\left\{x^n + {}_n\mathrm{C}_1 x^{n-1}h + \cdots + h^n - x^n\right\}$$

$$= \frac{1}{h}\left\{nx^{n-1}h + \cdots + h^n\right\}$$

$$= nx^{n-1} + \cdots + h^{n-1} \to nx^{n-1} \quad (h \to 0)$$

となる．

次に，$\alpha = -n$ (n は自然数) のとき，定理 3.2 の (4) を使うと，$(x^{-n})' = \left(\frac{1}{x^n}\right)' = \frac{-(x^n)'}{(x^n)^2} = \frac{-nx^{n-1}}{x^{2n}} = -nx^{-n-1}$ となり，やはり，$(x^\alpha)' = \alpha x^{\alpha-1}$ が正しい．

より一般の α の場合は対数微分法を用いて $y = x^\alpha$ から $\log y = \alpha \log x$，$\frac{y'}{y} = \frac{\alpha}{x}$，$y' = y\frac{\alpha}{x} = \alpha x^{\alpha-1}$ となって，$(x^\alpha)' = \alpha x^{\alpha-1}$ が示せる．順番を考えるとこの前に対数関数の導関数が必要になる．

対数関数・指数関数の導関数

次に対数関数の導関数を考えよう．$x > 0, x + h > 0$ のとき，

$$\frac{\log(x+h) - \log x}{h} = \frac{1}{h}\log\left(1 + \frac{h}{x}\right)$$

$$= \frac{1}{x}\frac{x}{h}\log\left(1 + \frac{h}{x}\right)$$

となり，$h \to 0$ とすると，$\frac{h}{x} \to 0$ でもあるから，定理 2.8 により，$\frac{\log(x+h) - \log x}{h} \to \frac{1}{x}$ ($h \to 0$)．したがって，$(\log x)' = \frac{1}{x}$ である．$x < 0$ では，合成関数の微分公式により，$(\log|x|)' = \{\log(-x)\}' = \frac{1}{-x}(-1) = \frac{1}{x}$．

また，$a > 0, a \neq 1$ のとき，$\log_a|x| = \frac{\log|x|}{\log a}$ なので，$(\log_a|x|)' = \frac{1}{\log a}\frac{1}{x}$ となる．

指数関数は対数関数の逆関数であったが，実は，一般に逆関数の導関数は，

もとの関数の導関数からすぐわかる．これは，導関数の具体的な計算にはほとんど使わないが，理論的には重要である．

定理 3.16 関数 $y = f(x)$ は逆関数 $x = f^{-1}(y)$ をもつとすると，$f'(x) \neq 0$ なら[16]，y の関数として

$$\left\{f^{-1}(y)\right\}' \left(= \frac{1}{f'(x)}\right) = \frac{1}{f'(f^{-1}(y))} . \tag{3.21}$$

この公式は $\dfrac{dx}{dy} = \dfrac{1}{\frac{dy}{dx}}$ と表せる．

証明 $f(f^{-1}(y)) = y$ の両辺を y に関して微分すると，$f'(f^{-1}(y))\left(f^{-1}(y)\right)' = 1$ となることから出る． ∎

例 3.17 $y = x^2$ $(x \geqq 0)$ の逆関数は，$x = \sqrt{y}$ $(y \geqq 0)$ であった．$y' = 2x$ なので，$x > 0$ に限ると，$y' \neq 0$．したがって，$\dfrac{dx}{dy} = \dfrac{1}{\frac{dy}{dx}} = \dfrac{1}{2x} = \dfrac{1}{2\sqrt{y}}$．すなわち，$(\sqrt{x})' = \dfrac{1}{2\sqrt{x}}$．

$y = \log x$ の逆関数は $x = e^y$ なので，上の定理を使うと，y の関数として，$\dfrac{d}{dy}(e^y) = \dfrac{1}{\frac{d}{dx}(\log x)} = \dfrac{1}{\frac{1}{x}} = x = e^y$．すなわち，$(e^x)' = e^x$ がでる．また，$a > 0$ に対して，$a^x = e^{(\log a)x}$ なので $(a^x)' = (\log a) e^{(\log a)x} = (\log a) a^x$ となる．

三角関数の導関数

さて，$y = \sin x$ を考えよう．$\dfrac{\sin(x+h) - \sin x}{h}$ の $h \to 0$ のときの極限を考えるのだが，まず三角関数の和積公式を考える．定理 1.9 (1) の加法定理を用いて，$\sin(A+B) - \sin(A-B) = (\sin A \cos B + \cos A \sin B) - (\sin A \cos B - \cos A \sin B)$ より $\sin(A+B) - \sin(A-B) = 2\cos A \sin B$ で

---

[16] $f(x)$ が微分可能で $f'(x) \neq 0$ なら，$f^{-1}(y)$ が微分可能なことが導かれるが，この点には立ち入らない．

あるので，$A+B=x+h$, $A-B=x$ とすると $A=x+\dfrac{h}{2}$, $B=\dfrac{h}{2}$ であることより，

$$\frac{\sin(x+h)-\sin x}{h} = \frac{2\cos\left(x+\dfrac{h}{2}\right)\sin\dfrac{h}{2}}{h}$$

$$= \cos\left(x+\frac{h}{2}\right)\cdot\frac{\sin\dfrac{h}{2}}{\dfrac{h}{2}} \to \cos x \quad (h\to 0)$$

となり，$(\sin x)' = \cos x$ がわかる．$(\cos x)' = -\sin x$ も同様に示せる．これより，$(\tan x)' = \left(\dfrac{\sin x}{\cos x}\right)' = \dfrac{(\sin x)'(\cos x)-\sin x(\cos x)'}{\cos^2 x} = \dfrac{\cos^2 x+\sin^2 x}{\cos^2 x} = \dfrac{1}{\cos^2 x}$ もわかる．

逆三角関数の導関数

最後に，逆三角関数を考える．$y = \sin x$ $\left(-\dfrac{\pi}{2}\leqq x\leqq \dfrac{\pi}{2}\right)$ の逆関数は $x = \sin^{-1} y$ $(-1\leqq y\leqq 1)$ であり，$(\sin x)' = \cos x > 0$ $\left(-\dfrac{\pi}{2}<x<\dfrac{\pi}{2}\right)$ なので，定理 3.16 により $\dfrac{d}{dy}(\sin^{-1} y) = \dfrac{1}{\dfrac{d}{dx}(\sin x)} = \dfrac{1}{\cos x} = \dfrac{1}{\sqrt{1-\sin^2 x}} = \dfrac{1}{\sqrt{1-y^2}}$ $(-1<y<1)$ となる．したがって，$(\sin^{-1} x)' = \dfrac{1}{\sqrt{1-x^2}}$．また，$\cos^{-1} x = \dfrac{\pi}{2} - \sin^{-1} x$ だから $(\cos^{-1} x)' = -\dfrac{1}{\sqrt{1-x^2}}$ となる．

同様に，$y = \tan x$ $\left(-\dfrac{\pi}{2}<x<\dfrac{\pi}{2}\right)$ の逆関数は $x = \tan^{-1} y$ で $(\tan x)' = \dfrac{1}{\cos^2 x} \neq 0$ なので $\dfrac{d}{dy}(\tan^{-1} y) = \dfrac{1}{\dfrac{d}{dx}(\tan x)} = \cos^2 x = \dfrac{1}{1+\tan^2 x} = \dfrac{1}{1+y^2}$．したがって，$(\tan^{-1} x)' = \dfrac{1}{1+x^2}$．

■**ライプニッツの公式**■　次にライプニッツの公式 (定理 3.13) を示す．

証明　証明は n に関する数学的帰納法で行う．

$n=1$ のときは，すでに示した積の微分公式である．

$n = l (\geqq 1)$ のとき正しいと仮定し，$n = l+1$ の場合を考える．

$$\{f(x)g(x)\}^{(l+1)} = \left[\{f(x)g(x)\}^{(l)}\right]'$$

$$= \left[\sum_{k=0}^{l} {}_l\mathrm{C}_k\, f^{(l-k)}(x)\, g^{(k)}(x)\right]'$$

$$= \sum_{k=0}^{l} {}_l\mathrm{C}_k \left[\{f^{(l-k)}(x)\}'\, g^{(k)}(x) + f^{(l-k)}(x)\, \{g^{(k)}(x)\}'\right]$$

$$= \sum_{k=0}^{l} {}_l\mathrm{C}_k\, f^{(l+1-k)}(x)\, g^{(k)}(x) + \sum_{k=0}^{l} {}_l\mathrm{C}_k\, f^{(l-k)}(x)\, g^{(k+1)}(x)\ .$$

ここで，2つ目の和で $k+1 = m$ とすると，$\sum_{m=1}^{l+1} {}_l\mathrm{C}_{m-1}\, f^{(l+1-m)}(x)\, g^{(m)}(x)$ となるが，ここで改めて m を k と書くと，$\sum_{k=1}^{l+1} {}_l\mathrm{C}_{k-1}\, f^{(l+1-k)}(x)\, g^{(k)}(x)$ となる．したがって，$\{f(x)g(x)\}^{(l+1)} = f^{(l+1)}(x)\, g(x) + \sum_{k=1}^{l} \left\{{}_l\mathrm{C}_k + {}_l\mathrm{C}_{k-1}\right\} f^{(l+1-k)}(x)\, g^{(k)}(x) + f(x)\, g^{(l+1)}(x)$ となる．定理 1.13 (3) により，${}_l\mathrm{C}_k + {}_l\mathrm{C}_{k-1} = {}_{l+1}\mathrm{C}_k$ となるので，$\{f(x)g(x)\}^{(l+1)} = \sum_{k=0}^{l+1} {}_{l+1}\mathrm{C}_k\, f^{(l+1-k)}(x)\, g^{(k)}(x)$ となり，これは，(3.9) が $n = l+1$ のときも正しいことを示している． ∎

■**テイラーの定理**■　テイラーの定理 (定理 3.14) を示す．

証明　$x = b\, (\neq a)$ を任意に固定し，a のところを x に変えて $F(x) = f(b) - \sum_{k=0}^{n} \frac{1}{k!} f^{(k)}(x)(b-x)^k - A(b-x)^{n+1}$ とおく．ただし，定数 A は，$F(a) = 0$ となるように定める．$F(b) = 0$ は明らかなので，ロルの定理により，$F'(c) = 0$ となる c が a と b の間にある．しかし，

$$F'(x) = A(n+1)(b-x)^n - \frac{f^{(n+1)}(x)}{n!}(b-x)^n$$

である．したがって，$F'(c) = 0$ は，$A = \dfrac{f^{(n+1)}(c)}{(n+1)!}$ を意味する．$F(a) = 0$ となる式が $x = b$ のときの式 (3.12), (3.13) である． ∎

◆練習問題 3 ◆

A-1. 次の各問いに答えよ．
(1) $\sin^{-1}\left(-\dfrac{1}{2}\right)$ を求めよ．
(2) $\sin^{-1}(1-e^x)$ の定義域を求めよ．
(3) $\sin^{-1}(1-e^x)$ の導関数を求めよ．

A-2. 次の関数の導関数を求めよ．$(a>0)$
(1) $\tan^{-1}(e^x - e^{-x})$ 　　(2) $\sin^{-1}\sqrt{x}$ 　　(3) $e^{\sin^{-1}x}$
(4)[A] $2\tan^{-1}\sqrt{\dfrac{1-x}{1+x}}$ 　(5)[A] $\sin^{-1}\sqrt{1-x^2}$ 　(6) $a\sin^{-1}\sqrt{\dfrac{x}{a}} + \sqrt{ax - x^2}$
(7) $x\sin^{-1}x + \cos(\sin^{-1}x)$ 　　(8) $x\sqrt{a^2 - x^2} + a^2\sin^{-1}\dfrac{x}{a}$

A-3. 次の関数の導関数を求めよ．$(a, b > 0)$
(1) $\dfrac{1}{(x^2-1)^2}$ 　　(2) $x\sqrt{x^2+1}$ 　　(3) $\dfrac{1}{x+\sqrt{x^2+1}}$
(4) $e^{ax}\cos bx$ 　　(5) $\dfrac{1}{2a}\log\left|\dfrac{x-a}{x+a}\right|$ 　　(6) $\left(x+\dfrac{1}{x}\right)^2$
(7) $x^{\cos x}$ $(x>0)$ 　　(8) $x^{\sqrt{x}}$ $(x>0)$

A-4. 次の関数の導関数を求めよ．
(1) $\log(x + \sqrt{x^2+4})$ 　　(2) xe^{-x^2} 　　(3) $\tan^{-1}\left(\dfrac{b}{a}\tan x\right)$
(4) $\dfrac{x}{\sqrt{x^2+1}-x}$ 　　(5) $\log\dfrac{1+\sin x}{\cos x}$ 　　(6) $\dfrac{(x+1)(x-2)}{(x-1)(x+2)}$
(7) $\sqrt{\dfrac{1-\sqrt{x}}{1+\sqrt{x}}}$ 　　(8) $(\sqrt{x}+1)^x$ $(x>0)$

A-5. 関数 $f(x)$ は微分可能として，次の合成関数の導関数を求めよ．
(1) $f(3x)$ 　　(2) $f(x^2)$ 　　(3) $\{f(x)\}^2$
(4) $e^{f(x)}$ 　　(5) $\log|f(x)|$

A-6. 次の曲線の点 P における接線の方程式を求めよ．
(1) $y = \sqrt{1-\dfrac{x^2}{2}}$, $\mathrm{P}\left(1, \dfrac{1}{\sqrt{2}}\right)$ 　　(2) $y = \dfrac{e^x + e^{-x}}{2}$, $\mathrm{P}\left(\log 2, \dfrac{5}{4}\right)$
(3)[A] $\begin{cases} x = \cos t + t\sin t \\ y = \sin t - t\cos t \end{cases}$ $\mathrm{P}\left(x\left(\dfrac{\pi}{4}\right), y\left(\dfrac{\pi}{4}\right)\right)$

A-7. 次の関数の増減,凹凸,極値,変曲点を調べ,必要なら極限も考慮してグラフの概形を描け.

(1) $(x^2-2)e^x$ (2) $(2x^2+x+1)e^{-x}$ (3) $\dfrac{\log x}{x}$

(4)[A] $\log(2-\sin x)$ $(-\pi \leqq x \leqq \pi)$ (5)[A] $\tan^{-1}(\cos x)$ $(-\pi \leqq x \leqq \pi)$

A-8.[A] $x > 0$ のとき,次の不等式を証明せよ.

(1) $(1+x)^{\frac{3}{2}} > 1 + \dfrac{3}{2}x$ (2) $\tan^{-1} x > \dfrac{x}{1+x^2}$

(3) $\log(1+x) > \dfrac{2x}{2+x} > \dfrac{x}{1+x}$

A-9.[A] 次の関数 $f(x)$ に対して,与えられた区間 $[a,b]$ において,平均値の定理 $\dfrac{f(b)-f(a)}{b-a} = f'(c)$ を使ったときの $c \in (a,b)$ の値を具体的に求めよ.

(1) $f(x) = x^3$, $[1,3]$ (2) $f(x) = \sqrt{x}$, $[0,1]$
(3) $f(x) = x^3 - x$, $[-2,2]$

A-10.[A] 関数 $f(x) = x^3$ に対し,平均値の定理: $f(a+h) = f(a) + hf'(a+\theta h)$, $0 < \theta < 1$ を適用するとき,$a=1$, $h = \dfrac{1}{2}$ に対応する θ の値を求めよ.

B-1.[A] 時間の経過とともに体積 V が一定の速度で増加する球がある.この球の表面積 S の増加速度は,半径 r に反比例することを示せ.

B-2.[A] 次の極限値を求めよ (m, n は正の整数とする).

(1) $\lim\limits_{x \to 0} \dfrac{\sin(bx)}{\sin(ax)}$ $(a \neq 0)$ (2) $\lim\limits_{x \to \infty} \dfrac{cx^n + d}{ax^m + b}$ $(a > 0,\ c > 0)$

(3) $\lim\limits_{x \to 1+0} (\sin(x-1))^{x^2-1}$ (4) $\lim\limits_{x \to +0} \left(\dfrac{e^x + e^{-x}}{e^x - e^{-x}}\right)^{e^{2x}}$

(5) $\lim\limits_{x \to \infty} \left(\dfrac{e^x + e^{-x}}{e^x - e^{-x}}\right)^{e^{2x}}$ (6) $\lim\limits_{x \to \infty} x\left(2 - \dfrac{\pi}{\tan^{-1} x}\right)$

(7) $\lim\limits_{x \to +0} (1+\sin x)^{\frac{1}{x}}$

B-3.[A] 関数 $f(x) = x(\log x)^2$ $(x > 0)$ について次の問いに答えよ.

(1) $f'(x), f''(x)$ を求めよ.

(2) $\lim\limits_{x \to +0} f(x),\ \lim\limits_{x \to +0} f'(x)$ を求めよ.

(3) $f(x)$ の増減,凹凸を調べて,(2) の結果も参考にしてグラフの概形を描け.(参考:$e \fallingdotseq 2.72,\ e^{-1} \fallingdotseq 0.37,\ e^{-2} \fallingdotseq 0.14$.)

B-4.[A] 次の不等式を示せ．

(1) $\sin x > x - \dfrac{x^3}{6}$ $(x>0)$ 　　　(2) $e^x > 1 + x + \dfrac{x^2}{2}$ $(x>0)$

(3) $\sin x > \dfrac{2}{\pi}x$ $\left(0 < x < \dfrac{\pi}{2}\right)$

B-5.[A] $1 < a < b$ ならば $1 < \dfrac{a\log a}{a-1} < \dfrac{b\log b}{b-1}$ であることを証明せよ．

(**Hint** : $f(x) = \dfrac{x\log x}{x-1}$ なる関数が，$x > 1$ で単調増加であることと，$\lim\limits_{x \to 1+0} f(x) = 1$ であることを示せばよい．)

B-6.[A] 次の関数の n 次導関数 ($n \geqq 2$) を求めよ．

(1) $\cos^2 x$ 　　　(2) $\dfrac{x^2}{1-x}$ 　　　(3) $\dfrac{1}{(x-a)(x-b)}$ 　　$a \neq b$

(4) $e^x \cos x$

B-7.[A] $f(x) = \tan^{-1} x$ とおく．次の問いに答えよ．

(1) $(1+x^2)f'(x) = 1$ を使って
$$(1+x^2)f^{(n+1)}(x) + 2nxf^{(n)}(x) + n(n-1)f^{(n-1)}(x) = 0 \quad (n \geqq 1)$$
を示せ．

(2) $f^{(2m)}(0)$ および $f^{(2m-1)}(0)$ の値 ($m \geqq 1$) を求めよ．

(3) $f(x)$ の $(2m-1)$ 次までのマクローリン展開を求めよ．ただし，剰余項は R_{2m} と書いておくのみでよい．

B-8.[A] $e = \lim\limits_{n\to\infty}\left(1 + \dfrac{1}{n}\right)^n$ で定義される自然対数の底 e は不等式 $2 < e < 3$ をみたす．e が無理数であることを次のように示そう．

(1) $f(x) = e^x$ の n 次のマクローリン展開を求めよ．

(2) すべての自然数 n に対して
$$1 + 1 + \dfrac{1}{2} + \cdots + \dfrac{1}{n!} + \dfrac{1}{(n+1)!} < e < 1 + 1 + \dfrac{1}{2} + \cdots + \dfrac{1}{n!} + \dfrac{3}{(n+1)!}$$
を示せ．

(3) すべての自然数 n に対して $n!e$ は整数にならないことを示せ．

(4) e は無理数であることを示せ．

(**Hint** : (2) では，(1) で求めたマクローリン展開を使うとよい．(3) $n!e$ に関する不等式が (2) から出る．(4) e が有理数と仮定すると $e = \dfrac{m}{n}$ (n, m は自然数) と表される．これから (3) を使って矛盾を出す．)

B-9.[A] 原点中心，半径 1 の円周上を正方向に点 P が一定の角速度 ω で回転している．

点 P と x 軸上の点 Q を長さ l の棒で連結するとき，点 Q が x 軸上を動く速度 $v(t)$ を求めよ．ただし，$l>1$ で $t=0$ のとき P$(1,0)$, Q$(l+1,0)$ とする．

4 積分

4.1 不定積分

不定積分は定積分の計算や微分方程式の解法などに使われる．この節では不定積分の定義と簡単な計算法を説明する．

原始関数

関数 $f(x)$ に対し，$F'(x) = f(x)$ をみたす $F(x)$ を $f(x)$ の**原始関数**という．

たとえば，x^3 や $x^3 + 1$ はともに $3x^2$ の原始関数である．このように，原始関数はただ1通りには定まらない．しかし，2つの原始関数の間には次の関係が成り立っている．

> **定理 4.1** 関数 $F(x)$, $G(x)$ がともに，ある区間 I で $f(x)$ の原始関数であるとき，
> $$G(x) = F(x) + C$$
> となる定数 C が存在する．

証明[A] $F(x)$, $G(x)$ が $f(x)$ の原始関数であることから，区間 I において
$$\{G(x) - F(x)\}' = G'(x) - F'(x) = f(x) - f(x) = 0.$$
このとき，定理 3.12 により，
$$G(x) - F(x) = C \quad (\text{定数関数})$$
であり，$G(x) = F(x) + C$ を得る． ∎

この定理からわかるように，$F(x)$ を $f(x)$ の原始関数とするとき，$f(x)$ のすべての原始関数は適当な定数 C を用いて
$$F(x) + C$$

と表される．これを $f(x)$ の**不定積分**といい，$\int f(x)\,dx$ で表す．すなわち

$$\int f(x)\,dx = F(x) + C.$$

このとき C を**積分定数**という．たとえば，関数 $3x^2$ の不定積分は

$$\int 3x^2\,dx = x^3 + C.$$

不定積分を求めることを**積分する**という．第 3 章の表 3.1 より，基本関数の不定積分を表 4.1 のようにまとめることができる．

表 **4.1** 基本的な関数の不定積分

$f(x)$	$\int f(x)\,dx$
k	$kx + C$
$x^\alpha \ (\alpha \neq -1)$	$\dfrac{1}{\alpha+1} x^{\alpha+1} + C$ *
$\dfrac{1}{x}$	$\log|x| + C$ †
e^x	$e^x + C$
$\cos x$	$\sin x + C$
$\sin x$	$-\cos x + C$
$\dfrac{1}{\cos^2 x}$	$\tan x + C$
$\dfrac{1}{\sqrt{a^2 - x^2}} \ (a > 0)$	$\sin^{-1} \dfrac{x}{a} + C$
$\dfrac{1}{x^2 + a^2} \ (a > 0)$	$\dfrac{1}{a} \tan^{-1} \dfrac{x}{a} + C$ ‡

*: α は -1 以外なら何でもよい.

†: どちらも $x \neq 0$ で定義されていることに注意.

‡: $\dfrac{1}{a}$ を掛けることに注意.

問 4.1 次の関数の不定積分を求めよ．

(1) $\displaystyle\int x^3\,dx$ (2) $\displaystyle\int x^9\,dx$ (3) $\displaystyle\int \dfrac{1}{x}\,dx$ (4) $\displaystyle\int \dfrac{1}{x^2}\,dx$

(5) $\displaystyle\int \sqrt[3]{x}\,dx$ (6) $\displaystyle\int \frac{1}{\sqrt{x}}\,dx$ (7) $\displaystyle\int \frac{1}{x^2+9}\,dx$ (8) $\displaystyle\int \frac{1}{\sqrt{4-x^2}}\,dx$

微分法に関する性質から，次の公式が導き出される．(以下では，原始関数の存在を仮定する．また，定理 4.11 により，連続関数は必ず原始関数をもつことが示される．)

定理 4.2
(1) $\displaystyle\int \{f(x)\pm g(x)\}\,dx = \int f(x)\,dx \pm \int g(x)\,dx$ （複号同順）
(2) $\displaystyle\int kf(x)\,dx = k\int f(x)\,dx$ （k は定数）

例題 4.1 次の不定積分を求めよ．
(1) $\displaystyle\int (2x^2+3)\,dx$ (2) $\displaystyle\int \frac{x^2+1}{x}\,dx$

解答 (1) $\displaystyle\int (2x^2+3)\,dx = 2\int x^2\,dx + \int 3\,dx = \frac{2}{3}x^3 + 3x + C$.
(2) $\displaystyle\int \frac{x^2+1}{x}\,dx = \int x\,dx + \int \frac{1}{x}\,dx = \frac{1}{2}x^2 + \log|x| + C$.

問 4.2 次の関数の不定積分を求めよ．
(1) $\displaystyle\int (x^3-2x+3)\,dx$ (2) $\displaystyle\int (x^2+1)^2\,dx$ (3) $\displaystyle\int \left(x-\frac{1}{x}\right)^2\,dx$
(4) $\displaystyle\int \frac{x^2+1}{x^2}\,dx$ (5) $\displaystyle\int 5\sqrt{x^3}\,dx$ (6) $\displaystyle\int \frac{1+x\cos x}{x}\,dx$

表 4.1 の基本公式において，x の替わりに 1 次式 $px+q$ $(p\neq 0)$ のときを考える．合成関数の微分法より，$F'(x)=f(x)$ ならば $\bigl(F(px+q)\bigr)' = pf(px+q)$ となる．したがって，次のことが成り立つ．

定理 4.3 $\displaystyle\int f(x)\,dx = F(x)+C$ のとき，
$\displaystyle\int f(px+q)\,dx = \frac{1}{p}F(px+q)+C$ （ただし，p, q は定数で，$p\neq 0$）．

例題 4.2 つぎの不定積分を求めよ．

(1) $\int (2x+5)^3 \, dx$ (2) $\int \sin 3x \, dx$ (3) $\int \cos^2 x \, dx$

解答 (1) $\int x^3 \, dx = \dfrac{1}{4}x^4 + C$ より，

$$\int (2x+5)^3 \, dx = \dfrac{1}{4}(2x+5)^4 \times \dfrac{1}{2} + C = \dfrac{1}{8}(2x+5)^4 + C$$

(2) $\int \sin x \, dx = -\cos x + C$ より，

$$\int \sin 3x \, dx = (-\cos 3x) \times \dfrac{1}{3} + C = \dfrac{-1}{3}\cos 3x + C$$

(3) $\cos^2 x = \dfrac{1}{2}(1+\cos 2x)$ より，$\int \cos^2 x \, dx = \int \dfrac{1}{2}(1+\cos 2x) \, dx$ である．定理 4.2 と定理 4.3 を用いると，

$$\int \cos^2 x \, dx = \dfrac{1}{2}\int (1+\cos 2x) \, dx = \dfrac{1}{2}\left(x + \dfrac{1}{2}\sin 2x\right) + C = \dfrac{1}{2}x + \dfrac{1}{4}\sin 2x + C.$$

∎

問 4.3 次の関数の不定積分を求めよ．

(1) $\int (x+2)^5 \, dx$ (2) $\int (2x-1)^4 \, dx$ (3) $\int (10x+1)^9 \, dx$

(4) $\int \sqrt{2x+3} \, dx$ (5) $\int \dfrac{1}{\sqrt{4x-3}} \, dx$ (6) $\int \dfrac{1}{2x+1} \, dx$

(7) $\int \dfrac{1}{(2x+1)^2} \, dx$ (8) $\int e^{4x} \, dx$ (9) $\int e^{3x-1} \, dx$

(10) $\int \cos 2x \, dx$ (11) $\int \sin \dfrac{x}{5} \, dx$ (12) $\int \dfrac{1}{\cos^2 3x} \, dx$

(13) $\int (\sin x + \cos x)^2 \, dx$ (14) $\int \sin^2 x \, dx$

(15) $\int \dfrac{1}{(x+1)^2 + 9} \, dx$ (16) $\int \dfrac{1}{\sqrt{4-(x-2)^2}} \, dx$

4.2 置換積分，部分積分

微分法と比べ，不定積分の計算では多くの場合困難さが伴う．そのため，不定積分を求めるために，以下の 2 つの計算法がよく使われる．

定理 4.3 において，x の替わりに 1 次式 $px+q$ $(p \neq 0)$ のときを考えた．一般に $\varphi(t)$ を単調な C^1 級関数とするとき，次のことが成り立つ．これを**置換積分**という．

定理 4.4 (置換積分 (その 1)) 変数変換 $x = \varphi(t)$ を行うと，
$$\int f(x)\,dx = \int f(\varphi(t)) \frac{d\varphi}{dt}(t)\,dt$$
となる．

証明 [A] $F(x)$ を $f(x)$ の原始関数とすると，合成関数の微分により
$$\frac{d}{dt}\{F(\varphi(t))\} = \frac{dF}{dx}(\varphi(t))\frac{d\varphi}{dt}(t) = f(\varphi(t))\frac{d\varphi}{dt}(t)$$
であるから，$F(\varphi(t))$ は $f(\varphi(t))\frac{d\varphi}{dt}(t)$ の原始関数になっている．したがって，
$$\int f(\varphi(t))\frac{d\varphi}{dt}(t)\,dt = F(\varphi(t)) + C = F(x) + C = \int f(x)\,dx.$$

上の公式の x と t の役割を入れ替えて，$\varphi(x) = t$ とおくことにより，次の公式が得られる．すなわち，積分される関数の一部を t とおき，t に関する積分に変換するのである．

なお，置換積分においては，たとえば x から t に変数を変換したら，x は残さず，t のみの不定積分にしなければならない．

定理 4.5 (置換積分 (その 2)) 変数変換 $\varphi(x) = t$ を行うと，
$$\int f(\varphi(x))\,\varphi'(x)\,dx = \int f(t)\,dt$$
となる．

定理 4.5 の特別な場合として，特に $f(t) = t^\alpha$ の場合は次のようになる．

定理 4.6 (置換積分 (その 3)) 変数変換 $\varphi(x) = t$ を行うと，
$$\int \{\varphi(x)\}^\alpha\,\varphi'(x)\,dx = \int t^\alpha\,dt$$
$$= \begin{cases} \dfrac{1}{\alpha+1}t^{\alpha+1} + C = \dfrac{1}{\alpha+1}\{\varphi(x)\}^{\alpha+1} & (\alpha \neq -1) \\ \log|t| + C = \log|\varphi(x)| + C & (\alpha = -1) \end{cases}$$

第4章 積分

例題 4.3 つぎの不定積分を求めよ.
(1) $\displaystyle\int x\, e^{x^2}\, dx$ 　　 (2) $\displaystyle\int \sin^2 x \cos x\, dx$ 　　 (3) $\displaystyle\int \frac{x}{x^2+1}\, dx$

【解答】 (1) 定理 4.5 において $x^2 = t$ とおくと, $(x^2)' = 2x$ より,
$$\int xe^{x^2}\, dx = \frac{1}{2}\int e^{x^2}\cdot 2x\, dx = \frac{1}{2}\int e^t\, dt = \frac{1}{2}e^t + C = \frac{1}{2}e^{x^2} + C.$$
(2) 定理 4.6 において $\sin x = t$ とおくと, $(\sin x)' = \cos x$ より,
$$\int \sin^2 x \cos x\, dx = \int t^2\, dt = \frac{1}{3}t^3 + C = \frac{1}{3}\sin^3 x + C.$$
(3) 定理 4.6 において $x^2+1 = t$ とおくと, $(x^2+1)' = 2x$ より,
$$\int \frac{x}{x^2+1}\, dx = \frac{1}{2}\int \frac{2x}{x^2+1}\, dx = \frac{1}{2}\int \frac{1}{t}\, dt = \frac{1}{2}\log|t| + C$$
$$= \frac{1}{2}\log|x^2+1| + C.$$

問 4.4 次の関数の不定積分を求めよ.
(1) $\displaystyle\int x(x^2+1)^3\, dx$ 　　 (2) $\displaystyle\int x \sin x^2\, dx$ 　　 (3) $\displaystyle\int \frac{2x+1}{x^2+x+1}\, dx$
(4) $\displaystyle\int \frac{4x}{x^2-9}\, dx$ 　　 (5) $\displaystyle\int x\sqrt{x^2+1}\, dx$ 　　 (6) $\displaystyle\int \cos^2 x \sin x\, dx$
(7) $\displaystyle\int \frac{e^x}{e^x+1}\, dx$ 　　 (8) $\displaystyle\int \frac{\sin x + \cos x}{\sin x - \cos x}\, dx$ 　　 (9) $\displaystyle\int \frac{\tan^{-1} x}{x^2+1}\, dx$
(10) $\displaystyle\int \frac{1}{x\log x}\, dx$ 　　 (11) $\displaystyle\int \frac{1}{x(\log x)^2}\, dx$ 　　 (12) $\displaystyle\int \cos^3 x\, dx$

例題 4.4 つぎの不定積分を求めよ.
(1) $\displaystyle\int x\sqrt{x+1}\, dx$ 　　 (2)[A] $\displaystyle\int \sqrt{1-x^2}\, dx$

【解答】 (1) $\sqrt{x+1} = t$ とおくと, $x = t^2 - 1$ である. $\dfrac{dx}{dt} = 2t$ より, 定理 4.4 を用いると,
$$\int x\sqrt{x+1}\, dx = \int (t^2-1)\cdot t\cdot 2t\, dt = 2\int (t^4 - t^2)\, dt = 2\Big(\frac{t^5}{5} - \frac{t^3}{3}\Big) + C$$
$$= \frac{2}{5}\sqrt{(x+1)^5} - \frac{2}{3}\sqrt{(x+1)^3} + C.$$
(2) $x = \sin t$ とおくと, $\dfrac{dx}{dt} = \cos t$ である. 定理 4.4 を用いると,
$$\int \sqrt{1-x^2}\, dx = \int \sqrt{1-\sin^2 t}\cdot \cos t\, dt.$$

ここで, t の範囲を $\dfrac{-\pi}{2} \leqq t \leqq \dfrac{\pi}{2}$ とすると, $\sqrt{1-\sin^2 t} = \cos t$ であるから,

$$\int \sqrt{1-x^2}\, dx = \int \cos^2 t\, dt = \frac{1}{2}\int \frac{1+\cos 2t}{2}\, dt$$

$$= \frac{1}{2}\left(t + \frac{1}{2}\sin 2t\right) + C \quad (\text{ただし, } t = \sin^{-1} x)$$

問 4.5 次の関数の不定積分を求めよ. [1]

(1) $\displaystyle\int x\sqrt{x-1}\, dx$ (2) $\displaystyle\int \frac{1}{e^x + e^{-x}}\, dx$ (3) $\displaystyle\int \frac{1}{\sqrt{(1+x^2)^3}}\, dx$

(4) $\displaystyle\int \frac{1}{1+\sqrt{x}}\, dx$ (5)[A] $\displaystyle\int \sqrt{e^x - 1}\, dx$ (6)[A] $\displaystyle\int x^2\sqrt{1-x^2}\, dx$

微分法における積の公式より, 積分においては次のことが成り立つ. これを**部分積分**という.

定理 4.7 (部分積分) $f(x), g(x)$ はともに C^1 級の関数とするとき, つぎのことが成り立つ.

$$\int f'(x)g(x)\, dx = f(x)g(x) - \int f(x)g'(x)\, dx$$

証明[A] $\bigl(f(x)g(x)\bigr)' = f'(x)g(x) + f(x)g'(x)$ より,

$$\int \{f'(x)g(x) + f(x)g'(x)\}\, dx = f(x)g(x) + C.$$

よって, 定理 4.2 を用いると, $\displaystyle\int f'(x)g(x)\, dx = f(x)g(x) - \int f(x)g'(x)\, dx + C$ となる.

ここで積分定数 C は不定積分 $\displaystyle\int f(x)g'(x)\, dx$ に含めると,

$$\int f'(x)g(x)\, dx = f(x)g(x) - \int f(x)g'(x)\, dx$$

が得られる.

例題 4.5 つぎの不定積分を求めよ.

(1) $\displaystyle\int xe^{3x}\, dx$ (2) $\displaystyle\int \log x\, dx$

---

[1] (4),(5) については § 4.3 有理関数の不定積分を学んだ後でやればよい.

解答 (1) $e^{3x} = \left(\dfrac{1}{3}e^{3x}\right)'$ より,定理 4.7 を用いると,

$$\int xe^{3x}\,dx = \int x\left(\dfrac{1}{3}e^{3x}\right)'dx = x\cdot\left(\dfrac{1}{3}e^{3x}\right) - \int 1\cdot\left(\dfrac{1}{3}e^{3x}\right)dx$$

$$= \dfrac{1}{3}xe^{3x} - \dfrac{1}{9}e^{3x} + C.$$

(2) $1 = (x)'$ より,定理 4.7 を用いると,

$$\int \log x\,dx = \int 1\cdot\log x\,dx = \int (x)'\log x\,dx = x\cdot\log x - \int x\cdot\left(\dfrac{1}{x}\right)dx$$

$$= x\log x - x + C.$$

問 4.6 次の関数の不定積分を求めよ.

(1) $\displaystyle\int xe^{-x}\,dx$ (2) $\displaystyle\int x\cos x\,dx$ (3) $\displaystyle\int x\sin 2x\,dx$

(4) $\displaystyle\int x(x+2)^5\,dx$ (5) $\displaystyle\int x^2\log x\,dx$ (6) $\displaystyle\int \dfrac{\log x}{x^2}\,dx$

問 4.7[A] 次の関数の不定積分を求めよ.

(1) $\displaystyle\int x^2\cos 2x\,dx$ (2) $\displaystyle\int x^2 e^{-x}\,dx$ (3) $\displaystyle\int x^3\sqrt{x^2+1}\,dx$

(4) $\displaystyle\int \dfrac{x}{(x+1)^3}\,dx$ (5) $\displaystyle\int e^{2x}\sin 4x\,dx$ (6) $\displaystyle\int (\log x)^2\,dx$

4.3 有理関数の不定積分

整式 (多項式) $P(x), Q(x)$ に対して,$\dfrac{P(x)}{Q(x)}$ で表される x の関数を有理関数という.有理関数の不定積分 $\displaystyle\int \dfrac{P(x)}{Q(x)}\,dx$ は一定の手続きによってつぎの (1) ~(3) のタイプの不定積分に帰着することができる.

(1) $\displaystyle\int R(x)\,dx$ 　　($R(x)$ は多項式)

(2) $\displaystyle\int \dfrac{A}{(x-a)^m}\,dx$ 　　(m は自然数,A と a は定数)

(3) $\displaystyle\int \dfrac{Bx+C}{(x^2+px+q)^n}\,dx$ 　　(n は自然数,B, C, p, q は定数で,$p^2-4q<0$)

以下,例によって計算方法を説明する.

例題 4.6 つぎの不定積分を求めよ.

(1) $\displaystyle\int \frac{x-3}{x^2-3x+2}\,dx$ (2) $\displaystyle\int \frac{10x-7}{(x-1)^2(x+2)}\,dx$

解答 (1) $\dfrac{x-3}{x^2-3x+2} = \dfrac{x-3}{(x-1)(x-2)}$ を部分分数分解する.

$$\frac{x-3}{x^2-3x+2} = \frac{x-3}{(x-1)(x-2)} = \frac{A}{x-1} + \frac{B}{x-2}$$

とおいて, 定数 A, B の値を求める. 両辺に $(x-1)(x-2)$ を掛けて右辺を整理すると,

$$x - 3 = A(x-2) + B(x-1) = (A+B)x - 2A - B$$

となる. ここで, 係数を比較すると $\begin{cases} A+B = 1 \\ -2A - B = -3 \end{cases}$ であるから,

$A = 2,\ B = -1$ となる. したがって,

$$\int \frac{x-3}{x^2-3x+2}\,dx = \int \frac{x-3}{(x-1)(x-2)}\,dx = \int \left(\frac{2}{x-1} - \frac{1}{x-2}\right) dx$$

$$= 2\log|x-1| - \log|x-2| + C = \log\left|\frac{(x-1)^2}{x-2}\right| + C$$

(2) $\dfrac{10x-7}{(x-1)^2(x+2)}$ を部分分数分解する. 分母の因数に注意して,

$$\frac{10x-7}{(x-1)^2(x+2)} = \frac{A}{x-1} + \frac{B}{(x-1)^2} + \frac{C}{x+2}$$

とおいて, 定数 A, B, C の値を求める. 両辺に $(x-1)^2(x+2)$ を掛けて右辺を整理すると,

$$10x - 7 = A(x-1)(x+2) + B(x+2) + C(x-1)^2$$
$$= (A+C)x^2 + (A+B-2C)x - 2A + 2B + C$$

となる. ここで, 係数を比較すると $\begin{cases} A + C = 0 \\ A + B - 2C = 10 \\ -2A + 2B + C = -7 \end{cases}$ であるから,

$A = 3,\ B = 1,\ C = -3$ となる. したがって,

$$\int \frac{10x-7}{(x-1)^2(x+2)}\,dx = \int \left(\frac{3}{x-1} + \frac{1}{(x-1)^2} - \frac{3}{x+2}\right) dx$$

$$= 3\log|x-1| - \frac{1}{x-1} - 3\log|x+2| + C$$

$$= 3\log\left|\frac{x-1}{x+2}\right| - \frac{1}{x-1} + C$$

問 4.8 次の不定積分を求めよ．

(1) $\displaystyle\int \frac{3x+5}{(x+1)(x+3)}\,dx$ 　　(2) $\displaystyle\int \frac{1}{x^2-4}\,dx$

(3) $\displaystyle\int \frac{1}{x^2-5x+6}\,dx$ 　　(4) $\displaystyle\int \frac{30}{(x+1)(x-2)(x+3)}\,dx$

(5) $\displaystyle\int \frac{2x+8}{x^3-4x}\,dx$ 　　(6) $\displaystyle\int \frac{2x^2+5x-23}{(x+2)(x-3)^2}\,dx$

例題 4.7 つぎの不定積分を求めよ．
(1) $\displaystyle\int \frac{x^3-2x^2+5}{x^2-1}\,dx$ 　　(2) $\displaystyle\int \frac{2}{(x-1)(x^2+1)}\,dx$

解答 (1) x^3-2x^2+5 を x^2-1 で割ると，商は $x-2$，余りは $x+3$ となるので $\dfrac{x^3-2x^2+5}{x^2-1} = x-2+\dfrac{x+3}{x^2-1}$ である．
$\dfrac{x+3}{x^2-1} = \dfrac{x+3}{(x-1)(x+1)}$ を部分分数分解する．

$$\frac{x+3}{x^2-1} = \frac{x+3}{(x-1)(x+1)} = \frac{A}{x-1} + \frac{B}{x+1}$$

とおいて，定数 A, B の値を求める．両辺に $(x-1)(x+1)$ を掛けて右辺を整理すると，

$$x+3 = A(x+1) + B(x-1) = (A+B)x + A-B$$

となる．ここで，係数を比較すると $\begin{cases} A+B = 1 \\ A-B = 3 \end{cases}$ であるから，$A=2, B=-1$ となる．したがって，

$$\int \frac{x^3-2x^2+5}{x^2-1}\,dx = \int \left(x-2+\frac{x+3}{(x-1)(x+1)}\right) dx$$

$$= \int \left(x-2+\frac{2}{x-1}-\frac{1}{x+1}\right) dx$$

$$= \frac{1}{2}x^2 - 2x + 2\log|x-1| - \log|x+1| + C$$

$$= \frac{1}{2}x^2 - 2x + \log\left|\frac{(x-1)^2}{x+1}\right| + C$$

(2) $\dfrac{2}{(x-1)(x^2+1)}$ を部分分数分解する．分母の因数に注意して，

$$\frac{2}{(x-1)(x^2+1)} = \frac{A}{x-1} + \frac{Bx+C}{x^2+1}$$

とおいて，定数 A, B, C の値を求める．両辺に $(x-1)(x^2+1)$ を掛けて右辺を整理すると，
$$2 = A(x^2+1) + (Bx+C)(x-1) = (A+B)x^2 + (-B+C)x + A - C$$
となる．ここで，係数を比較すると $\begin{cases} A+B=0 \\ -B+C=0 \\ A-C=2 \end{cases}$ であるから，

$A = 1,\ B = -1,\ C = -1$ となる．したがって，
$$\int \frac{2}{(x-1)(x^2+1)}\,dx = \int \left(\frac{1}{x-1} - \frac{x+1}{x^2+1} \right) dx$$
$$= \int \left(\frac{1}{x-1} - \frac{x}{x^2+1} - \frac{1}{x^2+1} \right) dx.$$
ここで，
$$\int \frac{x}{x^2+1}\,dx = \frac{1}{2}\int \frac{2x}{x^2+1}\,dx = \frac{1}{2}\int \frac{(x^2+1)'}{x^2+1}\,dx$$
$$= \frac{1}{2}\log(x^2+1) + C$$
であるから，
$$\int \frac{2}{(x-1)(x^2+1)}\,dx = \log|x-1| - \frac{1}{2}\log(x^2+1) - \tan^{-1} x + C.\ \blacksquare$$

問 4.9 つぎの不定積分を求めよ．

(1) $\displaystyle\int \frac{x^2}{x^2-4}\,dx$ (2) $\displaystyle\int \frac{x^3-2x+6}{x^2+x-6}\,dx$

(3) $\displaystyle\int \frac{2x^3-4x+1}{(x-1)^2}\,dx$ (4) $\displaystyle\int \frac{10}{(x-1)(x^2+4)}\,dx$

(5) $\displaystyle\int \frac{x^2}{(x^2+1)(x^2+4)}\,dx$ (6)[A] $\displaystyle\int \frac{4}{x^4-1}\,dx$

例題 4.8[A]　不定積分 $\displaystyle\int \frac{1}{x^3-1}\,dx$ を求めよ．

解答　$\dfrac{1}{x^3-1} = \dfrac{1}{(x-1)(x^2+x+1)}$ を部分分数分解する．
$$\frac{1}{x^3-1} = \frac{1}{(x-1)(x^2+x+1)} = \frac{A}{x-1} + \frac{Bx+C}{x^2+x+1}$$
とおいて，定数 A, B, C の値を求める．両辺に $(x-1)(x^2+x+1)$ を掛けて右辺を整理すると，
$$1 = A(x^2+x+1) + (Bx+C)(x-1) = (A+B)x^2 + (A-B+C)x + A - C$$

となる．ここで，係数を比較すると $\begin{cases} A+B=0 \\ A-B+C=0 \\ A-C=1 \end{cases}$ であるから，
$A = \dfrac{1}{3}$, $B = \dfrac{-1}{3}$, $C = \dfrac{-2}{3}$ となる．したがって，
$$\int \frac{1}{x^3-1}\,dx = \frac{1}{3}\int\left(\frac{1}{x-1} - \frac{x+2}{x^2+x+1}\right)dx.$$

$\displaystyle\int \frac{x+2}{x^2+x+1}\,dx$ については，$x^2+x+1 = \left(x+\dfrac{1}{2}\right)^2 + \dfrac{3}{4}$ に注意して，$t = x + \dfrac{1}{2}$ とおいて置換積分を行うと，

$$\int \frac{x+2}{x^2+x+1}\,dx = \int \frac{t + \frac{3}{2}}{t^2 + \frac{3}{4}}\,dt = \frac{1}{2}\int \frac{2t}{t^2 + \frac{3}{4}}\,dt + \frac{3}{2}\int \frac{1}{t^2 + \left(\frac{\sqrt{3}}{2}\right)^2}\,dx$$
$$= \frac{1}{2}\log\left(t^2 + \frac{3}{4}\right) + \frac{3}{2} \times \frac{2}{\sqrt{3}}\tan^{-1}\frac{t}{\left(\frac{\sqrt{3}}{2}\right)} + C$$
$$= \frac{1}{2}\log(x^2+x+1) + \sqrt{3}\tan^{-1}\frac{2x+1}{\sqrt{3}} + C$$

となる．以上より，
$$\int \frac{1}{x^3-1}\,dx = \frac{1}{3}\log|x-1| - \frac{1}{6}\log(x^2+x+1) - \frac{\sqrt{3}}{3}\tan^{-1}\frac{2x+1}{\sqrt{3}} + C. \blacksquare$$

問 4.10[A] つぎの不定積分を求めよ．

(1) $\displaystyle\int \frac{1}{x^2+2x+5}\,dx$ 　　(2) $\displaystyle\int \frac{2x-2}{x(x^2-2x+2)}\,dx$ 　　(3) $\displaystyle\int \frac{1}{x^3+8}\,dx$

例題 4.9[A] 　不定積分 $\displaystyle\int \frac{1}{\sqrt{x^2+1}}\,dx$ を求めよ．

解答　$x + \sqrt{x^2+1} = t$ とおいて置換積分を行う．$\sqrt{x^2+1} = t - x$ の両辺を2乗すると，$x^2 + 1 = t^2 - 2tx + x^2$ となるので，$x = \dfrac{t^2-1}{2t}$ となる．これより，
$\sqrt{x^2+1} = t - x = \dfrac{t^2+1}{2t}$, $\dfrac{dx}{dt} = \dfrac{2t^2 - (t^2-1)}{2t^2} = \dfrac{t^2+1}{2t^2}$. したがって，
$$\int \frac{1}{\sqrt{x^2+1}}\,dx = \int \frac{2t}{t^2+1} \cdot \frac{t^2+1}{2t^2}\,dt$$
$$= \int \frac{1}{t}\,dt = \log|t| + C = \log|x + \sqrt{x^2+1}| + C \blacksquare$$

問 4.11[A] 　次の等式が成り立つことを示せ．
$$\int \sqrt{x^2+1}\,dx = \frac{1}{2}\left\{x\sqrt{x^2+1} + \log|x + \sqrt{x^2+1}|\right\} + C$$

有用な不定積分を以下の表にまとめておく．

表 4.2 有用な不定積分

	$f(x)$	$\int f(x)\,dx$
(1)	k (定数)	$kx + C$
(2)	$x^\alpha \ (\alpha \neq -1)$	$\dfrac{1}{\alpha+1} x^{\alpha+1} + C$
(3)	$\dfrac{1}{x}$	$\log|x| + C$
(4)	e^x	$e^x + C$
(5)	$\log x$	$x\log x - x + C$
(6)	$\cos x$	$\sin x + C$
(7)	$\sin x$	$-\cos x + C$
(8)	$\dfrac{1}{\cos^2 x}$	$\tan x + C$
(9)	$\dfrac{1}{\sqrt{a^2 - x^2}} \ (a > 0)$	$\sin^{-1}\dfrac{x}{a} + C$
(10)	$\dfrac{1}{x^2 + a^2} \ (a > 0)$	$\dfrac{1}{a}\tan^{-1}\dfrac{x}{a} + C$
(11)	$\dfrac{1}{x^2 - a^2} \ (a > 0)$	$\dfrac{1}{2a}\log\left|\dfrac{x-a}{x+a}\right| + C$
(12)	$\dfrac{1}{\sqrt{x^2 + A}} \ (A \neq 0)$	$\log|x + \sqrt{x^2 + A}| + C$
(13)	$\sqrt{a^2 - x^2} \ (a > 0)$	$\dfrac{1}{2}\left(x\sqrt{a^2 - x^2} + a^2 \sin^{-1}\dfrac{x}{a}\right) + C$
(14)	$\sqrt{x^2 + A} \ (A \neq 0)$	$\dfrac{1}{2}\left(x\sqrt{x^2 + A} + A\log|x + \sqrt{x^2 + A}|\right) + C$
(15)	$e^{ax}\cos bx \ (ab \neq 0)$	$\dfrac{e^{ax}}{a^2 + b^2}(a\cos bx + b\sin bx) + C$
(16)	$e^{ax}\sin bx \ (ab \neq 0)$	$\dfrac{e^{ax}}{a^2 + b^2}(a\sin bx - b\cos bx) + C$

4.4 定積分

この節では，はじめに定積分の定義とその性質について述べる．特に定理4.11(微分積分学の基本定理)が重要である．つづいて，定積分の計算法を説明する．

関数 $f(x)$ は区間 $[a, b]$ で有界，すなわち定数 m, M が存在し，
$$a \leqq x \leqq b \quad \text{のとき} \quad m \leqq f(x) \leqq M$$
が成り立つものとする．区間 $[a, b]$ を n 個の小区間 $[x_{i-1}, x_i]$ に分割する仕方は，その分点 x_i のとり方によって決まる．そこで，この分割の仕方を
$$\Delta : a = x_0 < x_1 < x_2 < \cdots < x_n = b$$
で表す．分割の細かさを表すために，各小区間の幅 $x_i - x_{i-1}$ のうち最大の幅を分割 Δ の幅といい，$|\Delta|$ で表す．すなわち
$$|\Delta| = \max_{1 \leqq i \leqq n} (x_i - x_{i-1})$$
とする．各小区間 $[x_{i-1}, x_i]$ から任意の点 ξ_i を選び (図 4.1)，
$$S(\Delta, \{\xi_i\}_i) = \sum_{1 \leqq i \leqq n} f(\xi_i)(x_i - x_{i-1})$$
とおく．これをリーマン和という．$|\Delta| \to 0$ のとき，すなわち分割 Δ の幅を限りなく小さくするとき，分割の仕方 (分点のとり方) および点 ξ_i の選び方に

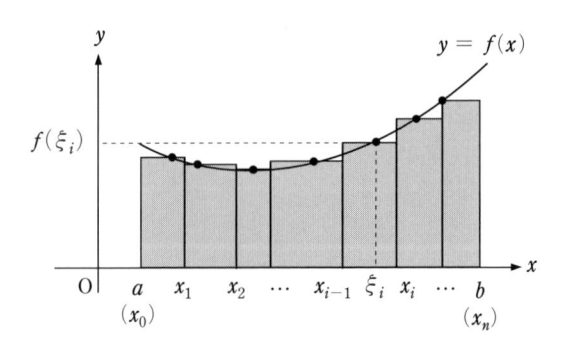

図 4.1 定積分の定義

は無関係に，$S(\Delta, \{\xi_i\}_i)$ が一定の値 α に近づくならば，すなわち

$$\lim_{|\Delta| \to 0} \sum_{1 \leq i \leq n} f(\xi_i)(x_i - x_{i-1}) = \alpha$$

が成り立つならば，この極限値 α を区間 $[a,b]$ における**定積分**といい，

$$\int_a^b f(x)\, dx$$

で表す．また，このとき $f(x)$ は区間 $[a,b]$ において積分可能であるという．$\int_a^b f(x)\, dx$ を求めることを $f(x)$ を $[a,b]$ で積分するといい，a を下端，b を上端という．

直観的には，$f(x) \geq 0$ の場合，$\int_a^b f(x)\, dx$ の値は $y = f(x)$ のグラフと x 軸および 2 直線 $x = a$, $x = b$ で囲まれた部分の面積である．$f(x) < 0$ の部分がある場合は，その部分については面積にマイナスをつけた値となる．

定積分が存在するのはどのような関数 $f(x)$ か，というのは難しい問題であるが，次のことが知られている．

定理 4.8 関数 $f(x)$ が区間 $[a,b]$ で連続のとき，$f(x)$ は $[a,b]$ で積分可能である．

分割 Δ のうちもっとも簡単なものは区間 $[a,b]$ を n 等分してできる分割であり，各分点 x_i は，小区間の幅 $\dfrac{b-a}{n}$ を用いて

$$x_i = a + \frac{b-a}{n} i \quad (i = 0, 1, 2, \cdots, n)$$

と表される．さらに $n \to \infty$ は $|\Delta| \to 0$ を意味するから，点 ξ_i の選び方を小区間 $[x_{i-1}, x_i]$ の左端 x_{i-1} にするか，右端 x_i にするかにより

$$\int_a^b f(x)\, dx = \begin{cases} \displaystyle\lim_{n \to \infty} \frac{b-a}{n} \sum_{1 \leq i \leq n} f\left(a + \frac{b-a}{n}(i-1)\right) & (\xi_i = x_{i-1} \text{のとき}) \\ \displaystyle\lim_{n \to \infty} \frac{b-a}{n} \sum_{1 \leq i \leq n} f\left(a + \frac{b-a}{n} i\right) & (\xi_i = x_i \text{のとき}) \end{cases}$$

となる（図 4.2，図 4.3）．このような定積分の求め方を**区分求積法**という．

図 4.2　区分求積法 (左端)　　　図 4.3　区分求積法 (右端)

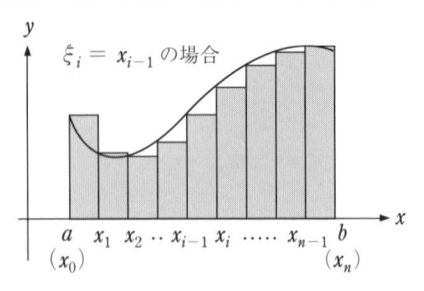

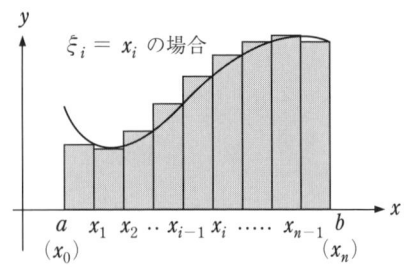

例題 4.10　区分求積法を用いて，積分 $\int_0^1 x^3 \, dx$ の値を求めよ．

解答　(1.6) 式を用いると，

$$\int_0^1 x^3 \, dx = \lim_{n \to \infty} \frac{1}{n} \sum_{k=1}^n \left(\frac{k}{n}\right)^3 = \lim_{n \to \infty} \frac{1}{n^4} \sum_{k=1}^n k^3$$

$$= \lim_{n \to \infty} \frac{1}{n^4} \frac{n^2(n+1)^2}{4} = \lim_{n \to \infty} \frac{1}{4}\left(1 + \frac{1}{n}\right)^2 = \frac{1}{4}$$

問 4.12　区分求積法を用いて，積分 $\int_0^1 x^2 \, dx$ の値を求めよ．

関数 $f(x)$ と区間 $[a,b]$ に対して，定積分 $\int_a^b f(x) \, dx$ の値が定まる．このとき，$f(x)$ を**被積分関数**といい，x を**積分変数**という．関数が同じものであれば積分変数を表す文字は何であってもよい．たとえば，

$$\int_0^\pi \sin x \, dx = \int_0^\pi \sin t \, dt = \int_0^\pi \sin u \, du$$

などである．特に，上端や下端に x を使うときは，積分変数として文字 x は用いないで，$\int_0^x f(t) \, dt$ や $\int_0^x f(u) \, du$ などと表す．

例題 4.11　k を定数とするとき，$\int_a^b k \, dx = k(b-a)$ が成り立つことを示せ．

解答 定数関数 $f(x) = k$ に対しては，点 ξ_i の選び方に依存することなく $f(\xi_i) = k$ であるから

$$\int_a^b k\,dx = \lim_{n\to\infty} \sum_{1\leqq i\leqq n} k(x_i - x_{i-1}) = k \lim_{n\to\infty} \sum_{1\leqq i\leqq n} (x_i - x_{i-1})$$

$$= k \lim_{n\to\infty} (b-a) = k(b-a)$$

以下においては，定積分に関する基本的性質について述べる．

定理 4.9 (性質) 関数 $f(x)$, $g(x)$ は区間 $[a,b]$ において積分可能とする．このとき，つぎのことが成り立つ．

(1) $\displaystyle\int_a^b \{f(x) \pm g(x)\}\,dx = \int_a^b f(x)\,dx \pm \int_a^b g(x)\,dx$ （複号同順）

(2) $\displaystyle\int_a^b kf(x)\,dx = k\int_a^b f(x)\,dx$

(3) $a \leqq c \leqq b$ のとき，$\displaystyle\int_a^b f(x)\,dx = \int_a^c f(x)\,dx + \int_c^b f(x)\,dx$

(4) $f(x) \leqq g(x)$ $(a \leqq x \leqq b)$ のとき，$\displaystyle\int_a^b f(x)\,dx \leqq \int_a^b g(x)\,dx$

(5) $\displaystyle\left|\int_a^b f(x)\,dx\right| \leqq \int_a^b |f(x)|\,dx$

証明 [A] (2) のみ証明する．

$$\int_a^b kf(x)\,dx = \lim_{|\Delta|\to 0} \sum_{1\leqq i\leqq n} kf(\xi_i)(x_i - x_{i-1})$$

$$= k \lim_{|\Delta|\to 0} \sum_{1\leqq i\leqq n} f(\xi_i)(x_i - x_{i-1}) = k\int_a^b f(x)\,dx$$

定理 4.9 においては，積分の下端 a，上端 b は $a < b$ をみたすものとしていた．そこで $a \geqq b$ の場合には，

$$\int_a^a f(x)\,dx = 0$$

$$\int_a^b f(x)\,dx = -\int_b^a f(x)\,dx$$

と定義する．このことにより，定理 4.9(3) は a, b, c の大小関係にかかわらず成り立つ．

定理 4.10[A] **(積分の平均値の定理)** 関数 $f(x)$ が区間 $[a, b]$ で連続のとき，
$$\int_a^b f(x)\, dx = f(\xi)(b - a)$$
をみたす $\xi\ (a < \xi < b)$ が存在する．

この積分の平均値の定理 (証明は §4.7) により次の定理が導き出される．

定理 4.11 (微分積分学の基本定理) 関数 $f(x)$ が区間 $[a, b]$ で連続のとき，
$$F(x) = \int_a^x f(t)\, dt$$
は $F'(x) = f(x)$ をみたす．このことから，連続関数は必ず原始関数をもつ．

例題 4.11 において定数関数の定積分を求めたが，一般には次の公式により定積分の値を求める．

定理 4.12 (基本公式) 関数 $f(x)$ は区間 $[a, b]$ で連続で，$G(x)$ は $f(x)$ の原始関数とする．このとき，次のことが成り立つ．
$$\int_a^b f(x)\, dx = G(b) - G(a) \qquad (\text{右辺は } [G(x)]_a^b \text{ と表される})$$

証明[A] $F(x) = \int_a^x f(t)\, dt$ とおくと，微分積分学の基本定理より $F'(x) = f(x)$ である．したがって定理 4.1 より，
$$F(x) = G(x) + C$$
となる定数 C が存在する．ここで $F(a) = \int_a^a f(t)\, dt = 0$ より，$C = -G(a)$ である．よって，
$$F(b) = \int_a^b f(x)\, dx = G(b) - G(a)$$
となる．

この定理によって，$f(x)$ の (1つの) 原始関数がわかれば定積分 $\int_a^b f(x)\,dx$ の値を求めることができる[2]．

例題 4.12 つぎの定積分の値を求めよ．
(1) $\displaystyle\int_0^{\frac{\pi}{2}} \cos x\,dx$ (2) $\displaystyle\int_1^2 \frac{1}{x^2}\,dx$ (3) $\displaystyle\int_0^1 e^{2x}\,dx$

解答 (1) $\displaystyle\int \cos x\,dx = \sin x + C$ より，$\displaystyle\int_0^{\frac{\pi}{2}} \cos x\,dx = [\sin x]_0^{\frac{\pi}{2}} = \sin\frac{\pi}{2} - \sin 0 = 1$
(2) $\displaystyle\int \frac{1}{x^2}\,dx = \frac{-1}{x} + C$ より，$\displaystyle\int_1^2 \frac{1}{x^2}\,dx = \left[\frac{-1}{x}\right]_1^2 = \frac{-1}{2} - \frac{-1}{1} = \frac{1}{2}$
(3) $\displaystyle\int e^{2x}\,dx = \frac{1}{2}e^{2x} + C$ より，$\displaystyle\int_0^1 e^{2x}\,dx = \left[\frac{1}{2}e^{2x}\right]_0^1 = \frac{1}{2}(e^2 - e^0) = \frac{1}{2}(e^2 - 1)$ ∎

問 4.13 つぎの定積分の値を求めよ．
(1) $\displaystyle\int_0^1 (2x^2 + 4)\,dx$ (2) $\displaystyle\int_1^2 \frac{x^2+1}{x}\,dx$ (3) $\displaystyle\int_0^1 \sqrt{x^3}\,dx$
(4) $\displaystyle\int_0^1 (1+x^2)^2\,dx$ (5) $\displaystyle\int_0^{\frac{\pi}{2}} \sin 2x\,dx$ (6) $\displaystyle\int_0^1 \frac{1}{x+1}\,dx$
(7) $\displaystyle\int_1^5 \sqrt{3x+1}\,dx$ (8) $\displaystyle\int_{-1}^1 (e^x + e^{-x})^2\,dx$ (9) $\displaystyle\int_{-1}^1 (2x-1)^4\,dx$
(10) $\displaystyle\int_0^{\frac{\pi}{2}} (\cos x + \sin x)^2\,dx$ (11) $\displaystyle\int_0^\pi \cos^2 x\,dx$ (12) $\displaystyle\int_0^{\frac{\pi}{4}} \sin^2 x\,dx$

不定積分の計算において置換積分や部分積分を学んだが，より直接的に計算するために，定積分における同様の公式がある．

定理 4.13 (定積分の置換積分 (その 1)) 関数 $f(x)$ は区間 $[a,b]$ において連続，$\varphi(t)$ は単調な C^1 級関数で，$a = \varphi(\alpha)$, $b = \varphi(\beta)$ とする．このとき，次のことが成り立つ．
$$\int_a^b f(x)\,dx = \int_\alpha^\beta f\bigl(\varphi(t)\bigr)\,\varphi'(t)\,dt$$

証明 [A] $F(x)$ を $f(x)$ の原始関数とすると，$\bigl\{F\bigl(\varphi(t)\bigr)\bigr\}' = F'\bigl(\varphi(t)\bigr)\varphi'(t) =$

---
[2] 以下においては 1 つの原始関数が求まればよいので，不定積分における積分定数は省略することがある．

$f\bigl(\varphi(t)\bigr)\varphi'(t)$. ゆえに

$$\int_\alpha^\beta f\bigl(\varphi(t)\bigr)\varphi'(t)\,dt = \Bigl[F\bigl(\varphi(t)\bigr)\Bigr]_\alpha^\beta = F\bigl(\varphi(\beta)\bigr) - F\bigl(\varphi(\alpha)\bigr)$$

$$= F(b) - F(a) = \int_a^b f(x)\,dx.\qquad\blacksquare$$

定理 4.13 において x と t の役割を取り替えると，定理 4.5 と同様に，定積分おいても次のことが成り立つ．

> **定理 4.14 (定積分の置換積分 (その 2))** 関数 $\varphi(x)$ は区間 $[a,b]$ で単調な C^1 級関数で，$\alpha = \varphi(a)$, $\beta = \varphi(b)$ とする．また，関数 $f(t)$ は区間 $[\alpha,\beta]$ または $[\beta,\alpha]$ で連続とする．このとき，次のことが成り立つ．
>
> $$\int_a^b f\bigl(\varphi(x)\bigr)\varphi'(x)\,dx = \int_\alpha^\beta f(t)\,dt$$

例題 4.13 つぎの定積分の値を求めよ．
(1) $\displaystyle\int_1^2 xe^{x^2}\,dx$ (2) $\displaystyle\int_0^1 x\sqrt{x^2+1}\,dx$

解答 (1) $t = x^2$ とおくと，$\dfrac{dt}{dx} = 2x$ であり，$x=1$ のとき $t=1$, $x=2$ のとき $t=4$ となるから，定理 4.14 より

$$\int_1^2 xe^{x^2}\,dx = \frac{1}{2}\int_1^2 e^{x^2}\cdot 2x\,dx = \frac{1}{2}\int_1^4 e^t\,dt = \frac{1}{2}\bigl[e^t\bigr]_1^4 = \frac{1}{2}(e^4 - e)$$

(2) $t = x^2 + 1$ とおくと，$\dfrac{dt}{dx} = 2x$ であり，$x=0$ のとき $t=1$, $x=1$ のとき $t=2$ となるから，定理 4.14 より

$$\int_0^1 x\sqrt{x^2+1}\,dx = \frac{1}{2}\int_0^1 \sqrt{x^2+1}\cdot 2x\,dx = \frac{1}{2}\int_1^2 \sqrt{t}\,dt = \frac{1}{2}\left[\frac{2}{3}\sqrt{t^3}\right]_1^2$$

$$= \frac{1}{3}(2\sqrt{2} - 1)\qquad\blacksquare$$

問 4.14 つぎの定積分の値を求めよ
(1) $\displaystyle\int_0^1 x(x^2+2)^3\,dx$ (2) $\displaystyle\int_0^{\frac{\pi}{2}} \sin^3 x\,dx$ (3) $\displaystyle\int_1^3 x\sqrt{x^2-1}\,dx$
(4) $\displaystyle\int_0^{\sqrt{3}} \frac{x}{1+x^2}\,dx$ (5) $\displaystyle\int_0^{\frac{\pi}{4}} \tan x\,dx$ (6) $\displaystyle\int_0^{\frac{\pi}{2}} \cos^5 x\,dx$

例題 4.14 つぎの定積分の値を求めよ.

(1) $\displaystyle\int_{-1}^{1} x\sqrt{x+1}\, dx$ 　　(2) $\displaystyle\int_{0}^{1} \frac{x^2}{\sqrt{4-x^2}}\, dx$

解答 (1) $t = \sqrt{x+1}$ とおくと, $x = t^2 - 1$ より $\dfrac{dx}{dt} = 2t$ であり, $x = -1$ のとき $t = 0$, $x = 1$ のとき $t = \sqrt{2}$ となるから, 定理 4.13 より

$$\int_{-1}^{1} x\sqrt{x+1}\, dx = \int_{0}^{\sqrt{2}} (t^2 - 1) \cdot t \cdot 2t\, dt = 2\int_{0}^{\sqrt{2}} (t^4 - t^2)\, dt$$

$$= 2\left[\frac{t^5}{5} - \frac{t^3}{3}\right]_{0}^{\sqrt{2}} = \frac{4\sqrt{2}}{15}$$

(2) $x = 2\sin t$ とおくと, $\dfrac{dx}{dt} = 2\cos t$ であり, $x = 0$ のとき $t = 0$, $x = 1$ のとき $t = \dfrac{\pi}{6}$ となるから, 定理 4.13 より ($\cos t \geqq 0$ に注意する)

$$\int_{0}^{1} \frac{x^2}{\sqrt{4-x^2}}\, dx = \int_{0}^{\frac{\pi}{6}} \frac{4\sin^2 t}{\sqrt{4-4\sin^2 t}} \cdot 2\cos t\, dt = \int_{0}^{\frac{\pi}{6}} \frac{4\sin^2 t \cos t}{\sqrt{\cos^2 t}}\, dt$$

$$= \int_{0}^{\frac{\pi}{6}} 4\sin^2 t\, dt = 2\int_{0}^{\frac{\pi}{6}} (1 - \cos 2t)\, dt = 2\left[t - \frac{\sin 2t}{2}\right]_{0}^{\frac{\pi}{6}}$$

$$= 2\left(\frac{\pi}{6} - \frac{\sin\frac{\pi}{3}}{2}\right) = \frac{\pi}{3} - \frac{\sqrt{3}}{2}.$$ ∎

問 4.15 つぎの定積分の値を求めよ

(1) $\displaystyle\int_{0}^{2} \frac{x}{\sqrt{x+2}}\, dx$ 　　(2) $\displaystyle\int_{0}^{2} x\sqrt{2-x}\, dx$ 　　(3)[A] $\displaystyle\int_{1}^{2} x\sqrt{2x-x^2}\, dx$

定理 4.15 (定積分の部分積分) 関数 $f(x)$, $g(x)$ は, 区間 $[a, b]$ においてともに C^1 級関数とする. このとき, 次のことが成り立つ.

$$\int_{a}^{b} f'(x)g(x)\, dx = [f(x)g(x)]_{a}^{b} - \int_{a}^{b} f(x)g'(x)\, dx$$

証明[A] 微分法における積の公式より, $\bigl(f(x)g(x)\bigr)' = f'(x)g(x) + f(x)g'(x)$. 定理 4.12 の基本公式を適用すると

$$\int_{a}^{b} \{f'(x)g(x) + f(x)g'(x)\}\, dx = [f(x)g(x)]_{a}^{b}$$

となる. 定理 4.9(1) より, 定理 4.15 が成り立つ. ∎

例題 4.15　つぎの定積分の値を求めよ．

(1) $\displaystyle\int_0^\pi x\sin 2x\,dx$　　　　(2) $\displaystyle\int_1^e \log x\,dx$

解答　(1) $\displaystyle\int_0^\pi x\sin 2x\,dx = \int_0^\pi x\left(\frac{-1}{2}\cos 2x\right)'dx$

$$= \left[x\left(\frac{-1}{2}\cos 2x\right)\right]_0^\pi - \int_0^\pi 1\cdot\left(\frac{-1}{2}\cos 2x\right)dx$$

$$= \frac{-\pi}{2} + \frac{1}{2}\int_0^\pi \cos 2x\,dx = \frac{-\pi}{2} + \frac{1}{2}\left[\frac{1}{2}\sin 2x\right]_0^\pi$$

$$= \frac{-\pi}{2} + \frac{1}{4}(0-0) = \frac{-\pi}{2}$$

(2) $\displaystyle\int_1^e \log x\,dx = \int_1^e 1\cdot\log x\,dx = \int_1^e (x)'\log x\,dx$

$$= [x\log x]_1^e - \int_1^e x\cdot\left(\frac{1}{x}\right)dx = (e\log e - \log 1) - \int_1^e 1\,dx$$

$$= e - [x]_1^e = e - (e-1) = 1$$

問 4.16　つぎの定積分の値を求めよ

(1) $\displaystyle\int_0^1 xe^{2x}\,dx$　　　(2) $\displaystyle\int_0^\pi x\cos x\,dx$　　　(3) $\displaystyle\int_0^1 \tan^{-1}x\,dx$

例題 4.16 [A]　つぎの定積分の値を求めよ．

(1) $\displaystyle\int_0^1 x^2 e^{-x}\,dx$　　　　(2) $\displaystyle\int_0^\pi e^{3x}\cos 4x\,dx$

解答　(1) $\displaystyle\int_0^1 x^2 e^{-x}\,dx = \int_0^1 x^2(-e^{-x})'\,dx$

$$= \left[x^2(-e^{-x})\right]_0^1 - \int_0^1 (2x)(-e^{-x})\,dx$$

$$= -e^{-1} + 2\int_0^1 x\,e^{-x}\,dx$$

ここで，$\displaystyle\int_0^1 x\,e^{-x}\,dx$ について，もう 1 回部分積分を行うと

$$\int_0^1 x\,e^{-x}\,dx = \int_0^1 x(-e^{-x})'\,dx = \left[x(-e^{-x})\right]_0^1 - \int_0^1 1\cdot(-e^{-x})\,dx$$

$$= -e^{-1} + \left[-e^{-x}\right]_0^1 = 1 - 2e^{-1}$$

となる．よって，
$$\int_0^1 x^2 e^{-x}\,dx = -e^{-1} + 2(1 - 2e^{-1}) = 2 - 5e^{-1} = 2 - \frac{5}{e}.$$

(2) $I = \displaystyle\int_0^\pi e^{3x} \cos 4x\,dx$ とおいて部分積分を行う．
$$I = \int_0^\pi \left(\frac{1}{3}e^{3x}\right)' \cos 4x\,dx = \left[\left(\frac{1}{3}e^{3x}\right)\cos 4x\right]_0^\pi - \int_0^\pi \left(\frac{1}{3}e^{3x}\right)(-4\sin 4x)\,dx$$
$$= \frac{1}{3}e^{3\pi} - \frac{1}{3} + \frac{4}{3}\int_0^\pi e^{3x}\sin 4x\,dx$$

ここで，$\displaystyle\int_0^\pi e^{3x}\sin 4x\,dx$ について，もう 1 回部分積分を行うと，
$$\int_0^\pi e^{3x}\sin 4x\,dx = \int_0^\pi \left(\frac{1}{3}e^{3x}\right)'\sin 4x\,dx$$
$$= \left[\left(\frac{1}{3}e^{3x}\right)\sin 4x\right]_0^\pi - \int_0^\pi \left(\frac{1}{3}e^{3x}\right)(4\cos 4x)\,dx$$
$$= 0 - 0 - \frac{4}{3}\int_0^\pi e^{3x}\cos 4x\,dx = -\frac{4}{3}I.$$

以上をまとめると，$I = \dfrac{1}{3}e^{3\pi} - \dfrac{1}{3} + \dfrac{4}{3}\times\left(\dfrac{-4}{3}\right)I$ となる．よって，
$\left\{1 + \left(\dfrac{4}{3}\right)^2\right\}I = \dfrac{1}{3}(e^{3\pi} - 1)$ より，$I = \dfrac{3}{25}(e^{3\pi} - 1)$.

問 4.17[A] つぎの定積分の値を求めよ
(1) $\displaystyle\int_0^1 x^2 e^{3x}\,dx$ 　　(2) $\displaystyle\int_0^{\frac{\pi}{2}} x^2 \sin x\,dx$ 　　(3) $\displaystyle\int_0^\pi e^{2x}\sin 3x\,dx$

4.5 広義積分[A]

この節では，定積分の定義を，有界でない関数や積分区間が無限区間の場合に拡張する．

有限区間 $(a, b]$ および $[a, b)$ における広義積分を次のように定義する．
関数 $f(x)$ は区間 $(a, b]$ において連続とする．$\displaystyle\lim_{\epsilon \to +0}\int_{a+\epsilon}^b f(x)\,dx$ が存在する

とき，その極限値を $\int_a^b f(x)\,dx$ と定める．すなわち，

$$\int_a^b f(x)\,dx = \lim_{\epsilon \to +0} \int_{a+\epsilon}^b f(x)\,dx$$

上の式において，右辺の極限値が存在しないとき，「$\int_a^b f(x)\,dx$ は発散する」，または「$\int_a^b f(x)\,dx$ は存在しない」という．

同様に，$f(x)$ が区間 $[a,b)$ において連続のとき，$\int_a^b f(x)\,dx$ と定める．すなわち，

$$\int_a^b f(x)\,dx = \lim_{\epsilon \to +0} \int_a^{b-\epsilon} f(x)\,dx$$

で定義する．

例題 4.17[A] 広義積分 $\int_0^1 \dfrac{1}{\sqrt{x}}\,dx$ の値を求めよ．

解答 被積分関数 $\dfrac{1}{\sqrt{x}}$ は区間 $(0,1]$ において連続であるが，$\lim\limits_{x\to+0} \dfrac{1}{\sqrt{x}} = \infty$ となり，この区間において有界ではない．上の定義により

$$\int_0^1 \frac{1}{\sqrt{x}}\,dx = \lim_{\epsilon\to+0} \int_\epsilon^1 \frac{1}{\sqrt{x}}\,dx = \lim_{\epsilon\to+0} \left[2\sqrt{x}\right]_\epsilon^1 = \lim_{\epsilon\to+0} 2(1-\sqrt{\epsilon}) = 2 \quad\blacksquare$$

注意 上の計算を簡単に，$\int_0^1 \dfrac{1}{\sqrt{x}}\,dx = \left[2\sqrt{x}\right]_0^1 = 2 - 0 = 2$ と書く場合がある．また，$\int_0^1 \dfrac{1}{x^2}\,dx$ のときは，$\int_0^1 \dfrac{1}{x^2}\,dx = \left[\dfrac{-1}{x}\right]_0^1 = \infty$ と書く場合がある．

問 4.18[A] 次の広義積分の値を求めよ．ただし，$\alpha > 0$ とする．

(1) $\int_1^2 \dfrac{1}{\sqrt{x-1}}\,dx$ (2) $\int_0^1 \dfrac{1}{\sqrt[3]{1-x}}\,dx$ (3) $\int_0^2 \log x\,dx$

(4) $\int_0^2 \dfrac{x}{\sqrt{4-x^2}}\,dx$ (5) $\int_0^1 \dfrac{x+2}{\sqrt{1-x^2}}\,dx$ (6) $\int_0^1 \dfrac{1}{x^\alpha}\,dx$

次に，無限区間 $[a,\infty)$, $(-\infty,b]$, $(-\infty,\infty)$ における広義積分を定義する．

関数 $f(x)$ は区間 $[a, \infty)$ において連続とする．$\displaystyle\lim_{b\to\infty}\int_a^b f(x)\,dx$ が存在するとき，

$$\int_a^\infty f(x)\,dx = \lim_{b\to\infty}\int_a^b f(x)\,dx$$

と定義する．同様に $f(x)$ が区間 $(-\infty, b]$ において連続のとき，

$$\int_{-\infty}^b f(x)\,dx = \lim_{a\to-\infty}\int_a^b f(x)\,dx$$

と定義する．また，$f(x)$ が $(-\infty, \infty)$ において連続のとき，

$$\int_{-\infty}^\infty f(x)\,dx = \lim_{\substack{a\to-\infty \\ b\to\infty}}\int_a^b f(x)\,dx$$

と定義する．

例題 4.18[A]　$\displaystyle\int_{-\infty}^\infty \frac{1}{x^2+1}\,dx = \pi$ であることを示せ．

解答　上の定義より[3]

$$\int_{-\infty}^\infty \frac{1}{x^2+1}\,dx = \lim_{\substack{a\to-\infty \\ b\to\infty}}\int_a^b \frac{1}{x^2+1}\,dx = \lim_{\substack{a\to-\infty \\ b\to\infty}}\left[\tan^{-1}x\right]_a^b$$

$$= \lim_{\substack{a\to-\infty \\ b\to\infty}}(\tan^{-1}b - \tan^{-1}a) = \frac{\pi}{2} - \left(-\frac{\pi}{2}\right) = \pi$$

問 4.19[A]　次の広義積分の値を求めよ．ただし，$a > 0$, $b > 0$ とする．

(1) $\displaystyle\int_1^\infty \frac{1}{x^3}\,dx$　　(2) $\displaystyle\int_1^\infty \frac{1}{(x+1)(x+2)}\,dx$　　(3) $\displaystyle\int_1^\infty xe^{-x}\,dx$

(4) $\displaystyle\int_1^\infty \frac{1}{x^a}\,dx$　　(5) $\displaystyle\int_0^\infty \frac{1}{a^2+b^2x^2}\,dx$　　(6) $\displaystyle\int_0^\infty \frac{x}{(1+x^2)^2}\,dx$

(7) $\displaystyle\int_0^\infty e^{-ax}\sin bx\,dx$

---

[3] これを簡単に，$-\infty$ や ∞ を数とみなして，$\displaystyle\int_{-\infty}^\infty \frac{1}{x^2+1}\,dx = \left[\tan^{-1}x\right]_{-\infty}^\infty = \frac{\pi}{2} - \left(-\frac{\pi}{2}\right) = \pi$ と書くことがある．ここで，$\tan^{-1}x$ に ∞ や $-\infty$ を代入することを，$\displaystyle\lim_{x\to\infty}\tan^{-1}x$ や $\displaystyle\lim_{x\to-\infty}\tan^{-1}x$ と考える．

4.6 積分の応用

この節では，定積分の応用として，図形の面積や回転体の体積および曲線の長さの求め方について述べる．

■**面積**■ 三角形や長方形などのように，線分で囲まれた図形の面積は容易に求まるが，曲線によって囲まれた図形の面積を求めるには定積分の考え方が必要になる．

> **定理 4.16 (図形の面積)** 連続な 2 曲線 $y = f(x)$, $y = g(x)$ において，$f(x) \leqq g(x)$ $(a \leqq x \leqq b)$ とする．この 2 曲線と 2 直線 $x = a$, $x = b$ により囲まれた図形の面積 S は
> $$S = \int_a^b \{g(x) - f(x)\}\, dx$$
> で与えられる[4]．

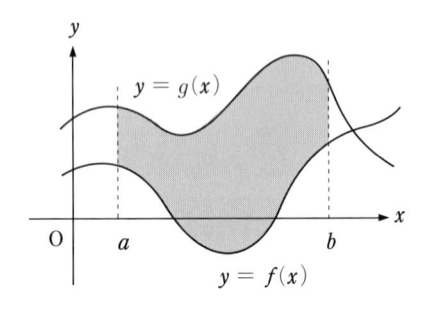

図 4.4 面積

> **例題 4.19** 放物線 $y = x^2$ と直線 $y = x + 2$ により囲まれた図形の面積 S を求めよ．

解答 この図形に対応する x の範囲は $-1 \leqq x \leqq 2$ であり，このとき $x^2 \leqq x + 2$ となるから (図 4.5)，
$$S = \int_{-1}^{2} (x + 2 - x^2)\, dx = \left[\frac{x^2}{2} + 2x - \frac{x^3}{3}\right]_{-1}^{2} = \frac{9}{2}$$

---

[4] 厳密には，面積とは何かを定義して，それに基づいて証明しなければならないが，本書では面積については直観的にとらえておく．

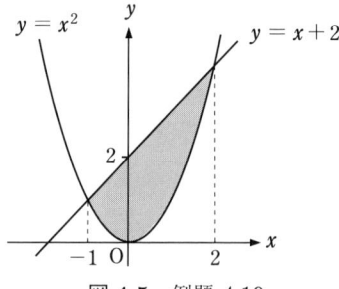

図 **4.5** 例題 4.19

問 4.20 次の図形の面積を求めよ．ただし，$a > 0$ とする．
  (1) $y = \sqrt{2}\sin x$ と $y = \tan x$ $\left(0 \leqq x \leqq \dfrac{\pi}{4}\right)$ で囲まれた図形
  (2) $y = x^3 - x$ と $y = 1 - x^2$ で囲まれた図形
  (3) $y^2 = x$ と $y^2 = 2(x-3)$ で囲まれた図形

■**体積**■　空間の中の立体の体積を求めるためには，次の定理が基本となる．

> **定理 4.17 (カバリエリの公式)**　図 4.6 のような，x 軸に垂直な平面による断面積が $S(x)$ である立体の体積 V は，$S(x)$ が区間 $[a,b]$ で連続のとき
> $$V = \int_a^b S(x)\, dx$$
> で与えられる[5]．

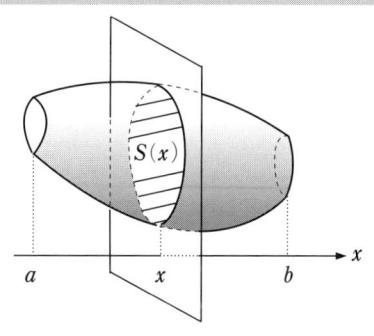

図 **4.6**　カバリエリの公式

---

[5] 厳密には，断面積や体積をきちんと定義してから証明すべきだが，本書ではこれらは直観的にとらえておく．

特に，次のような回転体の体積は定積分を用いて計算することができる．

定理 4.18 (回転体の体積) 連続な曲線 $y = f(x)$ と x 軸, 2 直線 $x = a, x = b$ により囲まれた図形を x 軸のまわりに 1 回転させて得られる回転体の体積 V は

$$V = \pi \int_a^b \{f(x)\}^2 \, dx$$

で与えられる (図 4.7).

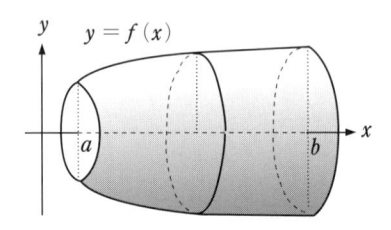

図 4.7 回転体の体積

例題 4.20 楕円 $x^2 + \dfrac{y^2}{4} = 1$ およびその内部を x 軸のまわりに 1 回転させて得られる回転体の体積 V を求めよ．

解答 この図形は x 軸に関して対称であるから，楕円の上半分 $y = \sqrt{4(1-x^2)}$ と x 軸により囲まれた図形を回転させたとしてよい．この図形に対応する x の範囲は $-1 \leqq x \leqq 1$ であるから，

$$V = \pi \int_{-1}^{1} 4(1-x^2) \, dx = 4\pi \left[x - \frac{x^3}{3} \right]_{-1}^{1} = \frac{16\pi}{3}$$

問 4.21 次の図形を x 軸のまわりに 1 回転させてできる回転体の体積を求めよ．
(1) 放物線 $y = 1 - x^2$ と x 軸で囲まれた図形
(2) 曲線 $y = \cos x \left(-\dfrac{\pi}{2} \leqq x \leqq \dfrac{\pi}{2} \right)$ と x 軸で囲まれた図形
(3) 曲線 $y = x - x^3$ と x 軸で囲まれた図形
(4) 放物線 $x = 16 - y^2$ と y 軸で囲まれた図形
(5) 円 $x^2 + (y-2)^2 = 1$ の内部

■ 曲線の長さ[A]　　座標平面上における線分の長さは三平方の定理によって求めることができるが，曲線の長さを求めるには定積分の考え方が必要になる．

定理 4.19[A] (曲線の長さ (その 1))　C^1 級曲線 $y = f(x)$ $(a \leqq x \leqq b)$ の長さ ℓ は，
$$\ell = \int_a^b \sqrt{1 + \{f'(x)\}^2}\, dx \ \left(= \int_a^b \sqrt{1 + \left(\frac{dy}{dx}\right)^2}\, dx\right)$$
で与えられる[6]．

同様にして，パラメータ表示された曲線については次の定理が成り立つ．

定理 4.20[A] (曲線の長さ (その 2))　C^1 級曲線 $\begin{cases} x = f(t) \\ y = g(t) \end{cases}$ $(\alpha \leqq t \leqq \beta)$ の長さ ℓ は，
$$\ell = \int_\alpha^\beta \sqrt{\{f'(t)\}^2 + \{g'(t)\}^2}\, dt \ \left(= \int_\alpha^\beta \sqrt{\left(\frac{dx}{dt}\right)^2 + \left(\frac{dy}{dt}\right)^2}\, dt\right)$$
で与えられる．

例題 4.21[A]　次の曲線の長さ ℓ を求めよ．
(1) 懸垂線 $y = \dfrac{e^x + e^{-x}}{2}$ $(0 \leqq x \leqq 1)$

(2) 曲線 $\begin{cases} x = e^t \cos t \\ y = e^t \sin t \end{cases}$ $(0 \leqq t \leqq 2\pi)$

解答　(1) $\dfrac{dy}{dx} = \dfrac{e^x - e^{-x}}{2}$ であるから，
$$1 + \left(\frac{dy}{dx}\right)^2 = 1 + \left(\frac{e^x - e^{-x}}{2}\right)^2 = \frac{e^{2x} + 2 + e^{-2x}}{2} = \left(\frac{e^x + e^{-x}}{2}\right)^2.$$
したがって，
$$\ell = \int_0^1 \sqrt{1 + \left(\frac{dy}{dx}\right)^2}\, dx = \int_0^1 \frac{e^x + e^{-x}}{2}\, dx = \left[\frac{e^x - e^{-x}}{2}\right]_0^1 = \frac{e^2 - 1}{2e}$$

---

[6] 厳密には，曲線の長さをきちんと定義すべきだが，ここではこれらは直観的にとらえておく．

(2) $\left(\dfrac{dx}{dt}\right)^2 + \left(\dfrac{dy}{dt}\right)^2 = e^{2t}(\cos t - \sin t)^2 + e^{2t}(\sin t + \cos t)^2 = 2e^{2t}$ より,

$$\ell = \int_\alpha^\beta \sqrt{\left(\dfrac{dx}{dt}\right)^2 + \left(\dfrac{dy}{dt}\right)^2}\, dt = \sqrt{2}\int_0^{2\pi} e^t\, dt = \sqrt{2}(e^{2\pi} - 1).$$

問 4.22[A]　次の曲線の長さを求めよ．ただし，$a > 0$ とする．

(1) 曲線 $y = \dfrac{2}{3}x^{\frac{3}{2}}$　$(3 \leqq x \leqq 8)$

(2) 放物線 $y = \dfrac{x^2}{2}$　$(-1 \leqq x \leqq 1)$

(3) 曲線 $3y^2 = x(1-x)^2$　$(0 \leqq x \leqq 1)$ の $y \geqq 0$ の部分

(4) アステロイド $\begin{cases} x = a\cos^3 t \\ y = a\sin^3 t \end{cases}$　$(0 \leqq t \leqq 2\pi)$

(5) サイクロイド $\begin{cases} x = a(t - \sin t) \\ y = a(1 - \cos t) \end{cases}$　$(0 \leqq t \leqq 2\pi)$

4.7　定理の証明[A]

定理 4.10 の証明　$f(x)$ の連続性から，定理 2.12 により，最大値 M と最小値 m が存在して

$$m \leqq f(x) \leqq M \quad (a \leqq x \leqq b)$$

となる．このとき，定理 4.9(4) により

$$\int_a^b m\, dx \leqq \int_a^b f(x)\, dx \leqq \int_a^b M\, dx.$$

一方，例題 4.11 によれば

$$\int_a^b m\, dx = m(b-a), \quad \int_a^b M\, dx = M(b-a)$$

であるから

$$m \leqq \dfrac{\int_a^b f(x)\, dx}{b-a} \leqq M$$

が成り立つ．このとき，中間値の定理 (定理 2.11) により，ある $\xi\ (a < \xi < b)$ が存在し，

$$\dfrac{\int_a^b f(x)\, dx}{b-a} = f(\xi)$$

4.7 定理の証明[A]

をみたす.

定理 4.11 の証明 $F(x)$ のおき方から, $F(x+h) = \displaystyle\int_a^{x+h} f(t)\,dt$ であり, 定理 4.9 (3) により

$$\frac{F(x+h) - F(x)}{h} = \frac{1}{h}\left\{\int_a^{x+h} f(t)\,dt - \int_a^x f(t)\,dt\right\} = \frac{1}{h}\int_x^{x+h} f(t)\,dt.$$

ここで, 積分の平均値の定理 (定理 4.10) により, h に依存して定まる値 ξ が存在し

$$\int_x^{x+h} f(t)\,dt = hf(\xi)$$

($h > 0$ のときは $x \leq \xi \leq x+h$, $h < 0$ のときは $x+h \leq \xi \leq x$).

さらに, $h \to 0$ のとき $x+h \to x$ であるから $\xi \to x$ でなければならない. したがって

$$\lim_{h \to 0} \frac{F(x+h) - F(x)}{h} = \lim_{h \to 0} f(\xi) = f(x)$$

となり, $F'(x) = f(x)$ を得る.

定理 4.17 の証明 区間 $[a,b]$ の分割

$$\Delta : a = x_0 < x_1 < x_2 < \cdots < x_n = b$$

をとり, 各小区間 $[x_{i-1}, x_i]$ から任意の点 ξ_i を選ぶ. この立体の $x_{i-1} \leq x \leq x_i$ の部分の体積を底面積 $S(\xi_i)$, 高さ $(x_i - x_{i-1})$ の柱状図形の体積で近似し, その総和を求めると

$$\sum_{i=1}^n S(\xi_i)(x_i - x_{i-1})$$

となる. このとき, 連続関数は積分可能であるから, $|\Delta| \to 0$ とすると

$$V = \lim_{|\Delta| \to 0} \sum_{i=1}^n S(\xi_i)(x_i - x_{i-1}) = \int_a^b S(x)\,dx$$

を得る.

定理 4.19 の証明 区間 $[a,b]$ の分割

$$\Delta : a = x_0 < x_1 < x_2 < \cdots < x_n = b$$

に対して, 曲線 $y = f(x)$ 上の点 $\mathrm{P}_i(x_i, f(x_i))$ $(0 \leq i \leq n)$ をとる (図 4.8). 曲線の長さ ℓ を折れ線 $\mathrm{P}_0\mathrm{P}_1 \cdots \mathrm{P}_n$ の長さ ℓ_Δ で近似すると,

$$\ell_\Delta = \sum_{i=1}^n \mathrm{P}_{i-1}\mathrm{P}_i = \sum_{i=1}^n \sqrt{(x_i - x_{i-1})^2 + \{f(x_i) - f(x_{i-1})\}^2}$$
$$= \sum_{i=1}^n \sqrt{1 + \left\{\frac{f(x_i) - f(x_{i-1})}{x_i - x_{i-1}}\right\}^2} \cdot (x_i - x_{i-1})$$

図 4.8 曲線の長さ

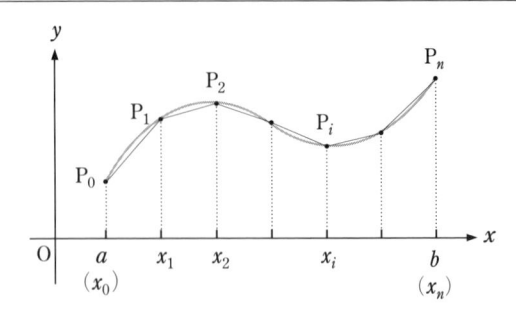

となる.このとき,平均値の定理により

$$\ell_\Delta = \sum_{i=1}^n \sqrt{1+\{f'(\xi_i)\}^2}\cdot(x_i-x_{i-1})\quad (x_{i-1}\leqq \xi_i \leqq x_i)$$

であるから, $|\Delta|\to 0$ とすると,積分の定義により

$$\ell = \lim_{|\Delta|\to 0}\ell_\Delta = \lim_{|\Delta|\to 0}\sum_{i=1}^n \sqrt{1+\{f'(\xi_i)\}^2}\cdot(x_i-x_{i-1}) = \int_a^b \sqrt{1+\{f'(x)\}^2}\,dx$$

を得る.

◆◆練習問題 4 ◆◆

A-1. 次の関数の不定積分を求めよ.

(1) $\dfrac{1}{1-x}$ (2) $\dfrac{1}{x^2+2}$ (3) $\left(\sqrt{x^3}+\dfrac{1}{\sqrt{x}}\right)^2$

(4) $\sin x \cos x$ (5) $\sin^3 x$ (6) $\sin^2 x \cos^2 x$

(7) $\dfrac{1}{x^2+2x+5}$ (8) $\dfrac{x}{\sqrt{x+1}}$ (9) $\dfrac{\sqrt{x}}{\sqrt{x}-1}$

(10) $x\sqrt{1-2x}$ (11) $x(x+10)^9$ (12) $\sqrt{x}\log x$

(13) $\dfrac{1}{x^2-2x}$ (14) $\dfrac{1}{x(x-1)^2}$ (15) $\dfrac{1}{x^3+x}$

A-2.[A] 次の関数の不定積分を求めよ.ただし,$a>0$ とする.

(1) $\log(x^2+1)$ (2) $48\cos^3 x \sin^3 x$ (3) $\dfrac{1}{\cos x}$

(4) $\dfrac{1}{\sqrt{(a^2+x^2)^3}}$ (5) $x^3\sqrt{1-x^2}$ (6) $x^2\tan^{-1}x$

(7) $x\tan^2 x$ (8) $\dfrac{(x-1)^2}{(x^2+1)^2}$ (9) $\dfrac{1}{x^4+1}$

A-3.[A] 次の関数の不定積分を求めよ．ただし，$ab\neq 0$ とする．

(1) $e^{ax}\cos bx$ (2) $e^{ax}\sin bx$

A-4.[A] 変数変換 $t=\tan\dfrac{x}{2}$ を行うと，

$$\cos x=\dfrac{1-t^2}{1+t^2},\ \sin x=\dfrac{2t}{1+t^2},\ \dfrac{dx}{dt}=\dfrac{2}{1+t^2}$$

となる．このことを用いて，次の関数の不定積分を求めよ．ただし，$-\pi<x<\pi$ とする．

(1) $\displaystyle\int\dfrac{1}{1+\sin x+\cos x}\,dx$ (2) $\displaystyle\int\dfrac{1}{1-\sin x}\,dx$ (3) $\displaystyle\int\dfrac{1}{4+5\cos x}\,dx$

A-5. 次の定積分の値を求めよ．ただし，$a>0$ とする．

(1) $\displaystyle\int_0^3 (x^2-4x+4)\,dx$ (2) $\displaystyle\int_0^4\dfrac{1}{\sqrt{2x+1}}\,dx$ (3) $\displaystyle\int_0^\pi \sin\dfrac{x}{2}\,dx$

(4) $\displaystyle\int_0^2\dfrac{1}{x^2+4}\,dx$ (5) $\displaystyle\int_0^1\dfrac{1}{\sqrt{4-x^2}}\,dx$ (6) $\displaystyle\int_0^1 (3x-1)^4\,dx$

(7) $\displaystyle\int_0^2\dfrac{x}{x^2+4}\,dx$ (8) $\displaystyle\int_0^1\dfrac{x}{\sqrt{4-x^2}}\,dx$ (9) $\displaystyle\int_0^{\frac{\pi}{3}}\sin^3 x\cos x\,dx$

(10) $\displaystyle\int_e^{e^2}\dfrac{1}{x(\log x)^2}\,dx$ (11) $\displaystyle\int_0^1 x(1-x)^5\,dx$ (12) $\displaystyle\int_{-1}^3 x\sqrt{2x+3}\,dx$

(13) $\displaystyle\int_0^{\frac{\pi}{2}}(x+1)\cos x\,dx$ (14) $\displaystyle\int_0^1 x\tan^{-1}x\,dx$ (15) $\displaystyle\int_1^2\dfrac{1}{x(x+2)}\,dx$

(16) $\displaystyle\int_1^2\dfrac{x^2+2}{x(x+2)^2}\,dx$ (17) $\displaystyle\int_0^1\dfrac{3x-1}{(x+1)(x^2+1)}\,dx$ (18) $\displaystyle\int_0^1\dfrac{x}{x^2-2x+2}\,dx$

A-6.[A] 次の定積分の値を求めよ．ただし，$a>0$ とする．

(1) $\displaystyle\int_0^a\dfrac{1}{\sqrt{a^2-x^2}}\,dx$ (2) $\displaystyle\int_0^a\sqrt{a^2-x^2}\,dx$ (3) $\displaystyle\int_0^{\sqrt{3}}\dfrac{1}{\sqrt{x^2+1}}\,dx$

(4) $\displaystyle\int_0^{\sqrt{3}}\sqrt{x^2+1}\,dx$ (5) $\displaystyle\int_0^{\frac{\pi}{2}}\sin^4 x\,dx$ (6) $\displaystyle\int_0^\pi x^2\sin^2 x\,dx$

(7) $\displaystyle\int_0^2 x^2\sqrt{2x-x^2}\,dx$ (8) $\displaystyle\int_0^{\frac{\pi}{4}}\dfrac{1}{1+2\sin^2 x}\,dx$ (9) $\displaystyle\int_0^2\dfrac{1}{x^3+8}\,dx$

A-7. 次の極限値を求めよ．

(1) $\displaystyle\lim_{n\to\infty}\dfrac{1}{n}\left(\sqrt{\dfrac{1}{n}}+\sqrt{\dfrac{2}{n}}+\cdots+\sqrt{\dfrac{n}{n}}\right)$

(2)[A] $\displaystyle\lim_{n\to\infty}\left(\frac{1}{n+1}+\frac{1}{n+2}+\cdots+\frac{1}{2n}\right)$

(3)[A] $\displaystyle\lim_{n\to\infty}\left(\frac{1}{\sqrt{n^2+1^2}}+\frac{1}{\sqrt{n^2+2^2}}+\cdots+\frac{1}{\sqrt{n^2+n^2}}\right)$

A-8.[A] サイクロイド $x=a(t-\sin t)$, $y=a(1-\cos t)$ $(0\leqq t\leqq 2\pi)$ と x 軸で囲まれた図形の面積 S と，この図形を x 軸のまわりに 1 回転させてできる回転体の体積 V を求めよ．ただし，$a>0$ とする．(**Hint**：置換積分による $S=\displaystyle\int_0^{2\pi a} y\,dx = \int_0^{2\pi} y\frac{dx}{dt}\,dt$, $V=\pi\displaystyle\int_0^{2\pi a} y^2\,dx = \pi\int_0^{2\pi} y^2\frac{dx}{dt}\,dt$ を用いよ．)

B-1. 関数 $f(x)$ は区間 $[-a,a]$ で連続とする．次の等式が成り立つことを示せ．

(1) $f(x)$ が奇関数のとき $\displaystyle\int_{-a}^{a} f(x)\,dx = 0$

(2) $f(x)$ が偶関数のとき $\displaystyle\int_{-a}^{a} f(x)\,dx = 2\int_0^{a} f(x)\,dx$

B-2. 自然数 m,n に対し，次の等式が成り立つことを示せ．

(1) $\displaystyle\int_0^{2\pi} \cos mx \cos nx\,dx = \begin{cases}\pi & (m=n)\\ 0 & (m\neq n)\end{cases}$

(2) $\displaystyle\int_0^{2\pi} \sin mx \sin nx\,dx = \begin{cases}\pi & (m=n)\\ 0 & (m\neq n)\end{cases}$

(3) $\displaystyle\int_0^{2\pi} \sin mx \cos nx\,dx = 0$

B-3.[A] $I_n = \displaystyle\int \frac{1}{(x^2+a^2)^n}\,dx$ $(n\geqq 1)$ とおくとき，I_n は次の漸化式をみたすことを示せ．

$$I_n = \frac{1}{2(n-1)a^2}\left\{\frac{x}{(x^2+a^2)^{n-1}}+(2n-3)I_{n-1}\right\} \quad (n\geqq 2)$$

B-4.[A] $I_n = \displaystyle\int \cos^n x\,dx$, $I_n^* = \displaystyle\int_0^{\frac{\pi}{2}}\cos^n\,dx$ $(n\geqq 0)$ とおくとき，次の等式が成り立つことを示せ．

(1) $I_n = \dfrac{1}{n}\sin x\cos^{n-1}x + \dfrac{n-1}{n}I_{n-2}$ $(n\geqq 2)$

(2) $I_0^* = \dfrac{\pi}{2}$, $I_1^* = 1$

(3) n が偶数のとき, $I_n^* = \dfrac{(n-1)(n-3)\cdots 3\cdot 1}{n(n-2)\cdots 4\cdot 2}\cdot \dfrac{\pi}{2}$

(4) n が奇数のとき, $I_n^* = \dfrac{(n-1)(n-3)\cdots 4\cdot 2}{n(n-2)\cdots 3\cdot 1}$

B-5.[A] 次の不等式が成り立つことを示せ.

(1) $\log(n+1) < 1 + \dfrac{1}{2} + \dfrac{1}{3} + \cdots + \dfrac{1}{n} < 1 + \log n \quad (n \geqq 2)$

(2) $\dfrac{1}{2} < \displaystyle\int_0^{\frac{1}{2}} \dfrac{1}{\sqrt{1-x^n}}\,dx < \dfrac{\pi}{6} \quad (n \geqq 3)$

(3) $\log(1+\sqrt{2}) < \displaystyle\int_0^1 \dfrac{1}{\sqrt{1+x^n}}\,dx < 1 \quad (n \geqq 3)$

B-6.[A] $I_n = \displaystyle\int_0^1 \dfrac{x^n}{1+x}\,dx \quad (n \geqq 0)$ とおくとき, 次の等式および不等式が成り立つことを示せ.

(1) $\dfrac{1}{2(n+1)} \leqq I_n \leqq \dfrac{1}{n+1} \quad (n \geqq 0)$

(2) $I_n = \dfrac{1}{n} - \dfrac{1}{n-1} + \dfrac{1}{n-2} - \cdots + \dfrac{(-1)^{n-2}}{2} + (-1)^{n-1} + (-1)^n \log 2 \quad (n \geqq 1)$

(3) $1 - \dfrac{1}{2} + \dfrac{1}{3} - \dfrac{1}{4} + \cdots + (-1)^{n-1}\dfrac{1}{n} + \cdots = \log 2$

B-7.[A] 定理 4.9 (4) において, $f(x)$, $g(x)$ が連続関数であり, ある x_0 $(a < x_0 < b)$ に対し $f(x_0) < g(x_0)$ をみたすとき, $\displaystyle\int_a^b f(x)\,dx < \int_a^b g(x)\,dx$ が成り立つことを示せ.

B-8.[A] 関数 $f(x)$ は $x = a$ の近くで C^{n+1} 級であるとする. このとき,

$$f(x) = f(a) + f'(a)(x-a) + \dfrac{f''(a)}{2!}(x-a)^2 + \cdots + \dfrac{f^n(a)}{n!}(x-a)^n + R_{n+1},$$

$$R_{n+1} = \int_a^x \dfrac{(x-t)^n}{n!} f^{(n+1)}(t)\,dt$$

が成り立つことを示せ.

B-9.[A] ガンマ関数 $\Gamma(s) = \displaystyle\int_0^\infty x^{s-1} e^{-x}\,dx \quad (s > 0)$ に対し, $\Gamma(s+1) = s\Gamma(s)$, 特に n が自然数のとき $\Gamma(n+1) = n!$ が成り立つことを示せ.

B-10.[A] ベータ関数 $B(p,q) = \displaystyle\int_0^1 x^{p-1}(1-x)^{q-1}\,dx \quad (p > 0,\ q > 0)$ に対し, p, q が自然数のとき, $B(p+1, q+1) = \dfrac{p!\,q!}{(p+q+1)!}$ が成り立つことを示せ.

5 多変数関数と偏導関数

5.1 多変数関数と偏導関数

第5章では，第3章の微分法で学んだことを多変数関数の場合について解説していく．まず，この節では，1変数関数の導関数に対応する，偏導関数の意味と計算の仕方について説明する．

■**多変数関数**■ たとえば，辺の長さがそれぞれ x, y の長方形の面積 (図 5.1) を z とすると，x の値と y の値の組 (x, y) に対して z の値が定まる．

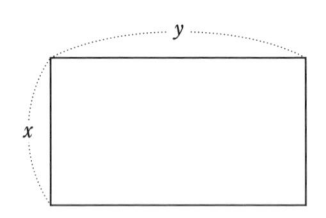

図 **5.1** 長方形の面積 $z = xy$

$$(x, y) = (2, 3) \mapsto z = 6$$

$$(x, y) = (4, 4) \mapsto z = 16$$

このとき，$z = xy$ と書くことができる．一般に，独立変数 x, y の各値の組 (x, y) に対して，従属変数 z の値が定まるとき，これを **2 変数関数** といい $z = f(x, y)$ などと表す．

たとえば，$z = 2x + 3y$ や $z = \sqrt{4 - x^2 - y^2}$ などがある．同様に，3 変数関数，4 変数関数などがあり，総称して **多変数関数** という．

5.1 多変数関数と偏導関数　131

―定義域―――――――――――――――
2 変数関数 $z = f(x, y)$ に対して，独立変数 (x, y) のとりうる値の範囲を**定義域**という．
―――――――――――――――――――

2 変数関数の定義域は xy 平面の部分，または xy 平面全体である．定義域が明記されていない場合は，通常は，その関数を表す式が意味をもつ最大の範囲を定義域とする．たとえば，$z = \sqrt{4 - x^2 - y^2}$ の定義域は円板 $\{(x, y) \mid x^2 + y^2 \leqq 4\}$ である．

問 5.1[A]　次の関数の定義域を求めよ．
(1) $f(x, y) = \dfrac{1}{\sqrt{1 - x^2 - y^2}}$　　(2) $z = \log \dfrac{y}{x}$

2 変数関数 $z = f(x, y)$ に対して，(x, y) が定義域を動いたとき，xyz 空間の点 $\mathrm{P}(x, y, f(x, y))$ 全体をこの 2 変数関数の**グラフ**という（図 5.2）．$z = 2x + 3y$ のグラフは原点を通る平面であり，$z = \sqrt{4 - x^2 - y^2}$ のグラフは原点を中心とする半径 2 の球面の上半分を表す．一般に，2 変数関数 $z = f(x, y)$ のグラフは 3 次元空間の中の曲面を表すので，**曲面** $z = f(x, y)$ などという．

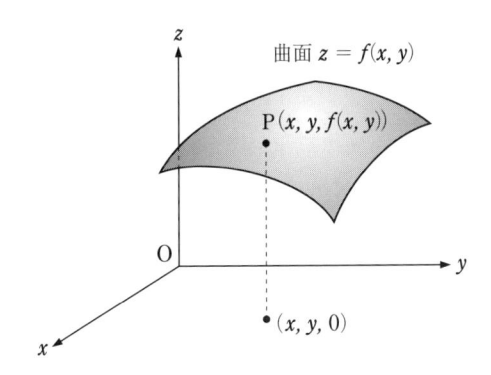

図 **5.2**　2 変数関数のグラフ

例 5.1　図 5.3 にいくつかの 2 変数関数のグラフをあげておく．

(a) $z = x^2+y^2$

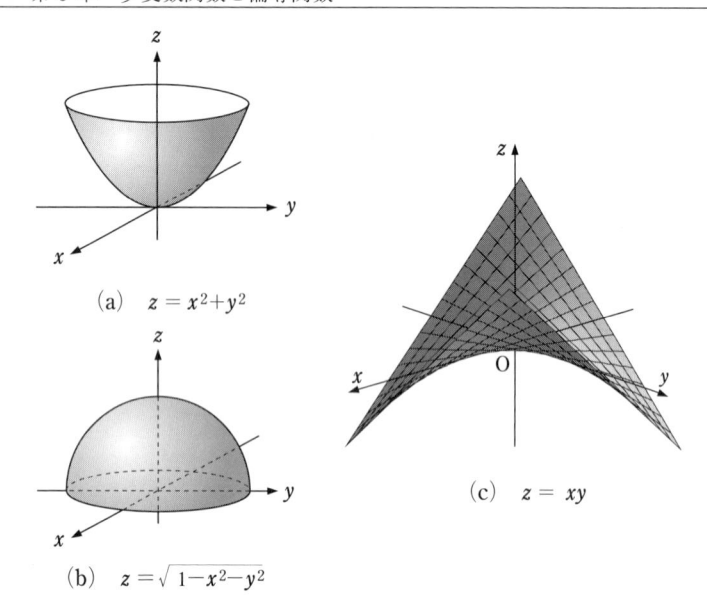

(b) $z = \sqrt{1-x^2-y^2}$

(c) $z = xy$

図 **5.3** 2 変数関数のグラフの例

■**関数の極限と連続性**■　平面上の点 $P(x,y)$ が定点 $A(a,b)$ に近づくとき，すなわち

$$AP = \sqrt{(x-a)^2 + (y-b)^2} \to 0, \quad P \neq A$$

のとき，P→A または $(x,y) \to (a,b)$ と書く．

┌ 極限 ─────────────────────────

　関数 $f(x,y)$ に対して

$$(x,y) \to (a,b) \quad \text{のとき} \quad |f(x,y) - \alpha| \to 0$$

となるような数 α が存在する場合，$f(x,y)$ は α に**収束する**といい，

$$f(x,y) \to \alpha \quad ((x,y) \to (a.b))$$

と書く．この α を $(x,y) \to (a,b)$ のときの $f(x,y)$ の**極限**(値)といい，$\displaystyle\lim_{(x,y)\to(a,b)} f(x,y)$ と書く．

注意 このとき，$f(a,b) \neq \alpha$ でもよく，また $f(x,y)$ は点 (a,b) で定義されていなくてもよい．

連続性

関数 $f(x,y)$ が点 $\mathrm{A}(a,b)$ において**連続**であるとは，$\displaystyle\lim_{(x,y)\to(a,b)} f(x,y)$ と $f(a,b)$ が存在して
$$\lim_{(x,y)\to(a,b)} f(x,y) = f(a,b)$$
が成り立つことをいう．また，$f(x,y)$ が定義域 D のすべての点で連続であるとき，$f(x,y)$ は D で**連続**であるという．

---

1 変数の場合に，関数 $y = f(x)$ の連続性を曲線 $y = f(x)$ が段差なくつながっていることと直観的に理解したのと同様に，2 変数の場合は，曲面 $z = f(x,y)$ において，曲面上のある点をどのようなルート (直線とは限らない) で通過しても段差なくつながっていることと考えることができる (図 5.4)．連続性についても 1 変数の場合と同様に次のことが成り立つ．

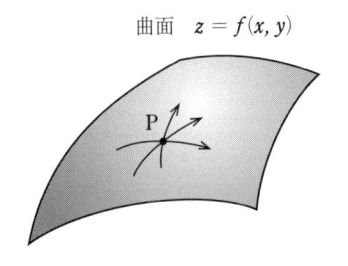

曲面 $z = f(x,y)$

図 5.4 連続性のイメージ

定理 5.1 $f(x,y), g(x,y)$ がともに点 $\mathrm{A}(a,b)$ で連続であるならば，それらの和 $f(x,y) + g(x,y)$，差 $f(x,y) - g(x,y)$，積 $f(x,y)g(x,y)$，商 $\dfrac{f(x,y)}{g(x,y)}$ も点 A で連続である．ただし，商においては $g(a,b) \neq 0$ とする．

■**関数の極限と連続性の例**[A]■　点 (x,y) が点 (a,b) に近づくとき，1 変数の場合と比較して近づき方の自由度は増すが，どのような近づき方をしても

$f(x,y)$ は一定の値 α に近づかなければならない.

例題 5.1[A]　極限値 $\displaystyle\lim_{(x,y)\to(0,0)}\frac{xy+x^3}{x^2+y^2}$ を求めよ.

解答　$x=r\cos\theta,\ y=r\sin\theta$ とおくと

$$\frac{xy+x^3}{x^2+y^2}=\frac{r^2\cos\theta\sin\theta+r^3\cos^3\theta}{r^2}=\cos\theta\sin\theta+r\cos^3\theta$$

となる. このとき, $\theta=\theta_0$ として $r\to 0$ とすると, $\displaystyle\lim_{r\to 0}(\cos\theta_0\sin\theta_0+r\cos^3\theta_0)=\cos\theta_0\sin\theta_0$ は θ_0 によって値が異なるから, 極限値 $\displaystyle\lim_{(x,y)\to(0,0)}\frac{xy+x^3}{x^2+y^2}$ は存在しない.　∎

上の解において, θ_0 は点 (x,y) が原点 $(0,0)$ に近づくときの方向を表している. $\theta_0=\dfrac{\pi}{4}$ なら直線 $y=x$ に沿って, $x>0$ の状態で原点に近づくことを意味し, このとき関数の値は $\dfrac{1}{2}$ に近づく. また $\theta_0=\dfrac{\pi}{2}$ なら y 軸に沿って上方から原点に近づくことを意味し, このとき関数の値は 0 に近づく. このように, 点 (x,y) が $(0,0)$ に近づくとき, その近づき方 (図 5.5) によって関数が異なる値に近づく場合, 極限値は存在しない. 特に, $\displaystyle\lim_{(x,y)\to(a,b)}f(x,y)$

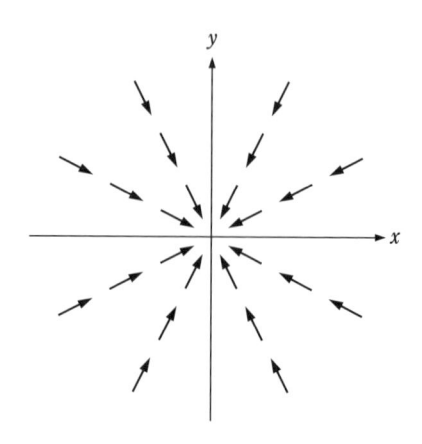

図 5.5　いろいろな方向からの近づき方

と $\lim_{y \to b}(\lim_{x \to a} f(x,y))$ や $\lim_{x \to a}(\lim_{y \to b} f(x,y))$ とは同じ意味ではないことに注意する必要がある．

例題 5.2[A] 関数 $f(x,y) = \begin{cases} \dfrac{xy}{x^2+y^2}, & (x,y) \neq (0,0) \\ 0, & (x,y) = (0,0) \end{cases}$ の連続性を調べよ．

解答 $f(x,y)$ は原点 $(0,0)$ 以外では分母が 0 とならないから，定理 5.1 により原点以外の点において連続である．例題 5.1 と同様にして，$x = r\cos\theta, y = r\sin\theta$ とおいて計算すると，$\lim_{(x,y) \to (0,0)} f(x,y)$ が存在しないことがわかるから原点で連続でない（図 5.6 参照）．

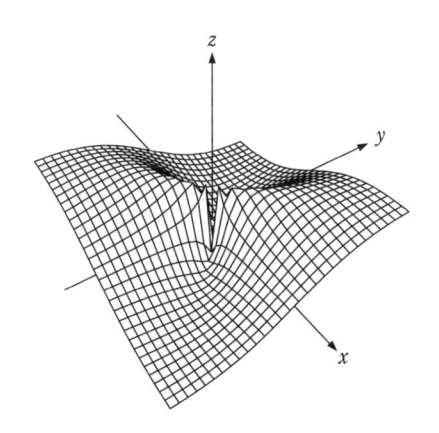

図 5.6 例題 5.2 の関数のグラフ

偏導関数 関数 $f(x,y) = x^2 + y^2$ において，$y = 0, 1, 2, \ldots$ とすると $f(x,y) = x^2, x^2+1, x^2+4$ などの x だけの式になる．これらを微分するとすべて $2x$ となる．このように，y の値を固定して x で微分することを，x で**偏微分する**という．一般に関数 $z = f(x,y)$ において $y = b$ とおくと，$z = f(x,b)$ は x だけの関数となり，その $x = a$ における微分係数

$$\lim_{h \to 0} \frac{f(a+h,b) - f(a,b)}{h}$$

が存在するとき，$f(x,y)$ は点 (a,b) において x に関して**偏微分可能**という．ま

たこのとき，上の極限値を $f(x,y)$ の点 (a,b) における x に関する**偏微分係数**とよび，$\dfrac{\partial f}{\partial x}(a,b)$ または $f_x(a,b)$ で表す[1]．同様にして

$$\lim_{k \to 0} \frac{f(a, b+k) - f(a,b)}{k}$$

が存在するとき，$f(x,y)$ は点 (a,b) において y に関して偏微分可能という．またこのとき，上の極限値を $f(x,y)$ の点 (a,b) における y に関する偏微分係数とよび，$\dfrac{\partial f}{\partial y}(a,b)$ または $f_y(a,b)$ で表す．

偏微分係数 $f_x(a,b)$ は点 (a,b) に対して定まる1つの数値であるが，点 (a,b) が定義域を動けば (a,b) を変数とする2変数関数となる．このとき，(a,b) の代わりに (x,y) と書いて**偏導関数**とよぶ．すなわち，

偏導関数

$$\lim_{h \to 0} \frac{f(x+h, y) - f(x,y)}{h}$$

を x に関する**偏導関数**といい，$\dfrac{\partial f}{\partial x}$ や $f_x(x,y)$ と表す．同様に

$$\lim_{k \to 0} \frac{f(x, y+k) - f(x,y)}{k}$$

を y に関する**偏導関数**といい，$\dfrac{\partial f}{\partial y}$ や $f_y(x,y)$ と表す．

関数 $z = f(x,y)$ の x に関する偏導関数を表すのに

$$\frac{\partial f}{\partial x}(x,y),\ f_x(x,y),\ \frac{\partial f}{\partial x},\ f_x,\ \frac{\partial z}{\partial x},\ z_x$$

など，場合によりさまざまな表し方が用いられる．y に関する偏導関数についても同様である．関数 $f(x,y)$ に対して，偏導関数 $\dfrac{\partial f}{\partial x}$ や $\dfrac{\partial f}{\partial y}$ を求めることを**偏微分する**という．

同様に，3変数関数 $f(x,y,z)$ の偏導関数も定義される．すなわち

$$\lim_{h \to 0} \frac{f(x+h, y, z) - f(x,y,z)}{h}$$

---

[1] ∂ はディーまたはラウンドディーと読む．

を x に関する偏導関数といい，$\dfrac{\partial f}{\partial x}$ や $f_x(x,y,z)$ と表す．これは，関数 $f(x,y,z)$ に対して，変数 y と z を定数とみなして x について微分することにほかならない．他の変数に関する偏導関数も同様に定義され，$\dfrac{\partial f}{\partial y}$，$\dfrac{\partial f}{\partial z}$ をそれぞれ y に関する偏導関数，z に関する偏導関数という．

例題 5.3 次の関数を偏微分せよ．
(1) $f(x,y) = xy$
(2) $z = x^2 + y^2$
(3) $f(x,y) = x^3 - 2xy + 3y^3$
(4) $z = \tan^{-1} \dfrac{y}{x}$

解答 (1) $f_x(x,y) = \dfrac{\partial f}{\partial x}(x,y)$ を求めるには，y を定数とみなして x で微分すればよいから，$f_x(x,y) = y$．同様に，x を定数とみなして y で微分すると，$f_y(x,y) = x$ となる．

(2) $z_x = 2x$，$z_y = 2y$．

(3) $f_x(x,y) = 3x^2 - 2y$，$f_y(x,y) = -2x + 9y^2$．

(4) $z_x = \dfrac{1}{1+\left(\dfrac{y}{x}\right)^2} \cdot \dfrac{\partial}{\partial x}\left(\dfrac{y}{x}\right) = \dfrac{1}{1+\left(\dfrac{y}{x}\right)^2} \cdot \dfrac{-y}{x^2} = \dfrac{-y}{x^2+y^2}$，$z_y = \dfrac{1}{1+\left(\dfrac{y}{x}\right)^2} \cdot \dfrac{\partial}{\partial y}\left(\dfrac{y}{x}\right) = \dfrac{1}{1+\left(\dfrac{y}{x}\right)^2} \cdot \dfrac{1}{x} = \dfrac{x}{x^2+y^2}$．

問 5.2 次の関数を偏微分せよ．
(1) $f(x,y) = 3x + 4y - xy$
(2) $z = x^2 - 3xy + 2y^2$
(3) $f(x,y) = 2x^3 + 3xy^2 - 4y^3$
(4) $z = \dfrac{x}{y}$
(5) $f(x,y) = \log \dfrac{y}{x}$
(6) $z = x \sin y$
(7) $f(x,y) = \sin x + \sin y + \cos(x+y)$
(8) $z = e^x \cos y + e^y \sin x$
(9) $f(x,y) = \dfrac{x-y}{x+y}$
(10) $z = (x^2 + 2y)e^x$
(11)[A] $f(x,y) = \dfrac{x}{x^2+y^2}$
(12)[A] $z = \sin(x+y)\cos(x-y)$

1 変数関数 $y = f(x)$ の場合には，$x = a$ における微分係数 $f'(a)$ は曲線 $y = f(x)$ の $x = a$ における接線の傾きとして理解した．これと同様にして，関数 $z = f(x,y)$ の偏微分係数 $f_x(a,b)$，$f_y(a,b)$ は次のように考えればよい．

曲面 $z = f(x,y)$ 上の点 $\mathrm{P}(a,b,f(a,b))$ において，この曲面を y 軸に垂直

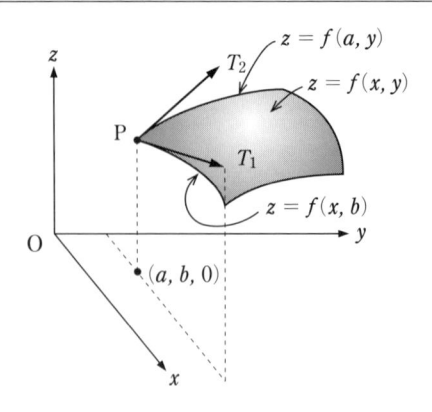

な平面 $y=b$ で切り取った切り口は曲線 $z=f(x,b)$ である (図 5.7). $f_x(a,b)$ は $z=f(x,b)$ の $x=a$ における微分係数であるから，この曲線上の点 P における接線 T_1 の傾きを表す．同様に，$f_y(a,b)$ は曲線 $z=f(a,y)$ 上の点 P における接線 T_2 の傾きを表す．

関数 $z=f(x,y)$ の偏導関数 $f_x(x,y),\ f_y(x,y)$ はまた (x,y) の 2 変数関数であるから，それらの偏導関数 $(f_x)_x,\ (f_x)_y,\ (f_y)_x,\ (f_y)_y$ を考えることができる．これらは記号

$$(f_x)_x = f_{xx} = \frac{\partial^2 f}{\partial x^2} = z_{xx} = \frac{\partial^2 z}{\partial x^2},$$

$$(f_x)_y = f_{xy} = \frac{\partial^2 f}{\partial y \partial x} = z_{xy} = \frac{\partial^2 z}{\partial y \partial x}$$

などを用いて表され，総称して $f(x,y)$ の**第 2 次偏導関数**という．以下同様にして，第 3 次偏導関数，第 4 次偏導関数というように高次の偏導関数が定義される．

例題 5.4 $f(x,y) = x^3 - x^2 y + y^3$ の第 2 次偏導関数を求めよ．

解答 $f_x = 3x^2 - 2xy,\ f_y = -x^2 + 3y^2$ より $f_{xx} = 6x - 2y,\ f_{xy} = -2x,\ f_{yx} = -2x,\ f_{yy} = 6y$ となる．∎

f_{xy} と f_{yx} はともに x で 1 回，y で 1 回偏微分したものであるが，その順

序が異なっている．例題 5.4 では $f_{xy} = f_{yx}$ が成り立っているが，一般に次のことが成立する (証明は §5.7)．

> **定理 5.2** 関数 $f(x,y)$ の第 2 次偏導関数において，$f_{xy}(x,y)$ と $f_{yx}(x,y)$ がともに連続であるならば
> $$f_{xy}(x,y) = f_{yx}(x,y) \tag{5.1}$$
> が成り立つ．

以降，(高次) 偏導関数を考えるとき，特に説明がなければ，その **存在および連続性はつねに仮定されている** ものとする[2]．したがって，第 2 次偏導関数は f_{xx}, f_{xy}, f_{yy} の 3 種類のみを考えればよい．一般に第 n 次偏導関数はその偏微分の順序によらず，$(n+1)$ 種類考えればよいことになる．

問 5.3 次の関数の第 2 次偏導関数を求めよ．
(1) $f(x,y) = x^2 - 2xy + y^3$ (2) $z = x^3 + 2x^2 y - 4xy^2 + 2y^3$
(3) $z = \sin(2x - 3y)$ (4) $f(x,y) = xe^{2y}$
(5) $z = \log(1 + x^2 + y^2)$ (6) $f(x,y) = e^x \sin y - e^y \cos x$
(7) $z = \dfrac{x-y}{x+2y}$

5.2 合成関数の微分法

　この節では，1 変数関数の導関数の計算において重要な役割を果たした合成関数の微分法を多変数の場合について考える．多変数の場合には，合成関数をつくる関数の独立変数の個数によって多様な合成関数が考えられることから，場合に応じた合成関数の導関数あるいは偏導関数の計算方法がある．

■**合成関数の微分法**■　定理 3.4 で説明したように，2 つの関数 $f(x)$ と $g(x)$ の合成関数[3] $f(g(x))$ の導関数は $f'(g(x))g'(x)$ となる．おおまかには，「合成関数の導関数はそれぞれの関数の導関数の積」であるということができる．

---
[2] 関数 $f(x,y)$ の，第 n 次までの偏導関数がすべて (存在して) 連続関数であるとき，$f(x,y)$ は C^n 級であるという．
[3] 合成関数を考えるときは，合成の順序に注意して，一方の関数の値域が他方の関数の定義域に含まれているかどうか，が問題となるが，ここではつねに成り立っているものと仮定する．

多変数関数の合成関数を考えるとき，2つの関数の独立変数の個数によって複雑な状況になる．ここでは，次の3つの場合について考えることにする．

[1] $z=f(u)$ と $u=g(x,y)$ の合成関数 $z=f(g(x,y))$

$$(x,y) \xrightarrow{g} u \xrightarrow{f} z$$

[2] $z=f(x,y)$ と $x=g(t), y=h(t)$ の合成関数 $z=f(g(t),h(t))$

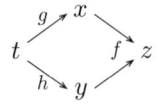

$$t \underset{h}{\overset{g}{\diagup\diagdown}} \underset{y}{\overset{x}{\diagdown\diagup}} f \to z$$

[3] $z=f(x,y)$ と $x=g(u,v), y=h(u,v)$ の合成関数 $z=f(g(u,v),h(u,v))$

$$(u,v) \underset{h}{\overset{g}{\diagup\diagdown}} \underset{y}{\overset{x}{\diagdown\diagup}} f \to z$$

[1] は1変数の場合の合成関数の微分法を使うのみである．[2] は本質的に新しい公式が現れるが，1変数の場合にたいへん似ている．[3] は [2] を使うのみである．したがって，[2] をしっかり理解することが重要である．順に見ていこう．

[1] (x,y) を変数とする合成関数の偏導関数 z_x は，y を固定して x についての導関数であるから，1変数どうしの合成関数の場合とまったく同じ状況である．

例題 5.5 $z=f(r)$ と $r=\sqrt{x^2+y^2}$ の合成関数 $z=f(\sqrt{x^2+y^2})$ の偏導関数を求めよ．

解答 y を固定すると，x だけの1変数関数とみて，

$$\frac{\partial}{\partial x}f(\sqrt{x^2+y^2}) = f'(\sqrt{x^2+y^2})\frac{\partial}{\partial x}\{(x^2+y^2)^{\frac{1}{2}}\}$$
$$= f'(r)\frac{1}{2}(x^2+y^2)^{-\frac{1}{2}}2x = f'(r)\frac{x}{\sqrt{x^2+y^2}}.$$

同様にして，x を固定すると，

$$\frac{\partial}{\partial y}f(\sqrt{x^2+y^2}) = f'(\sqrt{x^2+y^2})\frac{\partial}{\partial y}\{(x^2+y^2)^{\frac{1}{2}}\}$$
$$= f'(r)\frac{1}{2}(x^2+y^2)^{-\frac{1}{2}}2y = f'(r)\frac{y}{\sqrt{x^2+y^2}}.$$

よって，

$$\begin{cases} z_x = f'(r)\dfrac{x}{r} \\ z_y = f'(r)\dfrac{y}{r} \end{cases} \quad (\text{ただし}, r = \sqrt{x^2 + y^2})$$

公式として述べると，1変数関数 $z = f(u)$ と 2変数関数 $u = g(x,y)$ との合成関数 $z = f(g(x,y))$ の偏導関数は

$$\begin{cases} z_x = f'(g(x,y))g_x(x,y) \\ z_y = f'(g(x,y))g_y(x,y) \end{cases} \tag{5.2}$$

となる．

問 5.4 次の問いに答えよ．
(1) $z = f(u)$ と $u = x - 3y$ の合成関数 $z = f(x - 3y)$ の偏導関数を求めよ．
(2) $z = f(u)$ と $u = x^2 + y^2$ の合成関数 $z = f(x^2 + y^2)$ の偏導関数を求めよ．

問 5.5 次の問いに答えよ．
(1) $z = f(u)$ と $u = 2x + 3y$ の合成関数 $z = f(2x + 3y)$ について，$3z_x = 2z_y$ が成り立つことを示せ．
(2) $z = f(u)$ と $u = \dfrac{x}{y}$ の合成関数 $z = f\left(\dfrac{x}{y}\right)$ について，$xz_x + yz_y = 0$ が成り立つことを示せ．
(3) 1変数関数 $f(u)$ に対して，$u = x^2 - y^2$ とおいてつくられる2変数関数を $f(x^2 - y^2)$ とするとき，$z = (x + y)f(x^2 - y^2)$ について，$yz_x + xz_y = z$ が成り立つことを示せ．

問 5.6[A] 次の問いに答えよ．
(1) $z = f(u)$ と $u = x + ct$ (c は定数) の合成関数 $z = f(x + ct)$ について，$z_{tt} - c^2 z_{xx} = 0$ が成り立つことを示せ．
(2) 1変数関数 $f(u)$ と $g(v)$ に対して，$u = y + \log x, v = y - \log x$ とおいてつくられる2変数関数 $z = f(y + \log x) + g(y - \log x)$ について，$z_{yy} = x^2 z_{xx} + x z_x$ が成り立つことを示せ．
(3) 例題 5.5 と同じ合成関数 $z = f(\sqrt{x^2 + y^2})$ について，第2次偏導関数 z_{xx}, z_{yy} を求めて

$$z_{xx} + z_{yy} = f''(r) + \dfrac{1}{r} f'(r) \quad (\text{ただし}, r = \sqrt{x^2 + y^2})$$

が成り立つことを示せ[4].

[2] この場合の合成関数 $z = f(g(t), h(t))$ については次のことが成り立つ.

> **定理 5.3** 2変数関数 $z = f(x,y)$ と1変数関数 $x = g(t), y = h(t)$ の合成関数 $z = f(g(t), h(t))$ の導関数について，次の式が成り立つ.
> $$\frac{dz}{dt} = f_x(g(t), h(t))g'(t) + f_y(g(t), h(t))h'(t) \tag{5.3}$$

$g(t)$ と $h(t)$ は t を介して連動しているので，片方のみを止めることは本当はできないが，無理に $y = h(t)$ の方だけ止めたと思って $f(g(t), h(t))$ を t で微分すると，1変数のときの合成関数の微分を使って $f_x(g(t), h(t))g'(t)$ となる．同じく，$x = g(t)$ の方だけ止めたと思って $f(g(t), h(t))$ を t で微分すると，$f_y(g(t), h(t))h'(t)$ となる．この2つを足しておけば結果的には正しい，ということである．

> **例題 5.6** (5.3) を用いて，$f(x,y)$ と $x = a\cos t, y = b\sin t$ $(a > 0, b > 0)$ の合成関数 $z = z(t) = f(a\cos t, b\sin t)$ の導関数 $\dfrac{dz}{dt}$ を求めよ．

解答 (5.3) を用いると，

$$z' = f_x x' + f_y y' = f_x(a\cos t, b\sin t)(-a\sin t) + f_y(a\cos t, b\sin t)b\cos t$$
$$= -a f_x(a\cos t, b\sin t)\sin t + b f_y(a\cos t, b\sin t)\cos t.$$

$f(x,y)$ が具体的に与えられている場合には，$f(g(t), h(t))$ を計算してから t で微分する方が簡単なことが多い．

例題 5.6 において，$\dfrac{dz}{dt}$ の図形的な意味は次のように説明できる．$x = a\cos t$, $y = b\sin t$ は xy 平面上の曲線 C_1 を表し，ここでは楕円 $\dfrac{x^2}{a^2} + \dfrac{y^2}{b^2} = 1$ である (図 5.8)．合成関数 $z = z(t)$ は，この曲線上の各点 $Q(x(t), y(t))$ に対応する曲面 $z = f(x,y)$ 上の点 $P(x(t), y(t), z(t))$ の z 座標を与える．した

---

[4] 2変数関数 $z = f(x,y)$ に対して，$\Delta z = z_{xx} + z_{yy}$ と表すことがある．このとき，Δ をラプラシアンという．

がって, t を時刻と考えると, $\dfrac{dz}{dt}$ は xy 平面上の曲線 $C_1 : \begin{cases} x = x(t) \\ y = y(t) \end{cases}$ に

よって定まる, 曲面 $z = f(x,y)$ 上の曲線 $C_2 : \begin{cases} x = x(t) \\ y = y(t) \\ z = f(x(t), y(t)) \end{cases}$ の時

刻 t における上昇速度を与えている. たとえば, $f(x,y) = x^2 + y^2$ のとき は $\dfrac{dz}{dt} = 2(-a^2 + b^2)\cos t \sin t$ となり, $a < b$ とすると, $\sin t = 0$ となる t に対応する点 A, C において, 合成関数 $z = f(a\cos t, b\sin t)$ は極小となり, $\cos t = 0$ となる t に対応する点 B, D において極大となる.

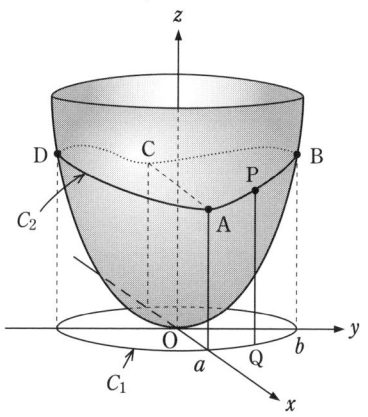

図 **5.8** 例題 5.6 の図 ($f(x,y) = x^2 + y^2$ のとき)

問 5.7 (5.3) を用いて, $f(x,y)$ と次の関数の合成関数 $z = f(x(t), y(t))$ の導関数 $\dfrac{dz}{dt}$ を求めよ.
(1) $x = 2t$, $y = t^2$ (2) $x = t^2 + 1$, $y = t^3 + 1$
(3) $x = \sin t$, $y = \cos t$ (4) $x = \log t$, $y = t$

問 5.8 関数 $z = f(x,y)$ と $x = at$, $y = bt$ の合成関数 $z = f(at, bt)$ の導関数 $\dfrac{dz}{dt}$ を求めよ.

問 5.9[A] 点 (x,y) が曲線 $y = f(x)$ 上を動くとき, 2 変数関数 $z = F(x,y)$ は x

のみの関数となる．このとき
$$\frac{dz}{dx} = F_x(x,y) + F_y(x,y)f'(x) \quad (ただし，y = f(x)) \tag{5.4}$$
が成り立つことを示せ．

[3] この場合，(u,v) を変数とする合成関数の偏導関数 z_u は v を固定したときの u についての導関数であることから，[2] の場合に帰着される．したがって，次のことが成り立つ．

> **定理 5.4** 2変数関数 $z = f(x,y)$ と2変数関数 $x = g(u,v), y = h(u,v)$ の合成関数 $z = f(g(u,v), h(u,v))$ の偏導関数について，次の式が成り立つ．
> $$\begin{cases} \dfrac{\partial z}{\partial u} = f_x(x,y)g_u(u,v) + f_y(x,y)h_u(u,v) \\ \dfrac{\partial z}{\partial v} = f_x(x,y)g_v(u,v) + f_y(x,y)h_v(u,v) \end{cases} \tag{5.5}$$
> (ただし，$x = g(u,v), y = h(u,v)$)

例題 5.7 関数 $z = f(x,y)$ に対して，$x = 2u + 3v, y = 4u + 5v$ とおいて z を (u,v) の関数と考えたときの偏導関数 $\dfrac{\partial z}{\partial u}, \dfrac{\partial z}{\partial v}$ を求めよ．

解答 $\dfrac{\partial z}{\partial u} = \dfrac{\partial}{\partial u}\{f(2u + 3v, 4u + 5v)\} = f_x(2u + 3v, 4u + 5v)2 + f_y(2u + 3v, 4u + 5v)4 = 2f_x(2u + 3v, 4u + 5v) + 4f_y(2u + 3v, 4u + 5v)$, $\dfrac{\partial z}{\partial v} = \dfrac{\partial}{\partial v}\{f(2u + 3v, 4u + 5v)\} = f_x(2u + 3v, 4u + 5v)3 + f_y(2u + 3v, 4u + 5v)5 = 3f_x(2u + 3v, 4u + 5v) + 5f_y(2u + 3v, 4u + 5v)$.

問 5.10 (5.5) を用いて，$f(x,y)$ と次の関数の合成関数 $z = f(x(u,v), y(u,v))$ の偏導関数 $\dfrac{\partial z}{\partial u}, \dfrac{\partial z}{\partial v}$ を求めよ．
(1) $x = u - 2v, y = 2u + v$ (2) $x = uv, y = v^2$
(3) $x = u^2 + v^2, y = uv$ (4) $x = \sin u \cos v, y = \sin u \sin v$
(5)[A] $x = \dfrac{u}{u^2 + v^2}, y = \dfrac{v}{u^2 + v^2}$

(5.5) において，$\begin{cases} x = g(u,v) \\ y = h(u,v) \end{cases}$ は (x,y) から (u,v) への**変数変換**を表している．すなわち，もともと (x,y) の関数である $z = f(x,y)$ をこの変数変換によって (u,v) の関数 $z = f(g(u,v), h(u,v))$ と考えたときの偏導関数 $\dfrac{\partial z}{\partial u}$, $\dfrac{\partial z}{\partial v}$ が，もとの x, y に関する偏導関数 f_x, f_y で表されるということが (5.5) の意味である．公式 (5.5) は，変数変換における偏微分法の公式，あるいは変数変換における**鎖法則**とよばれて重要なものである．

問 5.11 関数 $z = f(x,y)$ に対して，変数変換 $x = e^u \cos v$, $y = e^u \sin v$ によって z を (u,v) の関数と考えたときの偏導関数 $\dfrac{\partial z}{\partial u}$, $\dfrac{\partial z}{\partial v}$ を f_x, f_y で表せ．

例題 5.8[A] 関数 $z = f(x,y)$ に対して，極座標 (r, θ) への変換 $x = r\cos\theta$, $y = r\sin\theta$ を行ったとき，次の関係式が成り立つことを示せ．

$$\left(\frac{\partial z}{\partial x}\right)^2 + \left(\frac{\partial z}{\partial y}\right)^2 = \left(\frac{\partial z}{\partial r}\right)^2 + \frac{1}{r^2}\left(\frac{\partial z}{\partial \theta}\right)^2$$

解答 z はもともと (x,y) の関数 $f(x,y)$ であって，x と y がそれぞれ (r, θ) の関数であるから，合成関数 $f(r\cos\theta, r\sin\theta)$ と考えた z は (r, θ) の関数となる．(5.5) を適用すると

$$\begin{cases} \dfrac{\partial z}{\partial r} = f_x \cos\theta + f_y \sin\theta \\ \dfrac{\partial z}{\partial \theta} = f_x(-r\sin\theta) + f_y r\cos\theta \end{cases}$$

したがって

$$\begin{aligned}\left(\frac{\partial z}{\partial r}\right)^2 + \frac{1}{r^2}\left(\frac{\partial z}{\partial \theta}\right)^2 &= \left\{\cos\theta\left(\frac{\partial z}{\partial x}\right) + \sin\theta\left(\frac{\partial z}{\partial y}\right)\right\}^2 \\ &\quad + \frac{1}{r^2}\left\{-r\sin\theta\left(\frac{\partial z}{\partial x}\right) + r\cos\theta\left(\frac{\partial z}{\partial y}\right)\right\}^2 \\ &= \left(\frac{\partial z}{\partial x}\right)^2 + \left(\frac{\partial z}{\partial y}\right)^2.\end{aligned}$$

問 5.12[A] $z = f(r, \theta)$ に対して，$r = \sqrt{x^2 + y^2}$, $\theta = \tan^{-1}\dfrac{y}{x}$ としたとき，例題 5.8 と同じ関係式が成り立つことを示せ．

5.3 テイラーの定理

導関数の応用において中心的な役割を果たしたテイラーの定理の多変数版を，2変数の場合に限って説明する．

■**2変数関数のテイラーの定理**■ 2変数関数のテイラーの定理を解説するために，まず次の例から始めよう．

例 5.2 多項式 $f(x,y) = x^2 y + xy^2$ を $(x-2)$ と $(y+1)$ のべきによって，昇べきの順に表そう．

$f(x,y)$ は x と y について3次式であるから

$$f(x,y) = c_{0,0} + c_{1,0}(x-2) + c_{0,1}(y+1) + c_{2,0}(x-2)^2$$
$$+ c_{1,1}(x-2)(y+1) + c_{0,2}(y+1)^2 + c_{3,0}(x-2)^3$$
$$+ c_{2,1}(x-2)^2(y+1) + c_{1,2}(x-2)(y+1)^2 + c_{0,3}(y+1)^3 \quad (*)$$

となるような10個の定数 $c_{0,0} \sim c_{0,3}$ の値を求めればよい．このためには $(*)$ の右辺を x と y のべきに整理し直して，もとの多項式 $x^2 y + xy^2$ と係数を比較する方法があるが，ここでは以下のように偏導関数の計算によって $c_{0,0} \sim c_{0,3}$ の値を順次求めていく．以下の操作はすべて等式 $(*)$ に対して行うものとする．

1. $(x,y) = (2,-1)$ を代入する．$f(2,-1) = c_{0,0}$ より $c_{0,0} = -2$．
2. 両辺を x に関して偏微分する．

$$f_x = 2xy + y^2 = c_{1,0} + 2c_{2,0}(x-2) + c_{1,1}(y+1) + 3c_{3,0}(x-2)^2$$
$$+ 2c_{2,1}(x-2)(y+1) + c_{1,2}(y+1)^2.$$

ここで，$(x,y) = (2,-1)$ を代入する．$f_x(2,-1) = c_{1,0}$ より $c_{1,0} = -3$．

3. 両辺を y に関して偏微分して，$(x,y) = (2,-1)$ を代入する．上と同様にして，$f_y(2,-1) = c_{0,1}$ より $c_{0,1} = 0$．

4. 両辺の第2次偏導関数 f_{xx} に $(x,y) = (2,-1)$ を代入する．$f_{xx}(2,-1) = 2c_{2,0}$ より $c_{2,0} = \dfrac{1}{2} f_{xx}(2,-1) = -1$．

同様に第3次偏導関数までを使うと $c_{0,3}$ までが求まり，$(*)$ は次のように

なる．
$$f(x,y) = x^2y + xy^2$$
$$= -2 - 3(x-2) - (x-2)^2 + 2(x-2)(y+1)$$
$$+ 2(y+1)^2 + (x-2)^2(y+1) + (x-2)(y+1)^2.$$

例 5.2 と同様に，多項式と限らない一般の関数 $f(x,y)$ を指定された点 $(x,y) = (a,b)$ に対して，$(x-a)$ と $(y-b)$ のべきによって昇べきの順に表す，というのがテイラーの定理のポイントである．多項式とは限らないので，$(x-a)$ と $(y-b)$ のべきの部分と，残りの部分との和の形で表すことになる．
$$f(x,y) = \sum_{i,j} c_{i,j}(x-a)^i(y-b)^j + r(x,y).$$

このとき，べきの部分の係数 $c_{i,j}$ を**テイラー係数**といい，残りの部分 $r(x,y)$ を**剰余項**という．例 5.2 で説明した方法を一般化して，テイラー係数の求め方をまとめておく．$f(x,y)$ を多項式とみなして，$(x-a)$ と $(y-b)$ のべきで表されていると考える．すなわち

$$f(x,y) = c_{0,0} + c_{1,0}(x-a) + c_{0,1}(y-b) + \cdots + c_{i,j}(x-a)^i(y-b)^j + \cdots$$

上の式の両辺を x に関して i 回，y に関して j 回偏微分すると，
$$\frac{\partial^{i+j} f}{\partial x^i \partial y^j}(x,y) = i!\,j!\,c_{i,j} + \{(x-a) \text{ と } (y-b) \text{ のべきからなる項の和}\}$$
となる．第 2 項以下の各項には必ず $(x-a)$ か $(y-b)$ は含まれていて，$(x,y) = (a,b)$ で 0 となる．したがって，$(x,y) = (a,b)$ とおくと
$$\frac{\partial^{i+j} f}{\partial x^i \partial y^j}(a,b) = i!\,j!\,c_{i,j}.$$
となるから，$(x-a)^i(y-b)^j$ の係数 $c_{i,j}$ は
$$c_{i,j} = \frac{1}{i!\,j!} \cdot \frac{\partial^{i+j} f}{\partial x^i \partial y^j}(a,b) \tag{5.6}$$
によって求めることができる．実は，(5.6) は多項式だけでなく，一般の $f(x,y)$ に対しても成り立ち，そのことを保証するのが次のテイラーの定理である．

テイラーの定理をきちんと述べるために微分作用素 $D = h\dfrac{\partial}{\partial x} + k\dfrac{\partial}{\partial y}$ を考えよう. $f(x,y)$ に対して

$$(Df)(x,y) = h\frac{\partial f}{\partial x}(x,y) + k\frac{\partial f}{\partial y}(x,y) = hf_x(x,y) + kf_y(x,y)$$

は, $f(x,y)$ を x に関して偏微分し h 倍したものと, y に関して偏微分し k 倍したものを加えてできる関数を表す. さらに $D(Df) = D^2 f$ と書き, $(D^2 f)(x,y)$ は上の操作を続けて 2 回行ってできる関数を表す. すなわち

$$D^2 f = D(hf_x + kf_y) = hD(f_x) + kD(f_y)$$
$$= h(hf_{xx} + kf_{xy}) + k(hf_{xy} + kf_{yy})$$
$$= h^2 f_{xx} + 2hk f_{xy} + k^2 f_{yy}$$

となる. 同様にして, 正整数 m に対して $(D^m f)(x,y)$ が定義される. $D^m f$ は 2 項係数 ${}_m\mathrm{C}_r$ を用いて, 次のように表すことができる.

$$(D^m f)(x,y) = \sum_{r=0}^{m} {}_m\mathrm{C}_r h^{m-r} k^r \frac{\partial^m f}{\partial x^{m-r} \partial y^r}(x,y) \tag{5.7}$$

定理 5.5 (テイラーの定理) n を正整数とする. 関数 $f(x,y)$ と点 (a,b) に対して次の式が成り立つ.

$$f(a+h, b+k) = f(a,b) + (Df)(a,b) + \frac{1}{2!}(D^2 f)(a,b)$$
$$+ \cdots + \frac{1}{n!}(D^n f)(a,b) + R_{n+1}, \tag{5.8}$$

$$R_{n+1} = \frac{1}{(n+1)!}(D^{n+1} f)(a+\theta h, b+\theta k) \quad (0 < \theta < 1).$$

ただし, $m = 1, 2, \ldots$ について $(D^m f)(a,b)$ は $(D^m f)(x,y)$ に $(x,y) = (a,b)$ を代入したもの (微分して $(D^m f)(x,y)$ を作ってから代入したもの) である.

(5.8) の右辺において $h^i k^j$ の項は, (5.7) より

$$\frac{1}{(i+j)!} {}_{i+j}\mathrm{C}_j \, h^i k^j \frac{\partial^{i+j} f}{\partial x^i \partial y^j}(a,b)$$

となり，$\dfrac{1}{(i+j)!}{}_{i+j}C_j = \dfrac{1}{i!j!}$ であるから (5.6) が一般の関数 $f(x,y)$ について成り立つことがわかる．

テイラーの定理における (5.8) を，$n=2$ のとき具体的に表しておくと次のようになる．

$$f(a+h, b+k) = f(a,b) + hf_x(a,b) + kf_y(a,b)$$
$$+ \dfrac{1}{2!}\{h^2 f_{xx}(a,b) + 2hk f_{xy}(a,b) + k^2 f_{yy}(a,b)\} + R_3. \quad (5.9)$$

関数 $f(x,y)$ に対して，$x=a+h, y=b+k$ すなわち $h=x-a, k=y-b$ として (5.8) の右辺を求めることを，点 (a,b) において n 次の項まで**テイラー展開**するという[5]．このとき，剰余項を明示しないで R_{n+1} とだけ書くこともある．たとえば，$n=2$ のとき (5.9) は次のようになる．

$$f(x,y) = f(a,b) + f_x(a,b)(x-a) + f_y(a,b)(y-b)$$
$$+ \dfrac{1}{2!}\{f_{xx}(a,b)(x-a)^2 + 2f_{xy}(a,b)(x-a)(y-b) \quad (5.10)$$
$$+ f_{yy}(a,b)(y-b)^2\} + R_3.$$

例題 5.9 関数 $f(x,y) = \log(2x-3y)$ を点 $(2,1)$ において 2 次の項までテイラー展開せよ．ただし，剰余項は R_3 とのみ書いておけばよい．

[解答] $f_x = \dfrac{2}{2x-3y}, f_y = \dfrac{-3}{2x-3y}, f_{xx} = \dfrac{-4}{(2x-3y)^2}, f_{xy} = \dfrac{6}{(2x-3y)^2},$
$f_{yy} = \dfrac{-9}{(2x-3y)^2}$ より，(5.10) を適用して

$$f(x,y) = f(2,1) + f_x(2,1)(x-2) + f_y(2,1)(y-1) + \dfrac{1}{2!}\{f_{xx}(2,1)(x-2)^2$$
$$+ 2f_{xy}(2,1)(x-2)(y-1) + f_{yy}(2,1)(y-1)^2\} + R_3$$
$$= 2(x-2) - 3(y-1) - 2(x-2)^2 + 6(x-2)(y-1) - \dfrac{9}{2}(y-1)^2 + R_3$$

問 5.13 次の関数を (　) で指示された点において，2 次の項までテイラー展開せ

---

[5] x, y にせず h, k のままで，(5.8) の右辺の形を求めることも，テイラー展開するということが多い．

よ．ただし，剰余項は R_3 とのみ書いておけばよい．
(1) $f(x,y) = x^2 y$, 点 $(1,2)$
(2) $f(x,y) = \sin xy$, 点 $\left(\dfrac{\pi}{2}, 1\right)$
(3) $f(x,y) = \sqrt{x+2y}$, 点 $(2,1)$
(4) $f(x,y) = \log(1-x+y)$, 点 $(1,1)$
(5) $f(x,y) = e^{2x} \cos(x+y)$, 点 $(0, -\pi)$

定理 5.5 において，$(a,b) = (0,0)$, $h = x$, $k = y$ とおいたものをマクローリンの定理という．

定理 5.6 (マクローリンの定理) n を正整数とする．関数 $f(x,y)$ に対して，次の展開式マクローリン展開が成り立つ．
$$f(x,y) = f(0,0) + (Df)(0,0) + \frac{1}{2!}(D^2 f)(0,0) + \cdots$$
$$+ \frac{1}{n!}(D^n f)(0,0) + R_{n+1}, \tag{5.11}$$
$$R_{n+1} = \frac{1}{(n+1)!}(D^{n+1} f)(\theta x, \theta y) \quad (0 < \theta < 1).$$

ただし，$m = 1, 2, \ldots$ について $(D^m f)(0,0)$ は (5.7) において $x = 0$, $y = 0$ としてから $h = x$, $k = y$ とおいたものである．すなわち
$$(D^m f)(0,0) = \sum_{r=0}^{m} {}_m C_r\, x^{m-r} y^r \frac{\partial^m f}{\partial x^{m-r} \partial y^r}(0,0).$$

(5.11) を $n = 2$ の場合に具体的に書くと次のようになる．
$$f(x,y) = f(0,0) + x f_x(0,0) + y f_y(0,0)$$
$$+ \frac{1}{2!}\{x^2 f_{xx}(0,0) + 2xy f_{xy}(0,0) + y^2 f_{yy}(0,0)\} + R_3. \tag{5.12}$$

例題 5.10 関数 $f(x,y) = (x+1)e^{x-y}$ を 2 次の項までマクローリン展開せよ．ただし，剰余項は R_3 とのみ書いておけばよい．

解答 $f_x = (x+2)e^{x-y}$, $f_y = -(x+1)e^{x-y}$, $f_{xx} = (x+3)e^{x-y}$, $f_{xy} = -(x+2)e^{x-y}$, $f_{yy} = (x+1)e^{x-y}$ より，(5.12) を適用して
$$f(x,y) = 1 + x \cdot 2 + y \cdot (-1) + \frac{1}{2!}\{x^2 \cdot 3 + 2xy \cdot (-2) + y^2 \cdot 1\} + R_3$$

$$= 1 + 2x - y + \frac{3}{2}x^2 - 2xy + \frac{1}{2}y^2 + R_3.$$

問 5.14 次の関数を 2 次の項までマクローリン展開せよ．ただし，剰余項は R_3 とのみ書いておけばよい．
(1) $f(x,y) = (xy+1)e^{x-y}$ (2) $f(x,y) = \sqrt{1+2x-y}$
(3) $f(x,y) = \dfrac{1}{1+x-y}$ (4) $f(x,y) = \log{(1+2x+3y)}$

例題 5.11[A] 関数 $f(x,y) = ye^{x+y}$ を 3 次の項までマクローリン展開せよ．ただし，剰余項は R_4 とのみ書いておけばよい．

解答 $f_x = ye^{x+y}$, $f_y = e^{x+y} + ye^{x+y} = (y+1)e^{x+y}$, $f_{xx} = ye^{x+y}$, $f_{xy} = (y+1)e^{x+y}$, $f_{yy} = (y+2)e^{x+y}$, $f_{xxx} = ye^{x+y}$, $f_{xxy} = (y+1)e^{x+y}$, $f_{xyy} = (y+2)e^{x+y}$, $f_{yyy} = (y+3)e^{x+y}$ より，(5.11) を $n=3$ で適用して
$$f(x,y) = 0 + x \cdot 0 + y \cdot 1 + \frac{1}{2!}\{x^2 \cdot 0 + 2xy \cdot 1 + y^2 \cdot 2\}$$
$$+ \frac{1}{3!}\{x^3 \cdot 0 + 3x^2y \cdot 1 + 3xy^2 \cdot 2 + y^3 \cdot 3\} + R_4$$
$$= y + xy + y^2 + \frac{1}{2}x^2y + xy^2 + \frac{1}{2}y^3 + R_4.$$

問 5.15[A] 次の関数を 3 次の項までマクローリン展開せよ．ただし，剰余項は R_4 とのみ書いておけばよい．
(1) $f(x,y) = xe^{2x+y}$ (2) $f(x,y) = (1+x)\cos{(x+2y)}$

5.4 接平面と全微分

この節では，曲線 $y = f(x)$ の接線に対応する，曲面 $z = f(x,y)$ の接平面について考える．接平面を関数そのものについて表現すれば，関数の 1 次近似や全微分というものが導かれる．後半では，平面における曲線や空間における曲面のより一般的な表現である $F(x,y) = 0$ や $F(x,y,z) = 0$ に対する接線や接平面を考える．

■**接平面**■ 関数 $z = f(x,y)$ に対して，テイラーの定理における (5.8) 式を $n=1$ の場合に適用すると
$$f(a+h, b+k) = f(a,b) + hf_x(a,b) + kf_y(a,b) + R_2$$

となる．ここで $x = a + h, y = b + k$ とおくと，$h = x - a, k = y - b$ より次のようになる．

$$f(x,y) = f(a,b) + f_x(a,b)(x - a) + f_y(a,b)(y - b) + R_2. \qquad (5.13)$$

(5.13) の右辺において，剰余項 R_2 を除いた式

$$z = f(a,b) + f_x(a,b)(x - a) + f_y(a,b)(y - b) \qquad (5.14)$$

は点 $P(a, b, f(a,b))$ を通る平面の方程式である (図 5.9)．これを，曲面 $z = f(x, y)$ の点 P における**接平面**の方程式という．接平面の方程式は通常

$$z - f(a,b) = f_x(a,b)(x - a) + f_y(a,b)(y - b) \qquad (5.15)$$

の形で用いることが多い．

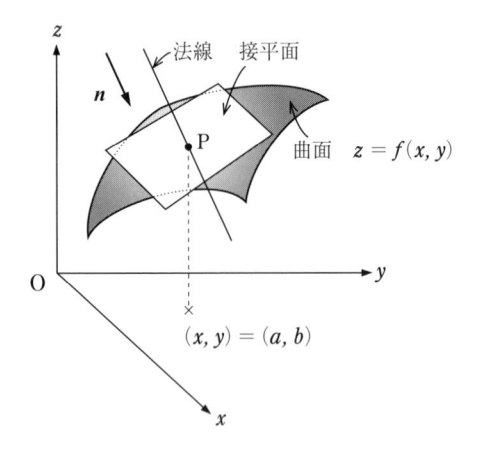

図 5.9 接平面と法線

一般に，点 (a, b, c) を通る平面の方程式

$$p(x - a) + q(y - b) + r(z - c) = 0$$

において，ベクトル $\begin{pmatrix} p \\ q \\ r \end{pmatrix}$ はこの平面に垂直な方向を表している．このこと

より接平面の方程式 (5.15) において，ベクトル

$$\boldsymbol{n} = \begin{pmatrix} f_x(a,b) \\ f_y(a,b) \\ -1 \end{pmatrix} \quad (\text{または} -\boldsymbol{n}) \tag{5.16}$$

のことを，曲面 $z = f(x,y)$ の点 $\mathrm{P}(a,b,f(a,b))$ における**法線ベクトル**という．また，この曲面上の点 P を通り法線ベクトル $\boldsymbol{n}$ に平行な直線は次の式で表される．

$$\frac{x-a}{f_x(a,b)} = \frac{y-b}{f_y(a,b)} = \frac{z-c}{-1}. \tag{5.17}$$

これを曲面 $z = f(x,y)$ の点 P における**法線**という．

例題 5.12 曲面 $z = \sqrt{14 - x^2 - y^2}$ 上の点 $(1,2,3)$ における接平面および法線の方程式を求めよ．

解答 $f(x,y) = \sqrt{14 - x^2 - y^2}$ とおく．$z_x = \dfrac{-x}{\sqrt{14-x^2-y^2}} = \dfrac{-x}{z}$, $z_y = \dfrac{-y}{\sqrt{14-x^2-y^2}} = \dfrac{-y}{z}$ より，$f(1,2) = 3$ に注意して (5.15) を適用すると，接平面の方程式は

$$z - 3 = f_x(1,2)(x-1) + f_y(1,2)(y-2) = -\frac{1}{3}(x-1) - \frac{2}{3}(y-2)$$

となる．これを整理して，$x + 2y + 3z = 14$．また法線の方程式は (5.17) を適用して，$\dfrac{x-1}{-\frac{1}{3}} = \dfrac{y-2}{-\frac{2}{3}} = \dfrac{z-3}{-1}$ すなわち $\dfrac{x-1}{1} = \dfrac{y-2}{2} = \dfrac{z-3}{3}$ となる． ∎

問 5.16 次の曲面上の与えられた点における接平面および法線の方程式を求めよ．
(1) $z = 2x^2 - 3y^2$, 点 $(2, -1, 5)$
(2) $z = \dfrac{y}{x}$, 点 $(1, 2, 2)$
(3) $z = \sin x + \sin y + \sin(x+y)$, 点 $(0, 0, 0)$
(4) $z = \tan^{-1} \dfrac{y}{x}$, 点 $\left(1, 1, \dfrac{\pi}{4}\right)$

■**近似**■ 1 次のテイラー展開は，x, y の変化に対する関数の値の変化量の近似を与えるから，近似計算に利用される．

変数 (x,y) が (a,b) から $(a+\Delta x, b+\Delta y)$ に変化するときの関数 $f(x,y)$ の値の変化量を $\Delta f(a,b) = f(a+\Delta x, b+\Delta y) - f(a,b)$ とし，M を $f(x,y)$

の第 2 次偏導関数 $f_{xx}(x,y)$, $f_{xy}(x,y)$, $f_{yy}(x,y)$ の絶対値の，2 点 (a,b), $(a+\Delta x, b+\Delta y)$ を結ぶ線分における最大値とする．

> **定理 5.7** $\Delta f(a,b)$ に対して次の近似式が成り立つ．
> $$\Delta f(a,b) \fallingdotseq f_x(a,b)\Delta x + f_y(a,b)\Delta y. \tag{5.18}$$
> このときの誤差 R の範囲は次の不等式で与えられる．
> $$|R| \leqq \frac{M}{2}(|\Delta x|+|\Delta y|)^2. \tag{5.19}$$

上の定理および以下の例題，問において，誤差の範囲については，[A] と思ってよい．

例題 5.13 関数 $f(x,y) = e^x \cos y$ の $x = -0.01$, $y = 63°$ のときの近似値 (小数点以下第 3 位まで) と，そのときの誤差の範囲 (有効数字 1 桁) を求めよ．

解答 $y = 63°$ なので，$60° = \dfrac{\pi}{3}$ で近似しよう．$a = 0$, $b = \dfrac{\pi}{3}$, $\Delta x = -0.01$, $\Delta y = \dfrac{\pi}{60}$ として定理 5.7 を適用すると

$$\Delta f\left(0, \frac{\pi}{3}\right) \fallingdotseq f_x\left(0, \frac{\pi}{3}\right)\Delta x + f_y\left(0, \frac{\pi}{3}\right)\Delta y.$$

ここで，$f_x = e^x \cos y$, $f_y = -e^x \sin y$ であるから

$$\Delta f\left(0, \frac{\pi}{3}\right) \fallingdotseq 0.5 \times (-0.01) - \frac{\sqrt{3}}{2} \times \frac{\pi}{60} = -0.050.$$

($\sqrt{3} = 1.73$, $\pi = 3.14$ を使った．) したがって，近似値は $0.5 - 0.050 = 0.450$. また，このときの誤差 R の範囲は，(5.19) において $M \leqq 1$ とできるので[6]

$$|R| \leqq \frac{1}{2}\left(|-0.01|+\left|\frac{\pi}{60}\right|\right)^2 \leqq 0.002$$

となる ($\pi \leqq 3.15$ を使った)．すなわち，近似値は 0.450 で，このときの誤差の範囲は高々 ± 0.002 である． ∎

問 5.17 $f(x,y) = \sqrt{x}\sin y$ の $x = 1.01$, $y = 44°$ のときの近似値 (小数点以下第 3 位まで) と，そのときの誤差の範囲 (有効数字 1 桁) を求めよ．

---

[6] $|\cos y| \leqq 1$, $|\sin y| \leqq 1$ と考えている．もっと精密な評価も可能だが，適度な評価を使用すればよい．

全微分[A]

(5.13) において，$f(a,b)$ を左辺に移項した式

$$f(x,y) - f(a,b) = f_x(a,b)(x-a) + f_y(a,b)(y-b) + R_2$$

は，関数 $f(x,y)$ の (a,b) における値から (x,y) における値への変化の大きさが

$$f_x(a,b)(x-a) + f_y(a,b)(y-b)$$

で近似されることを示している．通常 x の変化量 $x-a$ を dx，y の変化量 $y-b$ を dy で表し

$$f_x(a,b)dx + f_y(a,b)dy$$

を点 (a,b) における**全微分**といい $df(a,b)$ で表す[7]．点 (a,b) を指定しないで，各点 (x,y) で考えるとき，

$$dz = df(x,y) = f_x(x,y)dx + f_y(x,y)dy \tag{5.20}$$

を関数 $z = f(x,y)$ の**全微分**，あるいは**微分**という．

例題 5.14[A]　$z = \tan^{-1}\dfrac{y}{x}$ の全微分を求めよ．

解答　$z_x = \dfrac{-y}{x^2+y^2}$, $z_y = \dfrac{x}{x^2+y^2}$ より，(5.20) を適用して
$dz = \dfrac{1}{x^2+y^2}(-y\,dx + x\,dy).$

問 5.18[A]　次の関数の全微分を求めよ．

(1) $z = \dfrac{y}{x}$　　(2) $z = e^x \sin y$　　(3) $z = \log \dfrac{y}{x}$

(4) $z = \sqrt{x+2y}$

$F(x,y) = 0$ の接線，法線

xy 平面上の曲線が $F(x,y) = 0$ の形で与えられているとする．この曲線上の点 (a,b) が $F_x(a,b) = F_y(a,b) = 0$ をみた

---

[7] 剰余項 R_2 が $\displaystyle\lim_{(x,y)\to(a,b)} \dfrac{R_2}{\sqrt{(x-a)^2+(y-b)^2}} = 0$ をみたしているときに，「$f(x,y)$ の全微分が存在する」または「$f(x,y)$ は全微分可能である」という．全微分は，全微分可能な場合にのみ考えるのが普通である．実は，<u>偏微分可能で偏導関数がすべて連続関数なら，全微分可能である</u>．

しているとき，**特異点**という．$F_y(a,b) \neq 0$ のとき，実は y は x の関数とみることができ，しかもこの関数は微分可能である．すなわち $\dfrac{dy}{dx}$ が求まる (より詳しいことはのちの陰関数の項 (§5.5) 参照)．x と y の役割を入れ替えると，$F_x(a,b) \neq 0$ のとき，x は y の関数とみることができ，この関数も微分可能で $\dfrac{dx}{dy}$ が求まる．したがって，(a,b) が特異点でないときは，この点 (a,b) における接線の方程式を導くことができる．一般に，曲線上の点 A に対して，点 A における接線に垂直なベクトル $\bm{n}$ のことを，点 A における**法線ベクトル**といい，A を通り $\bm{n}$ に平行な直線を**法線**という．

曲線 $F(x,y) = 0$ について，次のことが成り立つ．

> **定理 5.8** 曲線 $F(x,y) = 0$ 上の点 $\mathrm{A}(a,b)$ は特異点でないとする．このとき，点 A における法線ベクトル $\bm{n}$ は次の式で表される．
> $$\bm{n} = \begin{pmatrix} F_x(a,b) \\ F_y(a,b) \end{pmatrix}. \tag{5.21}$$
> したがって，点 $\mathrm{A}(a,b)$ における接線の方程式は
> $$F_x(a,b)(x-a) + F_y(a,b)(y-b) = 0 \tag{5.22}$$
> となる．また法線の方程式は
> $$\frac{x-a}{F_x(a,b)} = \frac{y-b}{F_y(a,b)} \tag{5.23}$$
> である．

例題 5.15 曲線 $x^2 - 2xy + 2y^2 = 5$ 上の点 $(1,2)$ における接線の方程式を求めよ．

解答 2 通りの解答を与える．

(解 1) $F(x,y) = x^2 - 2xy + 2y^2 - 5$ とおくと，$F_x = 2x - 2y$, $F_y = -2x + 4y$ より $F_x(1,2) = -2$, $F_y(1,2) = 6$ であるから，(5.22) より接線の方程式は $-2(x-1) + 6(y-2) = 0$, すなわち $x - 3y + 5 = 0$ である．

(解 2) $x^2 - 2xy + 2y^2 = 5$ において，y を x の関数とみて微分すると，$2x - 2y - 2xy' + 4yy' = 0$. これより $(2y - x)y' = y - x$. $(x,y) = (1,2)$ を代入すると，$3y' = 1$ したがって，接線の傾きは $\dfrac{1}{3}$ である．ゆえに求める接線の方程式は $y - 2 = \dfrac{1}{3}(x-1)$,

すなわち, $y = \dfrac{1}{3}x + \dfrac{5}{3}$.

問 5.19 次の曲線上の与えられた点における接線の方程式を求めよ.
(1) $x = y^2$, 点 $(1,1)$
(2) $x^2 + 3y^2 = 4$, 点 $(-1,1)$
(3) $2x^2 - 4xy + y^2 = 1$, 点 $(2,1)$
(4) $x^3 - 6xy + y^3 = 0$, 点 $(3,3)$
(5) $(x-1)^2 + y^2 = 10$, 点 $(2,3)$
(6) $x^{\frac{2}{3}} + y^{\frac{2}{3}} = 4$, 点 $(3\sqrt{3}, 1)$

■ $F(x,y,z) = 0$ の接平面, 法線[A] ■ 一般に, 関係式 $F(x,y,z) = 0$ は空間における曲面の方程式を表す. 接線のかわりに接平面を考えることによって, 曲面 $F(x,y,z) = 0$ についても定理 5.8 と同様のことが成り立つ.

定理 5.9[A] 曲面 $F(x,y,z) = 0$ 上の点 $\mathrm{A}(a,b,c)$ は特異点でないとする, すなわち $(F_x(a,b,c), F_y(a,b,c), F_z(a,b,c)) \neq (0,0,0)$ とする. このとき点 A における法線ベクトル $\boldsymbol{n}$ は次の式で表される.

$$\boldsymbol{n} = \begin{pmatrix} F_x(a,b,c) \\ F_y(a,b,c) \\ F_z(a,b,c) \end{pmatrix}. \tag{5.24}$$

したがって, 点 A における接平面の方程式は

$$F_x(a,b,c)(x-a) + F_y(a,b,c)(y-b) + F_z(a,b,c)(z-c) = 0 \tag{5.25}$$

となる. また, 法線の方程式は

$$\dfrac{x-a}{F_x(a,b,c)} = \dfrac{y-b}{F_y(a,b,c)} = \dfrac{z-c}{F_z(a,b,c)} \tag{5.26}$$

である[8].

曲面 $z = f(x,y)$ と $(x,y) = (a,b)$ が与えられたときは, $F(x,y,z) = f(x,y) - z$, $c = f(a,b)$ とおいて定理 5.9 を適用すると (5.15), (5.16), (5.17) の各式が得られる.

例題 5.16[A] 球面 $x^2 + y^2 + z^2 = r^2$ 上の点 $\mathrm{P}(x_0, y_0, z_0)$ における接平面および法線の方程式を求めよ.

---
[8] 通常の「空間における直線の方程式」における約束通り, 分母が 0 の場合は, 分子 $= 0$ という式が別にあるとみなす.

解答 $F(x, y, z) = x^2 + y^2 + z^2 - r^2$ とおく．$F_x = 2x$, $F_y = 2y$, $F_z = 2z$ より (5.25) を適用して，接平面の方程式は
$$2x_0(x - x_0) + 2y_0(y - y_0) + 2z_0(z - z_0) = 0$$
すなわち，$x_0^2 + y_0^2 + z_0^2 = r^2$ より
$$x_0 x + y_0 y + z_0 z = r^2.$$
また，法線の方程式は，(5.26) より，$\dfrac{x - x_0}{x_0} = \dfrac{y - y_0}{y_0} = \dfrac{z - z_0}{z_0}$ すなわち $\dfrac{x}{x_0} = \dfrac{y}{y_0} = \dfrac{z}{z_0}$ となる． ∎

問 5.20[A] 次の曲面上の与えられた点における接平面および法線の方程式を求めよ．
(1) $x^2 + 2y^2 + 3z^2 = 6$, 点 $(1, 1, 1)$ (2) $xy - 2yz + 3xz + 2 = 0$, 点 $(2, 1, -1)$
(3) $x = y^2 + z^2$, 点 $(5, -1, 2)$ (4) $\sqrt{x} + \sqrt{y} + \sqrt{z} = 4$, 点 $(1, 1, 4)$
(5) $xy + yz + zx = 11$, 点 $(1, 2, 3)$ (6) $xyz = 6$, 点 $(3, 2, 1)$

5.5 陰関数の微分法[A]

xy 平面内の曲線 $y = f(x)$ 上の与えられた点 $(a, f(a))$ における接線の方程式は $y = f'(a)(x - a) + f(a)$ で与えられるが，半径 a の円周の方程式が $x^2 + y^2 = a^2$ であることからもわかるように，一般に曲線の方程式は $F(x, y) = 0$ の形で与えられることが多い．また，xyz 空間内の曲面上の与えられた点における接平面の方程式は (5.15) で表されるが，これは曲面が $z = f(x, y)$ という形の方程式で与えられる場合に限られる．同様に xyz 空間において，半径 a の球面の方程式が $x^2 + y^2 + z^2 = a^2$ であることからもわかるように，一般に曲面の方程式は $F(x, y, z) = 0$ の形で与えられることが多い．前節で見たように，これらの場合にも接平面や法線の方程式を求めるために，陰関数および陰関数の微分法について説明する．

陰関数とは[A] 円 $x^2 + y^2 = 4$ 上の点 $A(1, \sqrt{3})$ の近くにおいては，x と y の関係式 $x^2 + y^2 - 4 = 0$ は y について解くことができて，具体的には $y = \sqrt{4 - x^2}$ となる．図形的には，点 A の近くでは y 軸と平行な直線とこの円がただ 1 点で交わっていて，x の関数 y のグラフとみることができる（図 5.10）．これに対して，別の点 $B(-2, 0)$ の近くで考えると，このようには

5.5 陰関数の微分法[A]

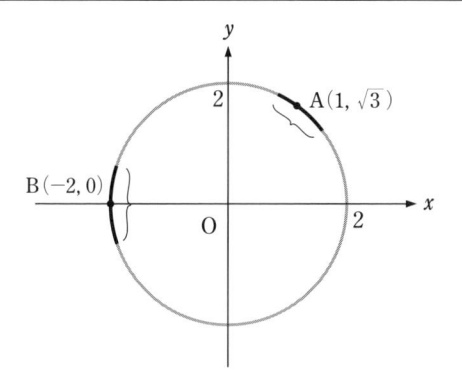

図 5.10　$x^2 + y^2 = 1$ の場合の陰関数

なっていない．一般に，x と y の関係式 $F(x,y) = 0$ とこの関係式をみたす点 (a,b) に対して，$x = a$ の近くで定まる関数 $f(x)$ が存在して $F(x, f(x)) = 0$，$f(a) = b$ となるとき，この $f(x)$ のことを，点 (a,b) において $F(x,y) = 0$ によって定まる**陰関数**という．陰関数を考えるときは，それを x の式として具体的に表すことを期待しない[9]で，**陰関数が存在するのかしないのか**，また存在すればその**導関数はどのようにして計算される**のかが重要となる．

■**陰関数の微分**[A]■　　陰関数 $y = f(x)$ およびその導関数の存在を**仮定**すれば，例題 5.15 の解 2 のように，$F(x,y) = 0$ において $x = x, y = f(x)$ と考えることによって，(5.4) より

$$F_x(x,y) + F_y(x,y)y' = 0$$

から $y' = \dfrac{dy}{dx} = f'(x)$ を計算することができる．このようにして $\dfrac{dy}{dx}$ を求めることを**陰関数の微分法**という．

例題 5.17[A]　　$x^2 - 2xy + 2y^2 = 5$ のとき，$\dfrac{dy}{dx}$ を求めよ．

解答　　この関係式をみたす陰関数とその導関数の存在を仮定すると，y を x の関数とみなして両辺を x で微分すると

$$2x - 2y - 2x\frac{dy}{dx} + 4y\frac{dy}{dx} = 0.$$

---

[9] $F(x,y)$ が簡単な式であっても，陰関数 $f(x)$ を具体的な x の式で表せるとは限らない．

したがって，$\dfrac{dy}{dx} = \dfrac{x-y}{x-2y}$．

問 5.21[A] 　次の関係式から $\dfrac{dy}{dx}$ を求めよ (陰関数とその導関数の存在は仮定してよい).

(1) $x - y^2 = 0$ 　　　(2) $x^2 + 4y^2 = 4$ 　　　(3) $x^2 + xy + 3y^2 = 1$

(4) $x^{\frac{2}{3}} + y^{\frac{2}{3}} = 1$ 　　　(5) $x + \log(y-x) = 1$ 　　　(6) $\dfrac{x}{y} + \dfrac{y}{x} = 1$

(7) $e^y + xy - 1 = 0$ 　　　(8) $x^2 y - \sin y = 1$

陰関数の存在については以下が成り立つ．

定理 5.10[A] 　x と y の関係式 $F(x,y) = 0$ に対して，$F(a,b) = 0$ をみたす1つの点を $\mathrm{A}(a,b)$ とする．この点が条件
$$F_y(a,b) \neq 0$$
をみたしているとき，陰関数 $y = f(x)$ が存在する．すなわち $x = a$ の近くで
$$F(x, f(x)) = 0, \quad f(a) = b$$
となる[10]ような微分可能な関数 $y = f(x)$ がただ1つ存在する．

注意[A] 　例題 5.17 の解答をより丁寧に説明すると，$F(x,y) = x^2 - 2xy + 2y^2 - 5$ とおくとき $F_y = -2x + 4y$ であるから，定理 5.10 より，$F_y \neq 0$ すなわち $x - 2y \neq 0$ ならば，そのような点 (x,y) の近くで陰関数 $y = y(x)$ が存在し，さらに微分可能であってその導関数は解のように表示される．このとき，条件 $F_y \neq 0$ は $\dfrac{dy}{dx}$ を表す有理式の分母が 0 でないことと同値である．陰関数の存在が保証されない点は $x - 2y = 0$ (と $x^2 - 2xy + 2y^2 = 5$) をみたす点，すなわち $(x,y) = \left(\pm\sqrt{10}, \pm\dfrac{\sqrt{10}}{2}\right)$ である．これらの点以外では，陰関数が存在し，その導関数が解答のように表されるのである．

5.6　2変数関数の極大，極小

この節では，2変数関数の極大，極小について解説する．

---

[10] 言い換えると，点 A の近くで曲線 $F(x,y) = 0$ と $y = f(x)$ のグラフとが一致する．

1 変数関数 $y = f(x)$ の極大値や極小値は，$f'(x) = 0$ となる x を求めてから増減表を調べることによって求めることができた．ほかに第 2 次導関数 $f''(x)$ の符号を調べることによっても求めることができる．2 変数関数 $f(x, y)$ のときは，x と y の 2 方向があるので増減表を考えることができない．したがって，第 2 次偏導関数が重要なポイントになる．

2 変数関数の極大，極小

極大・極小

関数 $f(x, y)$ の点 $A(a, b)$ における値が，点 A の近くの A 以外の任意の点 $P(x, y)$ における値よりも大きいとき，すなわち $f(a, b) > f(x, y)$ のとき，$f(x, y)$ は点 (a, b) において**極大値** $f(a, b)$ をもつという．逆に，$f(a, b) < f(x, y)$ が，点 A の近くの A 以外の任意の点 $P(x, y)$ に対して成り立つとき，$f(x, y)$ は**極小値** $f(a, b)$ をもつという．$f(x, y)$ が極大値または極小値をもつとき，**極値**をもつという．

図 5.3 の (a) の関数は $(0, 0)$ で極小値 0 をもち，(b) の関数は $(0, 0)$ で極大値 1 をもっている．

1 変数関数 $f(x)$ が $x = a$ において極値をもつとき，$f'(a) = 0$ であることが必要であった．2 変数関数 $f(x, y)$ が $(x, y) = (a, b)$ において極値をもつとき，曲面 $z = f(x, y)$ の $(x, y) = (a, b)$ における接平面が水平，すなわち xy 平面に平行でなければならない．このことより次の必要条件が得られる．

定理 5.11 関数 $f(x, y)$ が点 (a, b) において極値をもつとき
$$f_x(a, b) = 0 \quad \text{かつ} \quad f_y(a, b) = 0 \tag{5.27}$$
が成り立つ．

注意 定理 5.11 の対偶を考えると，$f_x(a, b), f_y(a, b)$ のうち少なくとも 1 つが 0 でなければ，曲面 $z = f(x, y)$ が点 $(a, b, f(a, b))$ において，x 軸方向あるいは y 軸方向に傾いていることになり，$f(a, b)$ が極値となりえないことをいっている．

(5.27) が成り立つような点 (a, b) を関数 $f(x, y)$ の**停留点**という．1 変数関数のときもそうであったように，点 (a, b) が (5.27) をみたしていても $f(a, b)$

が極値になるとは限らない．1 変数関数が極値をもつかどうかを判定するのに $f''(a)$ の符号が重要であった．2 変数関数 $f(x,y)$ に対して，

$$\Delta(x,y) = f_{xx}(x,y)f_{yy}(x,y) - f_{xy}(x,y)^2 \tag{5.28}$$

とおくとき，次の定理が成り立つ．

> **定理 5.12** 関数 $f(x,y)$ は点 (a,b) において (5.27) をみたしているとする．このとき
> (1) $\Delta(a,b) > 0$ かつ $f_{xx}(a,b) > 0$ のとき，$f(a,b)$ は極小値である．
> (2) $\Delta(a,b) > 0$ かつ $f_{xx}(a,b) < 0$ のとき，$f(a,b)$ は極大値である．
> (3) $\Delta(a,b) < 0$ のとき，$f(a,b)$ は極値ではない．

注意 $\Delta(a,b) < 0$ のとき，$f(x_1,y_1) < f(a,b) < f(x_2,y_2)$ となるような 2 点 $\mathrm{P}(x_1,y_1)$, $\mathrm{Q}(x_2,y_2)$ が，点 $\mathrm{A}(a,b)$ のいくらでも近くに存在する．実際，曲面 $z = f(x,y)$ 上の点 $(a,b,f(a,b))$ は図 5.11 のような点で，これを**鞍点**という．図 5.3 の (c) も $(0,0,0)$ が鞍点となっている．

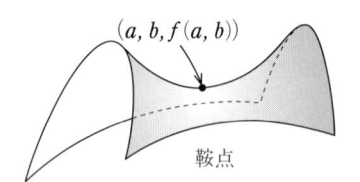

図 5.11 鞍点：$f_x(a,b) = f_y(a,b) = 0$, $\Delta(a,b) < 0$

注意 $\Delta(a,b) = 0$ のときは，$f(a,b)$ が極値であるかどうかは第 2 次偏導関数の値だけからは判定できない[11]．

> **例題 5.18** $f(x,y) = x^3 + y^3 - 6xy$ の極値を求めよ．

解答 定理 5.11 と定理 5.12 に従って 2 段階に分けて考える．
[第 1 段階] $f_x = 3x^2 - 6y$, $f_y = 3y^2 - 6x$ より $f_x = f_y = 0$ となる (x,y) を求める．連立方程式 $\begin{cases} x^2 - 2y = 0 \\ y^2 - 2x = 0 \end{cases}$ を解いて，$(x,y) = (0,0), (2,2)$ を得る．

---

[11] $\Delta(a,b) = 0$ となった場合は，本書の学習範囲では，「判定できない」とひとまず結論しておけばよい．

[第 2 段階]　$f_{xx} = 6x$, $f_{xy} = -6$, $f_{yy} = 6y$ より (5.28) を計算すると
$$\Delta(x,y) = f_{xx} \cdot f_{yy} - f_{xy}^2 = 36xy - 36.$$

1) $(x,y) = (0,0)$ のとき，$\Delta(0,0) = -36 < 0$ であるから，$f(0,0)$ は極値ではない．
2) $(x,y) = (2,2)$ のとき，$\Delta(2,2) = 108 > 0$ である．さらに，$f_{xx}(2,2) = 12 > 0$ であるから極小となり，極小値は $f(2,2) = -8$ である．

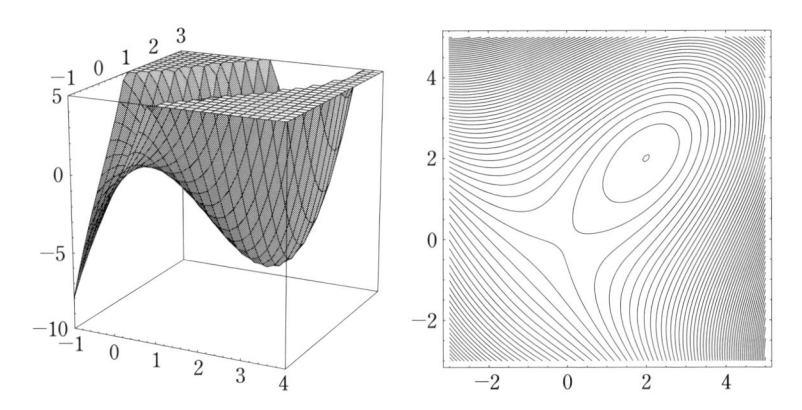

図 5.12　$z = x^3 + y^3 - 6xy$ のグラフと等高線の図

問 5.22　次の関数 $f(x,y)$ の極値を求めよ．
(1) $f(x,y) = x^2 + y^2 + xy - 4x - 5y$
(2) $f(x,y) = 3x^2 - y^2 - x^3$
(3) $f(x,y) = x^3 + x^2 y + y^2 + 2y$
(4) $f(x,y) = 3xy - x^3 - y^3$
(5) $f(x,y) = x^4 + y^4 - 2x^2 - 2y^2$
(6) $f(x,y) = xy + \dfrac{8}{x} + \dfrac{8}{y}$

■**条件付き極値問題**[A]　定理 5.11 と定理 5.12 は，変数 (x,y) が自由に変化するとき，関数 $f(x,y)$ が極値をもつための条件を与えるものである．ここでは，たとえば辺の長さがそれぞれ x, y の長方形において，周の長さ $2(x+y)$ が一定のとき，面積 xy を最大にするような問題を考える．一般に，変数 (x,y) がある束縛条件 $\varphi(x,y) = 0$ のもとで変化するときに関数 $f(x,y)$ の極値を求める問題を**条件付き極値問題**という．この問題を図形的に説明しよう．図 5.13 は xy 平面において，関数 $f(x,y)$ の等高線すなわち $f(x,y) = $ 一定 であるような曲線を表し，太い線は曲線 $\varphi(x,y) = 0$ を表している．地形図を想定すればわかるように，点 B は $f(x,y)$ が極大または極小となる点である．たとえ

点 B は地形のピーク (極大) を与える点としよう. この $f(x,y)$ で表される地形を曲線 $\varphi(x,y) = 0$ に沿って進むとき, 点 $A(a,b)$ はルート上のピークとなる. このとき, 図からもわかるように, 曲線 $f(x,y) = $ 一定 と曲線 $\varphi(x,y) = 0$ は接することになる. すなわち, (5.21) より 2 つの法線ベクトル $\begin{pmatrix} f_x(a,b) \\ f_y(a,b) \end{pmatrix}$ と $\begin{pmatrix} \varphi_x(a,b) \\ \varphi_y(a,b) \end{pmatrix}$ は平行となる. このことより次のことが成り立つ.

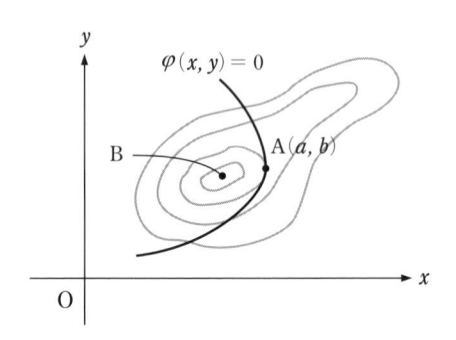

図 5.13 条件付き極値

定理 5.13[A] 条件 $\varphi(x,y) = 0$ のもとで, 関数 $f(x,y)$ の極値を与えるような点 $(x,y) = (a,b)$ は, 次の連立方程式をみたす.

$$\begin{cases} \varphi(x,y) = 0 \\ f_x(x,y)\varphi_y(x,y) - f_y(x,y)\varphi_x(x,y) = 0 \end{cases} \quad (5.29)$$

(5.29) をみたすような点 (x,y) は極値をとる**可能性のある**点を与えるだけで, 実際に極大となるか極小となるかは, 別の判定をしなければならない (詳細は省略する). また,「$\varphi(x,y) = 0$ が有界な閉集合になるとき, 連続関数 $f(x,y)$ は必ず最大値および最小値をもつ」ことが知られているので, 極値をとる候補の点の中から最大値, 最小値をとる点を見つけることができる (次の例題 5.19 参照).

注意 1[A]　(5.29) において, 第 1 の式は当然の条件である. 第 2 の式は, 2 つ

のベクトル $\begin{pmatrix} f_x \\ f_y \end{pmatrix}, \begin{pmatrix} \varphi_x \\ \varphi_y \end{pmatrix}$ が平行であることを意味している．

注意 2[A] 点 (a,b) が曲線 $\varphi(x,y) = 0$ の特異点でないとき，すなわち $(\varphi_x(a,b), \varphi_y(a,b)) \neq (0,0)$ のとき，(5.29) の第 2 の条件は，

ある λ があって $f_x(a,b) = \lambda \varphi_x(a,b), f_y(a,b) = \lambda \varphi_y(a,b)$ となる

と同値である．したがって，$F(x,y,\lambda) = f(x,y) - \lambda \varphi(x,y)$ とおくと，(5.29) は 3 変数 (x,y,λ) の関数として $F(x,y,\lambda)$ の停留点，すなわち $F_x = F_y = F_\lambda = 0$ となる点を求めることになる．この λ のことを**ラグランジュの乗数**という．

注意 3[A] 束縛条件 $\varphi(x,y) = 0$ が，パラメータ t を使って $x = x(t), y = y(t)$ と表せるときは，1 変数の関数 $f(x(t), y(t))$ の極値を求めることに帰着される．

例題 5.19[A] 条件 $4x^2 + y^2 = 4$ のもとで，関数 $f(x,y) = 12x^2 + 16xy - 3y^2$ の最大値および最小値を求めよ．

解答 最大，最小となるところでは極値をとっているので，まず候補となる点を求める．$\varphi(x,y) = 4x^2 + y^2 - 4$ とおく．$f_x = 24x + 16y, f_y = 16x - 6y, \varphi_x = 8x, \varphi_y = 2y$ であるから，(5.29) は

$$\begin{cases} 4x^2 + y^2 - 4 = 0 & \cdots (1) \\ (24x + 16y) \cdot 2y - (16x - 6y) \cdot 8x = 0 & \cdots (2) \end{cases}$$

(2) を整理すると，$4x^2 - 3xy - y^2 = 0$，すなわち $(x-y)(4x+y) = 0$ となる．$x - y = 0$ のとき，$y = x$ を (1) に代入して $(x,y) = \left(\pm \dfrac{2}{\sqrt{5}}, \pm \dfrac{2}{\sqrt{5}}\right)$ (複号同順) である．$4x + y = 0$ のとき，$y = -4x$ を (1) に代入して $(x,y) = \left(\pm \dfrac{1}{\sqrt{5}}, \mp \dfrac{4}{\sqrt{5}}\right)$ (複号同順) となる．
$f\left(\pm \dfrac{2}{\sqrt{5}}, \pm \dfrac{2}{\sqrt{5}}\right) = 20, f\left(\pm \dfrac{1}{\sqrt{5}}, \mp \dfrac{4}{\sqrt{5}}\right) = -20$ より $(x,y) = \left(\pm \dfrac{2}{\sqrt{5}}, \pm \dfrac{2}{\sqrt{5}}\right)$ において最大値 20，$(x,y) = \left(\pm \dfrac{1}{\sqrt{5}}, \mp \dfrac{4}{\sqrt{5}}\right)$ において最小値 -20 をとることがわかる．

問 5.23[A] 次の指定された条件のもとで，関数 $f(x,y)$ の最大値および最小値を求めよ (最大値，最小値の存在は p.164 で述べたことにより保証されている)．
(1) 条件 $x^2 + y^2 = 1$ のもとで，$f(x,y) = x^2 + 3y^2$
(2) 条件 $x^2 + y^2 = 1$ のもとで，$f(x,y) = x^3 + y^3$
(3) 条件 $x^2 + 4y^2 = 1$ のもとで，$f(x,y) = xy$

(4) 条件 $x^2 - 2xy + 3y^2 = 6$ のもとで，$f(x,y) = x^2 + 2y^2$

5.7 定理の証明[A]

この節では，定理の証明を与える．

定理 5.2 の証明 $F = f(x+h, y+h) - f(x+h, y) - f(x, y+h) + f(x,y)$ に対して 2 通りに平均値の定理を適用してから，$h \to 0$ とすることによって証明する．まず，y, h を固定して $\varphi(x) = f(x, y+h) - f(x,y)$ とおくと，$F = \varphi(x+h) - \varphi(x)$ となり，平均値の定理を用いると

$$F = h\varphi'(x + \theta_1 h) \quad (0 < \theta_1 < 1)$$
$$= h\{f_x(x + \theta_1 h, y+h) - f_x(x + \theta_1 h, y)\}$$

ここで x, h を固定して $\varphi_1(y) = f_x(x + \theta_1 h, y)$ とおくと，平均値の定理により

$$\varphi_1(y+h) - \varphi_1(y) = h\varphi_1'(y + \theta_2 h) = f_{xy}(x + \theta_1 h, y + \theta_2 h) \quad (0 < \theta_2 < 1)$$

したがって，

$$F = h^2 f_{xy}(x + \theta_1 h, y + \theta_2 h)$$

次に，x, h を固定して $\psi(x) = f(x+h, y) - f(x, y)$ とおくと，$F = \psi(y+h) - \psi(y)$ となり，上と同様にして，

$$F = h\psi'(y + \theta_3 h) \quad (0 < \theta_3 < 1)$$
$$= h\{f_y(x+h, y + \theta_3 h) - f_y(x, y + \theta_3 h)\}$$
$$= h^2 f_{yx}(x + \theta_4 h, y + \theta_3 h) \quad (0 < \theta_4 < 1)$$

ここで，f_{xy}, f_{yx} はともに連続であるから，$\dfrac{F}{h^2}$ において $h \to 0$ とすれば (5.1) が成り立つ． ∎

定理 5.3 の証明 $x = g(t), y = h(t)$ に対して，$\Delta x = g(t + \Delta t) - g(t)$，$\Delta y = h(t + \Delta t) - h(t)$ とおく．さらに合成関数の意味で，$\Delta z = z(t + \Delta t) - z(t)$ とすると，

$$\Delta z = f(x + \Delta x, y + \Delta y) - f(x, y)$$
$$= \{f(x + \Delta x, y + \Delta y) - f(x, y + \Delta y)\} + \{f(x, y + \Delta y) - f(x, y)\}$$

である．ここで平均値の定理を用いると

$$\Delta z = f_x(x + \theta_1 \Delta x, y + \Delta y) \cdot \Delta x + f_y(x, y + \theta_2 \Delta y) \cdot \Delta y \quad (0 < \theta_1, \theta_2 < 1)$$

となる．ところで $\Delta t \to 0$ のとき
$$\Delta x = g(t + \Delta t) - g(t) \to 0, \qquad \Delta y = h(t + \Delta t) - h(t) \to 0$$
となる．さらに，このとき
$$\frac{\Delta x}{\Delta t} = \frac{g(t + \Delta t) - g(t)}{\Delta t} \to g'(t), \quad \frac{\Delta y}{\Delta t} = \frac{h(t + \Delta t) - h(t)}{\Delta t} \to h'(t)$$
となる．したがって，f_x と f_y の連続性より
$$\lim_{\Delta t \to 0} \frac{\Delta z}{\Delta t} = \lim_{\Delta t \to 0} \left\{ f_x(x + \theta_1 \Delta x, y + \Delta y) \cdot \frac{\Delta x}{\Delta t} + f_y(x, y + \theta_2 \Delta y) \cdot \frac{\Delta y}{\Delta t} \right\}$$
$$= f_x(x, y) \cdot g'(t) + f_y(x, y) \cdot h'(t). \qquad \blacksquare$$

定理 5.5 の証明　$f(x, y)$ に対して，新たな変数 t を導入して $F(t) = f(a + ht, b + kt)$ とおく．この $F(t)$ に対してマクローリン展開の公式 (3.16), (3.17) を適用すると，
$$\begin{aligned}F(t) &= F(0) + F'(0)t + \frac{1}{2!}F''(0)t^2 + \cdots + \frac{1}{n!}F^{(n)}(0)t^n \\ &\quad + \frac{1}{(n+1)!}F^{(n+1)}(\theta t)t^{n+1} \qquad (0 < \theta < 1)\end{aligned} \tag{5.30}$$
ここで微分作用素 $D = h\dfrac{\partial}{\partial x} + k\dfrac{\partial}{\partial y}$ を用いると，(5.3) より
$$F'(t) = hf_x(a + ht, b + kt) + kf_y(a + ht, b + kt) = (Df)(a + ht, b + kt)$$
すなわち，"$F(t)$ を t で微分する" ことと "$f(x, y)$ に対して $(Df)(x, y)$ を求めて，$(x, y) = (a + ht, b + kt)$ を代入する" こととは同じである．以下，$m = 1, 2, \ldots$ について
$$F^{(m)}(t) = (D^m f)(a + ht, b + kt)$$
が成り立つ．したがって，(5.30) において $t = 1$ とおくと (5.8) が得られる．　$\blacksquare$

定理 5.7 の証明　$x = a + \Delta x$, $y = b + \Delta y$ として (5.13) を適用する．まず剰余項 R_2 を無視すると，近似式 (5.18) が得られる．次に R_2 を具体的に書くと，(5.8) の R_{n+1} の式より
$$R_2 = \frac{1}{2!}\{f_{xx}(\xi, \eta)(x - a)^2 + 2f_{xy}(\xi, \eta)(x - a)(y - b) + f_{yy}(\xi, \eta)(y - b)^2\}$$
となる．ただし，(ξ, η) は点 (a, b) と点 (x, y) を結ぶ線分上の点である．したがって
$$|R| = |R_2| \leq \frac{M}{2!}(|x - a|^2 + 2|x - a||y - b| + |y - b|^2) = \frac{M}{2}(|\Delta x| + |\Delta y|)^2. \quad \blacksquare$$

定理 5.10 の証明　ここでは証明の考え方についてのみ説明する．xyz 空間において曲面 $z = F(x, y)$ を考える．このとき関係式 $F(x, y) = 0$ は，この曲面が xy 平面によって切り取られてできる曲線を表す (図 5.14 左図)．いま，仮に $F_y(a, b) > 0$ とする．このとき x の値を a に固定した y の関数 $z = F(a, y)$ は単調増加であるから，$b_1 < b < b_2$ に対して $F(a, b_1) < 0 < F(a, b_2)$ となっている (図 5.14 右図)．この状況は，連続性により，$x = a$ の近くの x についても成り立っている．すなわち，x を固定するごとに，$y_1 < y_2$ なる y_1, y_2 があって $F(x, y_1) < 0 < F(x, y_2)$ となっていて，$F(x, y)$ は y について単調増加である．これより $F(x, y) = 0$ となる $y = y(x)$ が y_1 と y_2 の間にただ 1 つ存在する．

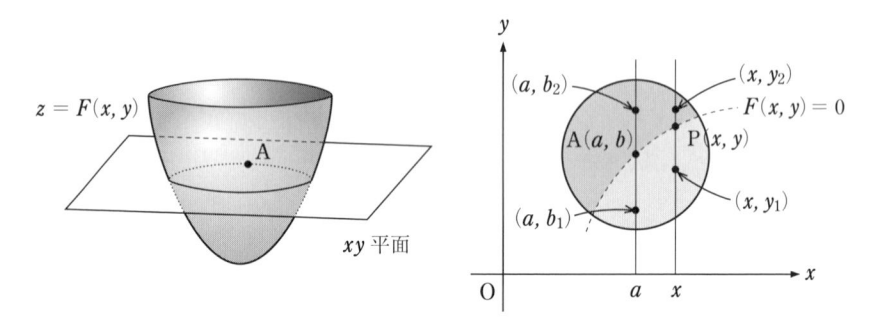

図 5.14　定理 5.10 の証明

陰関数 $y = y(x)$ が微分可能なことを導くには，定理 5.7 の近似式 (5.18) とそのときの誤差の評価 (5.19) を利用する (詳細は省略する)．　∎

定理 5.12 の証明　関数 $f(x, y)$ に対して，点 $\mathrm{A}(a, b)$ におけるテイラーの定理を用いると，(5.27) を考慮すれば，(5.9) により，$h = x - a = r \cos\theta, k = y - b = r \sin\theta$ として，

$$f(a + r\cos\theta, b + r\sin\theta) - f(a, b)$$
$$= \frac{1}{2}r^2 \{f_{xx}(a, b)\cos^2\theta + 2f_{xy}(a, b)\cos\theta\sin\theta + f_{yy}(a, b)\sin^2\theta\} + R_3$$

となる．$\max_\theta \dfrac{|R_3|}{r^2} \to 0 \ (r \to 0)$ である．左辺を H，右辺の $\{\ \}$ 内を $F(\theta)$ とおき，$A = f_{xx}(a, b), B = f_{xy}(a, b), C = f_{yy}(a, b)$ とおくと，

$$H = \frac{1}{2}r^2 \left\{ F(\theta) + \frac{2R_3}{r^2} \right\},$$

$$F(\theta) = A\cos^2\theta + 2B\sin\theta\cos\theta + C\sin^2\theta$$

となっている．したがって，$F(\theta) \neq 0$ なる θ については，十分小さな $r > 0$ に対して，H の符号は $F(\theta)$ の符号で決まる．

さて，$\Delta(a,b) = AC - B^2 > 0$ のときは，$A \neq 0$ であり，

$$\frac{F(\theta)}{A} = \left(\cos\theta + \frac{B}{A}\sin\theta\right)^2 + \frac{AC - B^2}{A^2}\sin^2\theta > 0$$

となるので，$\min_\theta \dfrac{F(\theta)}{A} > 0$ となり，(1), (2) が成り立つ．

$\Delta(a,b) < 0$ のときは，$F(\theta)$ が $(\alpha\cos\theta + \beta\sin\theta)(\gamma\cos\theta + \delta\sin\theta)$ $((\alpha,\beta),(\gamma,\delta)$ は平行ではない) の形に因数分解できるので，方向 θ によって $F(\theta)$ は正となったり負となったりする．したがって，どんな小さな $r > 0$ をとっても，H は負になったり，正になったりしうる．これより (3) がいえる． ∎

◆◆練習問題 5 ◆◆

A-1.[A] 次の極限値を求めよ．

(1) $\displaystyle\lim_{(x,y)\to(1,2)} x^2 y$ (2) $\displaystyle\lim_{(x,y)\to(1,0)} x\cos y$

(3) $\displaystyle\lim_{(x,y)\to(0,0)} \frac{x^3}{x^2+y^2}$ (4) $\displaystyle\lim_{(x,y)\to(0,0)} \frac{x^2-y^2}{x^2+y^2}$

(5) $\displaystyle\lim_{(x,y)\to(0,0)} xy\log(x^2+y^2)$ (6) $\displaystyle\lim_{(x,y)\to(0,0)} x\sin\frac{1}{\sqrt{x^2+y^2}}$

A-2.[A] 次の関数の連続性を調べよ．

(1) $f(x,y) = \begin{cases} \dfrac{x+x^3}{x^2+y^2}, & (x,y) \neq (0,0) \\ 0, & (x,y) = (0,0) \end{cases}$

(2) $f(x,y) = \begin{cases} \dfrac{\sin(x^2+y^2)}{x^2+y^2}, & (x,y) \neq (0,0) \\ 1, & (x,y) = (0,0) \end{cases}$

(3) $f(x,y) = \dfrac{xy}{x^2+y^2+1}$

(4) $f(x,y) = \begin{cases} \dfrac{x^2 y}{x^4+y^2}, & (x,y) \neq (0,0) \\ 1, & (x,y) = (0,0) \end{cases}$

A-3. 次の関数の偏導関数を求めよ．

(1) $f(x,y) = e^x(\cos y - \sin y)$ (2) $z = \sin^{-1}\dfrac{x}{y}$ $(y > 0)$

(3) $f(x,y) = \dfrac{xy}{x^2+y^2}$ (4) $z = \dfrac{x}{\sqrt{1+x^2+y^2}}$

(5) $f(x,y) = \dfrac{ax+by}{cx+dy}$ (6)[A] $z = x^2 \tan^{-1}\dfrac{y}{x} - y^2 \tan^{-1}\dfrac{x}{y}$

(7)[A] $f(x,y,z) = \dfrac{1}{\sqrt{1+x^2+y^2+z^2}}$ (8)[A] $u = \log(x^3+y^3+z^3-3xyz)$

A-4. 次の関数の第 2 次偏導関数を求めよ.

(1) $f(x,y) = \cos(3x-2y)$ (2) $f(x,y) = x^3+3xy+y^3$

(3) $z = \sin(x+y) - \sin xy$ (4) $z = \dfrac{1}{\sqrt{x-y}}$

(5) $f(x,y) = (x+y)e^{xy}$ (6) $f(x,y) = \dfrac{xy}{\sqrt{x^2+y^2}}$

(7)[A] $u = x^3 y^2 z$ (8)[A] $u = \dfrac{1}{\sqrt{x^2+y^2+z^2}}$

A-5. $f(x,y)$ に対して,$\Delta f = \dfrac{\partial^2 f}{\partial x^2} + \dfrac{\partial^2 f}{\partial y^2}$ とするとき,次の関数 $f(x,y)$ について Δf を求めよ.

(1) $f(x,y) = \log(x^2+y^2)$ (2) $f(x,y) = x^3+y^3-3xy(x+y)$

(3) $f(x,y) = \tan^{-1}\dfrac{y}{x}$ (4) $f(x,y) = e^{ax}\sin by$ (a,b は定数)

A-6. 次の関数を ( ) で指示された項までマクローリン展開せよ.ただし,剰余項は R_3 または R_4 とのみ書いておけばよい.

(1) $f(x,y) = e^y \cos x$ (2 次の項まで)
(2) $f(x,y) = e^x \log(1+y)$ (2 次の項まで)
(3) $f(x,y) = \sqrt{1-x+y^2}$ (2 次の項まで)
(4) $f(x,y) = (1-x^2-2y)^5$ (2 次の項まで)
(5)[A] $f(x,y) = \log(1-2x+y)$ (3 次の項まで)
(6)[A] $f(x,y) = \sqrt{1-x+2y}$ (3 次の項まで)
(7)[A] $f(x,y) = (1+x)\sin(x+2y)$ (3 次の項まで)

B-1.[A] 次の関数 $f(x,y)$ について,$f_x(0,0)$ および $f_y(0,0)$ は存在するが原点 $(0,0)$ で連続でないことを示せ.

$$f(x,y) = \begin{cases} \dfrac{xy+y^4}{x^2+y^2}, & (x,y) \neq (0,0) \\ 0, & (x,y) = (0,0) \end{cases}$$

B-2.[A] 次の関数 $f(x,y)$ について，$f_{xy}(0,0) \neq f_{yx}(0,0)$ となることを示せ．
$$f(x,y) = \begin{cases} xy\dfrac{x^2-y^2}{x^2+y^2}, & (x,y) \neq (0,0) \\ 0, & (x,y) = (0,0) \end{cases}$$

B-3. $u = (x-y)(y-z)(z-x)$ に対して，次の計算をせよ．

(1) $\dfrac{\partial u}{\partial x} + \dfrac{\partial u}{\partial y} + \dfrac{\partial u}{\partial z}$ 　　(2) $x\dfrac{\partial u}{\partial x} + y\dfrac{\partial u}{\partial y} + z\dfrac{\partial u}{\partial z}$

(3) $\Delta u = \dfrac{\partial^2 u}{\partial x^2} + \dfrac{\partial^2 u}{\partial y^2} + \dfrac{\partial^2 u}{\partial z^2}$

B-4.[A] x, y の関数 $z = f(x,y)$ が変数変換 $\begin{cases} x = r\cos\theta \\ y = r\sin\theta \end{cases}$ によって，r, θ の関数 $z = f(r\cos\theta, r\sin\theta)$ となるとき，次の関係式が成り立つことを示せ．

(1) $\begin{cases} \dfrac{\partial z}{\partial x} = \cos\theta \dfrac{\partial z}{\partial r} - \dfrac{\sin\theta}{r} \dfrac{\partial z}{\partial \theta} \\ \dfrac{\partial z}{\partial y} = \sin\theta \dfrac{\partial z}{\partial r} + \dfrac{\cos\theta}{r} \dfrac{\partial z}{\partial \theta} \end{cases}$

(2) $z_{xx} + z_{yy} = z_{rr} + \dfrac{1}{r}z_r + \dfrac{1}{r^2}z_{\theta\theta}$

B-5.[A] x, y の関数 $z = f(x,y)$ が変数変換 $\begin{cases} x = e^u\cos v \\ y = e^u\sin v \end{cases}$ によって，u, v の関数 $z = f(e^u\cos v, e^u\sin v)$ となるとき，次の関係式が成り立つことを示せ．

$(x^2+y^2)(z_{xx}+z_{yy}) = z_{uu} + z_{vv}$

B-6.[A] x, y の関数 $z = f(x,y)$ が変数変換 $\begin{cases} x = \dfrac{u}{u^2+v^2} \\ y = \dfrac{v}{u^2+v^2} \end{cases}$ によって，u, v の関数 $z = f\left(\dfrac{u}{u^2+v^2}, \dfrac{v}{u^2+v^2}\right)$ となるとき，次の関係式が成り立つことを示せ．

$(x^2+y^2)(z_{xx}+z_{yy}) = (u^2+v^2)(z_{uu}+z_{vv})$

B-7.[A] u, v の関数 $z = f(u,v)$ に対して，$\begin{cases} u = x+at \\ v = y+bt \end{cases}$ とおいて得られる x, y, t の関数 $z = f(x+at, y+bt)$ は関係式 $\dfrac{\partial z}{\partial t} = a\dfrac{\partial z}{\partial x} + b\dfrac{\partial z}{\partial y}$ をみたすことを示せ．

B-8.[A] n を整数とする．関数 $z = f(x,y)$ が任意の x, y, λ について $f(\lambda x, \lambda y) = \lambda^n f(x,y)$ をみたすとき，n 次の同次関数という．$f(x,y)$ が n 次の同次関数のとき，関係式 $xf_x(x,y) + yf_y(x,y) = nf(x,y)$ が成り立つことを示せ．

B-9.[A] 長さ ℓ の振り子の周期が $T = 2\pi\sqrt{\dfrac{\ell}{g}}$ で与えられる．ここに，g は重力加速度である．ℓ, g の微小変化 $\Delta\ell, \Delta g$ に対する T の変化を ΔT とするとき，次の近似式が成り立つことを示せ．
$$\frac{\Delta T}{T} \fallingdotseq \frac{1}{2}\left(\frac{\Delta\ell}{\ell} - \frac{\Delta g}{g}\right)$$

B-10. 曲面 $xyz = k\ (k > 0)$ 上の点 (a, b, c) における接平面の方程式を求めよ．さらに，この接平面と 3 つの座標平面で囲まれた四面体の体積が $\dfrac{9}{2}k$ であることを示せ．

B-11. 曲面 $\sqrt{x} + \sqrt{y} + \sqrt{z} = \sqrt{a}$ 上の点 $(x_0, y_0, z_0)\ (x_0 > 0, y_0 > 0, z_0 > 0)$ における接平面と各座標軸との交点を P, Q, R とするとき，$\mathrm{OP} + \mathrm{OQ} + \mathrm{OR} = a$ となることを示せ．ただし，O は原点を表す．

B-12. 次の関数の極値を求めよ．
(1) $f(x, y) = xy(x^2 + y^2 - 1)$ (2) $f(x, y) = x^4 + y^4 - 2(x - y)^2$
(3) $f(x, y) = \cos^2 x - \sin^2 y$ (4) $f(x, y) = e^{-(x^2+y^2)}(x^2 + 2y^2)$
(5) $f(x, y) = (x^2 + y^2)^2 - 2a^2(x^2 - y^2)\quad (a > 0)$
(6) $f(x, y) = \sin x + \sin y + \cos(x + y)\quad (-\pi < x < \pi, -\pi < y < \pi)$

B-13.[A] 直方体の辺の和が一定であるとき，体積が最大となるのは立方体であることを示せ．

B-14.[A] 楕円 $x^2 + 2y^2 = 2$ と直線 $x + y = 6$ の最短距離を求めよ．

B-15.[A] 半径 a の円に内接する三角形のうちで，面積が最大となるものを求めよ．

B-16.[A] 半径 a の円に外接する三角形のうちで，面積が最小となるものを求めよ．

B-17.[A] 半径 a の球に内接する直方体のうち，体積が最大となるものを求めよ．

B-18.[A] 三角形 ABC において，$\mathrm{BC} = a, \mathrm{CA} = b, \mathrm{AB} = c$ とし，その面積を S とする．この三角形の内部の点 P から辺 BC, CA, AB へ下ろした垂線の長さをそれぞれ x, y, z とするとき，次の問いに答えよ．
(1) 点 P が動くとき，$u = x^2 + y^2 + z^2$ の最小値と，そのときの x, y, z を a, b, c, S を用いて表せ．
(2) 点 P が動くとき，$v = xyz$ の最大値と，そのときの x, y, z を a, b, c, S を用いて表せ．

B-19.[A] 平面上に n 個の点 $\mathrm{A}_k(x_k, y_k)\ (k = 1, 2, \ldots)$ が与えられているとき，この平面上に点 P をとって，和 $\mathrm{PA}_1^2 + \mathrm{PA}_2^2 + \cdots + \mathrm{PA}_n^2$ を最小にしたい．このときの点 P の座標を $x_1, y_1, \ldots, x_n, y_n$ を用いて表せ．

6

重積分

この章では多変数関数の積分を取り扱う．説明は2変数関数の積分，すなわち2重積分を中心にして行い，3重積分についても少しだけ触れることにする．

6.1 2重積分

この節では2重積分の定義とその性質について述べる．厳密には平面図形の面積の定義から始めなければならないが，ここでは図形の面積は存在するものとして，あるいは面積をもつ図形しか考えないという立場で話を進める．立体図形の体積についても同様である．

■**2重積分の定義**■　平面集合 D がある長方形に含まれるとき，D は**有界**であるという．D 内の任意の点 A に対して，A を中心とする十分小さな円板が D に含まれるとき，D を**開集合**という．直観的には境界を含まない集合である．開集合 D 内の任意の2点が D 内の折れ線で結べるとき，D は**連結**であるという．連結な開集合を**領域**といい，領域とその領域の境界を合わせたものを**閉領域**という．粗くいうと，ふちまで込めたつながった平面図形である．

xy 平面上の有界な閉領域 D で定義された2変数関数 $f(x,y)$ を考える．図 6.1 のように，座標軸に平行な直線によって D を分割する．すなわち，y 軸に平行な直線は $x=x_0, x=x_1, \cdots, x=x_n\,(x_0<x_1<\cdots<x_n)$ であり，x 軸に平行な直線は $y=y_0, y=y_1, \cdots, y=y_m\,(y_0<y_1<\cdots<y_m)$ である．これによってできる小長方形 $\Delta_{ij}=\{(x,y)\,|\,x_{i-1}<x<x_i, y_{j-1}<y<y_j\}$ の面積を $m(\Delta_{ij})$ とおく．すなわち，$m(\Delta_{ij})=(x_i-x_{i-1})(y_j-y_{j-1})$ である．さらに，与えられた D と共通部分をもつような Δ_{ij} について，その共通部分から任意の2点 $\mathrm{P}_{ij}, \mathrm{Q}_{ij}$ を選んで，次のような2つのリーマン和を考える．

$$S(\Delta)=\sum f(\mathrm{P}_{ij})m(\Delta_{ij})$$

図6.1 [図]

$$s(\Delta) = \sum f(Q_{ij})m(\Delta_{ij})$$

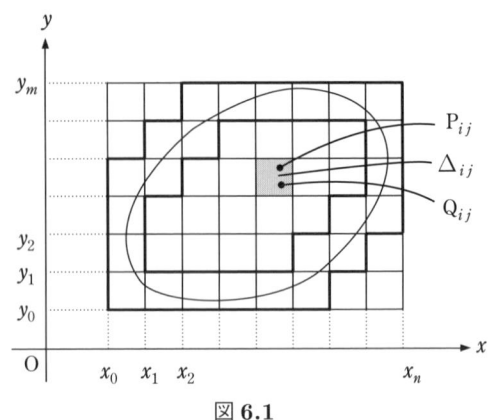

ここで，$S(\Delta)$ における和は，D と Δ_{ij} が共通部分をもつすべての i,j についての和であり，$s(\Delta)$ における和は，Δ_{ij} が D に含まれるすべての i,j についての和である．この小長方形による分割をどんどん細かくしていったときの極限を考えよう．分割 Δ に対して，すべての小長方形の辺の長さの最大値を $d(\Delta)$ とおく．$d(\Delta) \to 0$ としたとき，D の分割の仕方や 2 点 P_{ij}, Q_{ij} の選び方に関係なく，$S(\Delta)$ と $s(\Delta)$ が同じ極限値をもつとき，2 変数関数 $f(x,y)$ は D で**積分可能**であるという．さらに，この極限値を

$$\iint_D f(x,y)\,dxdy$$

で表し，これを関数 $f(x,y)$ の D における **2 重積分**という．直観的には，水平な土地 D の上に，各点の高さが $f(x,y)$ であるような建物の体積を表している ($f(x,y) \geqq 0$ の場合)．定積分 $\int_a^b f(x)\,dx$ と比較すると図 6.2 のようになる．また，定数関数 1 の積分 $\iint_D dxdy$ は D の面積 $m(D)$ になる．

$\iint_D f(x,y)\,dxdy$ を求めることを $f(x,y)$ を D で**積分する**という．

同様にして，3 変数関数 $f(x,y,z)$ に対して，空間の閉領域 Ω における 3 重積分

$$\iiint_\Omega f(x,y,z)\,dxdydz$$

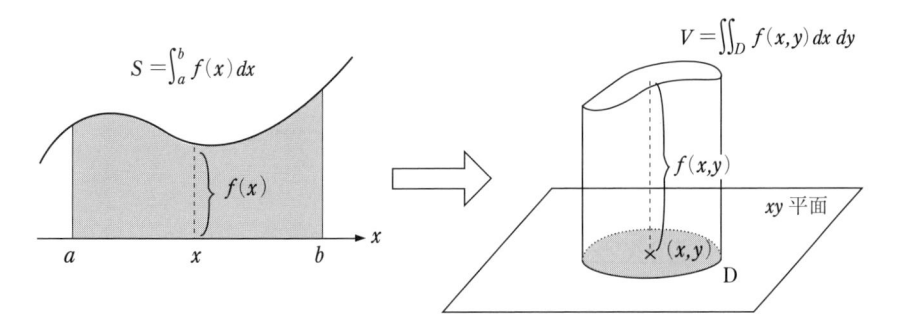

図 **6.2**

が定義される．3 重積分に対しては，2 重積分と同じような直観的イメージは与えにくいが，均一でない物体 Ω の各点ごとの密度[1] $f(x,y,z)$ がわかっているときの総質量と考えることができる．$\iiint_\Omega dxdydz$ は Ω の体積 $m(\Omega)$ である．

注意 1 2 重積分の定義において，$S(\Delta)$ と $s(\Delta)$ の 2 つのリーマン和を考えることには理由がある．すなわち，閉領域 D を小長方形によって外側から埋めつくすものと，内側から埋めつくすものの 2 通りを考えたわけだが，この両者の差は D の境界を小長方形で覆いつくしたことになる．$d(\Delta) \to 0$ としたとき，この境界を覆いつくしている小長方形の面積の和が 0 に近づくことが，D に対して要求されている．このような D のことを面積確定であるという．今後，断りなく，平面や空間の領域や閉領域はこの性質を満足しているものとする．

注意 2 上の 2 重積分の定義では，閉領域 D を座標軸に平行な辺をもつ小長方形に分割したが，図 6.3 のように任意の小閉領域 D_i に分割し，各 D_i において任意に点 P_i を選んでリーマン和

$$\sum_{i=1}^n f(P_i)m(D_i)$$

をつくる．ただし，$m(D_i)$ は小閉領域 D_i の面積

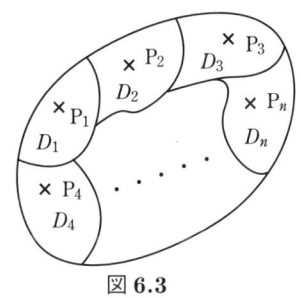

図 **6.3**

---

[1] 点 $P(x,y,z)$ における**密度**とは，点 P を中心として半径 r の小球 $V(r)$ について，$r \to 0$ としたときの $\dfrac{V(r) \cap \Omega \text{の質量}}{V(r) \cap \Omega \text{の体積}}$ の極限のことである．

である．各 D_i の直径[2]を d_i とし，その最大値を d とおく．このとき，$f(x,y)$ が D で積分可能ならば

$$\lim_{d \to 0} \sum_{i=1}^{n} f(\mathrm{P}_i) m(D_i) = \iint_D f(x,y)\,dxdy$$

が成り立つ．

第 4 章の定積分における定理 4.8 と同様に，次のことが成り立つ．

定理 6.1 平面上の有界な閉領域 D で連続な関数 $f(x,y)$ は D において積分可能である．また，空間の中の有界な閉領域 Ω で連続な関数 $f(x,y,z)$ は Ω において積分可能である．

---

2 重積分は，定理 4.9 と同様に，次のような性質をもつ (証明は §6.7)．

定理 6.2 関数 $f(x,y), g(x,y)$ が有界な閉領域 D において連続であるとき，次のことが成り立つ．

(1) $$\iint_D \{f(x,y) \pm g(x,y)\}\,dxdy = \iint_D f(x,y)\,dxdy \pm \iint_D g(x,y)\,dxdy$$

(2) $$\iint_D \{cf(x,y)\}\,dxdy = c\iint_D f(x,y)\,dxdy \quad (c\text{ は定数})$$

(3) D を 2 つの閉領域 D_1 と D_2 に分けたとき[3]
$$\iint_D f(x,y)\,dxdy = \iint_{D_1} f(x,y)\,dxdy + \iint_{D_2} f(x,y)\,dxdy$$

(4) D において，$f(x,y) \leqq g(x,y)$ であるとき
$$\iint_D f(x,y)\,dxdy \leqq \iint_D g(x,y)\,dxdy$$

(5) $$\left|\iint_D f(x,y)\,dxdy\right| \leqq \iint_D |f(x,y)|\,dxdy$$

(6) (**積分の平均値の定理**) D 上の点 (a,b) が存在して
$$\iint_D f(x,y)\,dxdy = f(a,b) \cdot m(D) \quad (m(D)\text{ は }D\text{ の面積})$$

---

[2] 有界な閉領域 D に対して，D 内の 2 点 P, Q が自由に動いたときの P, Q の距離 PQ の最大値を D の**直径**という．

[3] $D = D_1 \cup D_2$ であって，$D_1 \cap D_2$ が D_1, D_2 の境界部分のみからなること．

$\iint_D f(x,y)\,dxdy$ は D の上に立つ高さ $f(x,y)$ の建物の体積であるという直観的イメージを正確に述べると，次のようになる．

> **定理 6.3** 関数 $f(x,y)$ は有界な閉領域 D において連続，かつ $f(x,y) \geqq 0$ とする．xyz 空間において，D を底面として，D の各点 (x,y) に対する高さが $z = f(x,y)$ で与えられる柱状の立体 $\Omega = \{(x,y,z)|\ 0 \leqq z \leqq f(x,y),\ (x,y) \in D\}$ に対して
> $$\Omega \text{ の体積} = \iint_D f(x,y)\,dxdy$$
> が成り立つ．

証明 [A]　図 6.4 のように，リーマン和
$$S(\Delta) = \sum f(P_{i,j}) m(\Delta_{ij})$$
は，底面が長方形 Δ_{ij}，高さが $f(P_{i,j})$ の直方体の体積の和である．$d(\Delta) \to 0$ のとき，この直方体の体積の和は，立体 Ω の体積に近づくから，2 重積分 $\iint_D f(x,y)\,dxdy$ は Ω の体積を表す． ∎

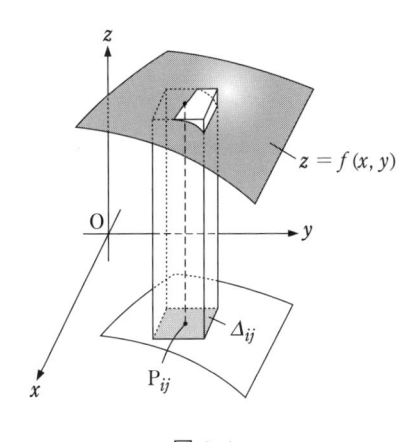

図 **6.4**

6.2　累次積分

この節では 2 重積分の計算の仕方を説明する．結論として，1 変数の定積分を 2 回繰り返すことによって求めることができる．このような積分を**累次積**

分という.

§4.6 において，カバリエリの公式を示した．このカバリエリの公式より，2重積分は1変数関数の定積分の繰り返しによって計算される．

> **定理 6.4** 区間 $[a,b]$ において，関数 $y = g_1(x)$ と $y = g_2(x)$ はともに連続であって，$g_1(x) \leqq g_2(x)$ とする．xy 平面上の閉領域 D が
> $$D = \{(x,y)|\ a \leqq x \leqq b,\ g_1(x) \leqq y \leqq g_2(x)\} \qquad (6.1)$$
> で表されるとき (図 6.5 (a))，D において連続な関数 $f(x,y)$ の 2 重積分について次の式が成り立つ．
> $$\iint_D f(x,y)\,dxdy = \int_a^b \left(\int_{g_1(x)}^{g_2(x)} f(x,y)\,dy \right) dx \qquad (6.2)$$

注意 (6.2) 式の右辺において，( ) の中の積分は，x を固定した (定数とみなした) y についての積分である．

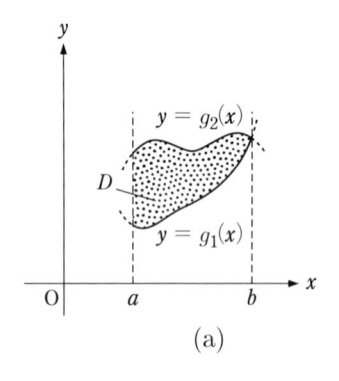

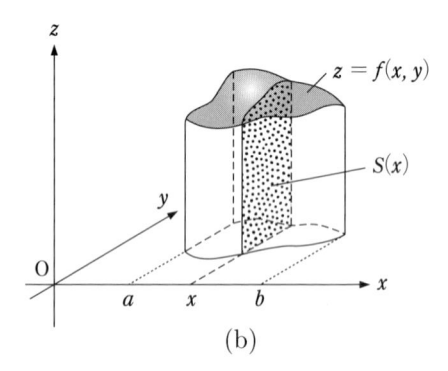

図 6.5

証明 [A] D において $f(x,y) \geqq 0$ の場合について説明する[4]．定理 6.3 より，2 重積分 $\iint_D f(x,y)\,dxdy$ は空間の閉領域 $\Omega = \{(x,y,z)|\ 0 \leqq z \leqq f(x,y),\ (x,y) \in D\}$ の体積である．また，$a \leqq x \leqq b$ の各 x に対して，積分 $\int_{g_1(x)}^{g_2(x)} f(x,y)\,dy$ は Ω の断面積 $S(x)$ であるから (図 6.5 (b))，カバリエリの公式より (6.2) が成り立つ．■

---

[4] 一般の $f(x,y)$ に対しては，適当な正数 M をとり，$f(x,y) + M$ を考えればよい．

例題 6.1 次の 2 重積分の値を求めよ.

(1) $\iint_D xy\, dxdy,\ D = \{(x,y)|\ 0 \leqq x \leqq 1,\ 0 \leqq y \leqq 2\}$

(2) $\iint_D y^2\, dxdy,\ D = \{(x,y)|\ 0 \leqq x \leqq 1,\ -x \leqq y \leqq x\}$

解答
(1) $\iint_D xy\, dxdy = \int_0^1 \left(\int_0^2 xy\, dy\right) dx = \int_0^1 x\left[\frac{1}{2}y^2\right]_0^2 dx$

$= 2\int_0^1 x\, dx = 2\left[\frac{x^2}{2}\right]_0^1 = 1.$ (図 6.6(a))

(2) $\iint_D y^2\, dxdy = \int_0^1 \left(\int_{-x}^x y^2\, dy\right) dx = \int_0^1 \left[\frac{1}{3}y^3\right]_{-x}^x dx$

$= \frac{2}{3}\int_0^1 x^3\, dx = \frac{2}{3}\left[\frac{x^4}{4}\right]_0^1 = \frac{1}{6}.$ (図 6.6(b))

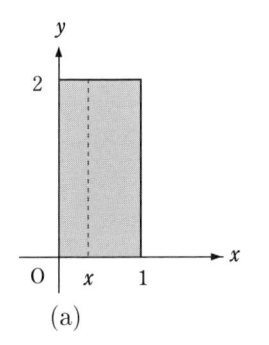

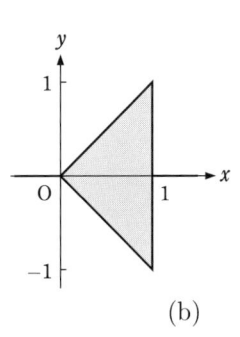

(a)　(b)

図 6.6

注意 上の解答のように，累次積分においては外側の積分(後で行う x についての積分)の積分区間は y に依存しないで一定である．また，内側の積分(先に行う y についての積分)の積分区間が y に依存しないで一定であるのは，D が座標軸に平行な辺をもつ長方形の場合に限られる．

問 6.1 次の 2 重積分の値を求めよ.

(1) $\iint_D xy\, dxdy,\ D = \{(x,y)|\ 1 \leqq x \leqq 2,\ 0 \leqq y \leqq 2\}$

(2) $\iint_D (1+x+2y)\, dxdy,\ D = \{(x,y)|\ 1 \leqq x \leqq 3,\ 0 \leqq y \leqq 2\}$

(3) $\iint_D \sin(x+y)\,dxdy$, $D = \{(x,y)|\ 0 \leqq x \leqq \dfrac{\pi}{2},\ 0 \leqq y \leqq \dfrac{\pi}{2}\}$

(4) $\iint_D x^3 y\,dxdy$, $D = \{(x,y)|\ 0 \leqq x \leqq 1,\ x \leqq y \leqq 1\}$

(5) $\iint_D \sin(x+y)\,dxdy$, $D = \{(x,y)|\ 0 \leqq x \leqq \pi,\ 0 \leqq y \leqq \pi - x\}$

例題 6.2 次に指定された閉領域 D を図示し，その 2 重積分の値を求めよ．
$$\iint_D xy\,dxdy, \quad D\text{ は直線 } y = x \text{ と放物線 } y = x^2 \text{ で囲まれた部分}$$

解答 直線 $y = x$ と放物線 $y = x^2$ の交点は $(0,0)$ と $(1,1)$ であり，D は図 6.7 のようになる．これから，2 重積分の値は

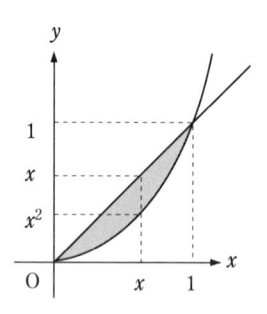

図 6.7

$$\iint_D xy\,dxdy = \int_0^1 \left(\int_{x^2}^x xy\,dy\right)dx = \int_0^1 x\left[\frac{1}{2}y^2\right]_{x^2}^x dx$$
$$= \frac{1}{2}\int_0^1 (x^3 - x^5)\,dx = \frac{1}{2}\left[\frac{x^4}{4} - \frac{x^6}{6}\right]_0^1 = \frac{1}{24}$$

である．

問 6.2 次の各問いの閉領域 D を図示し，2 重積分の値を求めよ．

(1) $\iint_D (x+y)\,dxdy$, $D = \left\{(x,y)|\ \dfrac{x}{3} + \dfrac{y}{2} \leqq 1,\ x \geqq 0,\ y \geqq 0\right\}$

(2) $\iint_D \sqrt{y-x}\,dxdy$, $D = \{(x,y)|\ x+y \leqq 1,\ y \geqq x \geqq 0\}$

(3) $\iint_D \log\dfrac{x}{y}\,dxdy$, $D = \{(x,y)|\ 1 \leqq y \leqq x \leqq e\}$

(4) $\iint_D (x^2 + y^2)\,dxdy$, D は 3 直線 $y = x$, $y = 2x$, $x = 1$ で囲まれた部分

(5) $\iint_D \dfrac{y}{1+x^2}\,dxdy$, D は直線 $y = x$ と放物線 $y^2 = x$ で囲まれた部分

■**積分順序の交換**[A] ■　定理 6.4 において，x と y の立場を逆にして考えると次の定理が得られる．

定理 6.5[A]　y 軸の区間 $[c, d]$ において，関数 $x = h_1(y)$ と $x = h_2(y)$ はともに連続であって $h_1(y) \leqq h_2(y)$ とする．xy 平面上の閉領域 D が

$$D = \{(x,y)\mid h_1(y) \leqq x \leqq h_2(y),\ c \leqq y \leqq d\} \qquad (6.3)$$

で表されるとき，D において連続な関数 $f(x,y)$ の 2 重積分について次の式が成り立つ．

$$\iint_D f(x,y)\,dxdy = \int_c^d \left(\int_{h_1(y)}^{h_2(y)} f(x,y)\,dx\right)dy \qquad (6.4)$$

閉領域 D が (6.1) 式および (6.3) 式の 2 通りに表されるとき，次の等式が成立する．これを**積分順序の交換**という．

$$\int_a^b \left(\int_{g_1(x)}^{g_2(x)} f(x,y)\,dy\right)dx = \int_c^d \left(\int_{h_1(y)}^{h_2(y)} f(x,y)\,dx\right)dy \qquad (6.5)$$

例題 6.3[A]　次の累次積分の積分順序を交換せよ．
$$\int_0^1 \left(\int_0^x f(x,y)\,dy\right)dx$$

解答　積分する閉領域 D は，$0 \leqq x \leqq 1$, $0 \leqq y \leqq x$ によって表される図 6.8 のような図形である．y を固定したときの x の範囲を考えることによって，D は
$$D = \{(x,y)\mid y \leqq x \leqq 1,\ 0 \leqq y \leqq 1\}$$
と表される．したがって，(6.5) より
$$\int_0^1 \left(\int_0^x f(x,y)\,dy\right)dx = \int_0^1 \left(\int_y^1 f(x,y)\,dx\right)dy$$

図 6.8

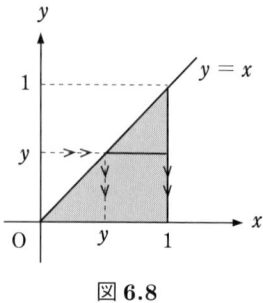

例題 6.4[A]　$D = \{(x,y)|\ 0 \leqq x \leqq 1,\ x \leqq y \leqq 1\}$ とするとき, 2 重積分 $I = \iint_D \dfrac{2}{1+y^2}\,dxdy$ の値を 2 通りの累次積分によって求めよ.

解答　(1) x を固定して, y についての積分から始めると

$$I = \int_0^1 \Big(\int_x^1 \frac{2}{1+y^2}\,dy\Big)dx = \int_0^1 2\Big[\tan^{-1} y\Big]_x^1 dx$$

$$= 2\int_0^1 (\tan^{-1} 1 - \tan^{-1} x)dx.$$

$$\int \tan^{-1} x\,dx = x\tan^{-1} x - \int \frac{x}{1+x^2}\,dx$$

$$= x\tan^{-1} x - \frac{1}{2}\log(1+x^2) + C$$

より, $I = 2\Big[(\tan^{-1} 1)x - x\tan^{-1} x + \dfrac{1}{2}\log(1+x^2)\Big]_0^1 = \log 2.$

(2) 閉領域 D は $D = \{(x,y)|\ 0 \leqq x \leqq y,\ 0 \leqq y \leqq 1\}$ とも表すことが可能であるから, y を固定して, x についての積分から始めると

$$I = \int_0^1 \Big(\int_0^y \frac{2}{1+y^2}\,dx\Big)dy = \int_0^1 \frac{2}{1+y^2}\Big[x\Big]_0^y dy$$

$$= \int_0^1 \frac{2y}{1+y^2}\,dy = \Big[\log(1+y^2)\Big]_0^1 = \log 2.$$　∎

注意　上の例題からわかるように, 閉領域 D と関数 $f(x,y)$ に応じて積分の順序を工夫することによって, 計算が簡単になることがある.

問 **6.3**[A]　次の累次積分の積分順序を交換せよ．

(1) $\int_0^1 \left(\int_{x^2}^x f(x,y)\,dy \right) dx$　　(2) $\int_0^1 \left(\int_x^{\sqrt{x}} f(x,y)\,dy \right) dx$

(3) $\int_0^2 \left(\int_{y^2}^{2y} f(x,y)\,dx \right) dy$　　(4) $\int_0^1 \left(\int_x^{2x} f(x,y)\,dy \right) dx$

問 **6.4**[A]　次の 2 重積分の値を求めよ．

(1) $\int_0^1 \left(\int_x^1 \sqrt{1-y^2}\,dy \right) dx$　　(2) $\int_0^{\frac{\pi}{2}} \left(\int_0^x \sin x \sin^3 y\,dy \right) dx$

6.3　積分変数の変換

　この節では 1 変数関数の置換積分 (定理 4.13) にあたる 2 重積分における変数変換について解説する．このとき，変数変換のヤコビアンとよばれる量が重要な役割を果たす．計算においては，1 次変換と極座標への変換が重要である．

■**1 次変換**[A]■　変数 x, y がそれぞれ u, v の 1 次式で表される変換，すなわち 1 次変換

$$\begin{cases} x = au + bv \\ y = cu + dv \end{cases} \tag{6.6}$$

を考える．これは uv 平面から xy 平面への 1 次変換で，これを T で表して，点 $Q(u,v)$ が点 $P(x,y)$ に写されるとき，$P = T(Q)$ と書くことにする．行列 $\begin{pmatrix} a & b \\ c & d \end{pmatrix}$ の行列式を J とおくと，$J = \begin{vmatrix} a & b \\ c & d \end{vmatrix} = ad - bc$ である．$J \neq 0$ のとき (6.6) を**正則な 1 次変換**という．このとき xy 平面上の点 P と uv 平面上の点 Q は 1 対 1 に対応する．1 次変換 (6.6) が与えられたとき，xy 平面上の閉領域 D における連続関数 $f(x,y)$ の 2 重積分は，uv 平面上の閉領域 E における 2 重積分になる．このとき次の定理が成り立つ．

定理 6.6[A]　正則な 1 次変換 (6.6) によって，uv 平面上の閉領域 E が xy 平面上の閉領域 D に写されるとき，D において連続な関数 $f(x,y)$ に対して次の式が成り立つ．

$$\iint_D f(x,y)\,dxdy = \iint_E f(au+bv, cu+dv)|J|\,dudv \qquad (6.7)$$

ここに，$|J|$ は行列式 J の絶対値を表す[5]．

この定理は，次で述べる定理 6.7 の特別な場合だが，定理 6.7 の証明のキーとなる定理である．

■**一般の変数変換と極座標変換**■　一般の積分変数の変換に対しては次の定理が成り立つ．

定理 6.7　C^1 級の関数 $x = g(u,v)$, $y = h(u,v)$ によって，uv 平面の有界な閉領域 E が xy 平面の閉領域 D に 1 対 1 に写されるものとする．さらに，E において

$$J(u,v) = \begin{vmatrix} g_u(u,v) & g_v(u,v) \\ h_u(u,v) & h_v(u,v) \end{vmatrix} \neq 0 \qquad (6.8)$$

が成り立っているものとする．このとき，D において連続な関数 $f(x,y)$ に対して次の式が成り立つ．

$$\iint_D f(x,y)\,dxdy = \iint_E f(g(u,v), h(u,v))|J(u,v)|\,dudv \qquad (6.9)$$

注意 1　(6.8) 式の行列式 $J(u,v)$ を変数変換 $\begin{cases} x = g(u,v) \\ y = h(u,v) \end{cases}$ のヤコビアン (またはヤコビ行列式) という．ヤコビアンは $\dfrac{\partial(x,y)}{\partial(u,v)}$ と表されることもある．

注意 2　(6.8) は E の内部でのみ成立していればよく，E の境界で $J(u,v) = 0$ となっていても (6.9) は成立する．E が D へ 1 対 1 に写されていることも，E の内部で成立していればよい．

---

[5] 上の J の定義における $|\cdot|$ は行列式を表し，(6.7) における $|\cdot|$ は絶対値を表す．混乱しないように注意すること．定理 6.7 においても同様である．

定理 6.7 において，特に $f(x,y) \equiv 1$ の場合を考えると，次の定理が得られる．

定理 6.8 C^1 級の関数 $x = g(u,v)$, $y = h(u,v)$ によって，uv 平面の有界な閉領域 E が xy 平面の閉領域 D に1対1に写されるとき，次の式が成り立つ．

$$D \text{ の面積} = \iint_E |J(u,v)|\, dudv \tag{6.10}$$

例として，まずは1次変換を考えよう．

例題 6.5 $D = \{(x,y)|\ 0 \leqq x+y \leqq 1,\ 0 \leqq x-y \leqq 1\}$ とするとき，2重積分 $I = \iint_D (2x+3y)\, dxdy$ の値を求めよ．

解答 図 6.9 (a) のように，D は正方形 OABC である．1次変換

$$\begin{cases} u = x - y \\ v = x + y \end{cases}$$

を考えると，D は図 6.9 (b) のような正方形 OA$'$B$'$C$'$ に写される．

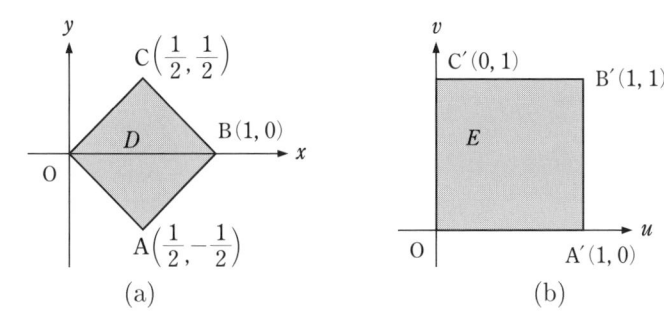

(a)

(b)

図 **6.9**

x, y をそれぞれ u, v で表すと $\begin{cases} x = \dfrac{1}{2}(u+v) \\ y = \dfrac{1}{2}(-u+v) \end{cases}$ となるから，

$J = \begin{vmatrix} \dfrac{1}{2} & \dfrac{1}{2} \\ -\dfrac{1}{2} & \dfrac{1}{2} \end{vmatrix} = \dfrac{1}{2}$ である．したがって，(6.9) より

$$\iint_D (2x+3y)\, dxdy = \iint_E \left(2 \cdot \frac{u+v}{2} + 3 \cdot \frac{-u+v}{2}\right) \cdot \frac{1}{2}\, dudv$$

$$= \frac{1}{2}\int_0^1 \left(\int_0^1 \left(-\frac{1}{2}u + \frac{5}{2}v\right)dv\right)du$$

$$= \frac{1}{2}\int_0^1 \left[-\frac{uv}{2} + \frac{5}{4}v^2\right]_0^1 du$$

$$= \frac{1}{2}\int_0^1 \left(-\frac{1}{2}u + \frac{5}{4}\right)du = \frac{1}{2}\left[-\frac{1}{4}u^2 + \frac{5}{4}u\right]_0^1$$

$$= \frac{1}{2}$$

問 6.5 例題 6.5 と同様に，適当な 1 次変換を行うことによって，次の 2 重積分の値を求めよ．

(1) $\iint_D 3x\,dxdy, \quad D = \{(x,y)\,|\,0 \leqq x - y \leqq 1,\ 0 \leqq x + 2y \leqq 1\}$

(2) $\iint_D (x+y)\,dxdy, \quad D = \{(x,y)\,|\,0 \leqq x + y \leqq 1,\ |x-y| \leqq 1\}$

(3) $\iint_D (x-y)\sin(x+y)\,dxdy,$

$\qquad\qquad D = \{(x,y)\,|\,0 \leqq x - y \leqq \pi,\ 0 \leqq x + y \leqq \pi\}$

問 6.6 $x + y = u$, $x - y = v$ と変換して，2 重積分 $\iint_D (x^2 - y^2)e^{-x-y}\,dxdy$ の値を求めよ．ただし，$D = \{(x,y)\,|\,0 \leqq x + y \leqq 1,\ 0 \leqq x - y \leqq 1\}$ とする．

問 6.7 $x + y = u$, $x - y = v$ と変換して，2 重積分 $\iint_D e^{-(x+y)^2}\,dxdy$ の値を求めよ．ただし，$a > 0$ で，$D = \{(x,y)\,|\,0 \leqq x + y \leqq a,\ x \geqq 0,\ y \geqq 0\}$ とする．

問 6.8[A] $x = u^2\,(u \geqq 0)$, $y = v^2\,(v \geqq 0)$ と変換して，2 重積分 $\iint_D y\,dxdy$ の値を求めよ．ただし，$D = \{(x,y)\,|\,\sqrt{x} + \sqrt{y} \leqq 1,\ x \geqq 0,\ y \geqq 0\}$ とする．

定理 6.7 がもっともよく適用されるのは極座標への変換

$$\begin{cases} x = r\cos\theta \\ y = r\sin\theta \end{cases} \tag{6.11}$$

である．別に定理としてまとめておくと次のようになる．

6.3 積分変数の変換

定理 6.9 $r = g(\theta)$, $r = h(\theta)$ をともに連続関数とし，さらに区間 $[\alpha, \beta]$ において $0 \leqq g(\theta) \leqq h(\theta)$ とする．$r\theta$ 平面[6]の閉領域 $E = \{(r, \theta) | g(\theta) \leqq r \leqq h(\theta), \alpha \leqq \theta \leqq \beta\}$ が変数変換 (6.11) によって xy 平面の閉領域 D に 1 対 1 に写されるとき，D において連続な関数 $f(x, y)$ に対して次の式が成り立つ．

$$\iint_D f(x, y)\, dxdy = \iint_E f(r\cos\theta, r\sin\theta)\cdot r\, drd\theta$$
$$= \int_\alpha^\beta \left\{ \int_{g(\theta)}^{h(\theta)} f(r\cos\theta, r\sin\theta)\cdot r\, dr \right\} d\theta \quad (6.12)$$

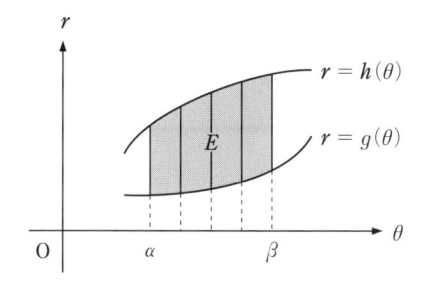

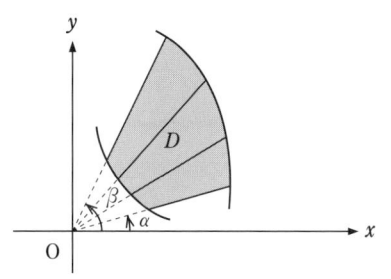

図 **6.10**

証明[A] 変数変換 (6.11) のヤコビアン $J(r, \theta)$ は

$$J(r, \theta) = \begin{vmatrix} \dfrac{\partial x}{\partial r} & \dfrac{\partial x}{\partial \theta} \\ \dfrac{\partial y}{\partial r} & \dfrac{\partial y}{\partial \theta} \end{vmatrix} = \begin{vmatrix} \cos\theta & -r\sin\theta \\ \sin\theta & r\cos\theta \end{vmatrix} = r$$

となるから，(6.9) より (6.12) が導かれる．　∎

注意 $r\theta$ 平面の閉領域 E が $r = 0$ を (境界として) 含む場合や，E の境界で 1 対 1 になっていない場合も，定理 6.7 の注意 2 により，定理 6.9 が成立する．

例題 6.6 $D = \{(x, y)|\, x^2 + y^2 \leqq 4, y \geqq 0\}$ とするとき，2 重積分 $\displaystyle\iint_D (x+y)^2\, dxdy$ の値を求めよ．

---

[6] $r\theta$ 平面といったときは，r を横軸にすべきだろうが，図 6.10, 6.11 では，わかりやすさを考慮して，r を縦軸にしている．

解答 極座標への変換 (6.11) により，D に対応する $r\theta$ 平面の閉領域 E は，
$$E = \{(r,\theta) \mid 0 \leq r \leq 2,\ 0 \leq \theta \leq \pi\}$$
となる (図 6.11). したがって，(6.12) より
$$\iint_D (x+y)^2\, dxdy = \iint_E (r\cos\theta + r\sin\theta)^2 \cdot r\, drd\theta$$
$$= \int_0^\pi \left(\int_0^2 r^3(\cos\theta + \sin\theta)^2\, dr\right) d\theta$$
$$= 4\int_0^\pi (1 + \sin 2\theta)\, d\theta = 4\pi.$$

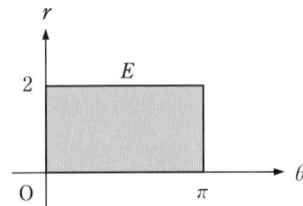

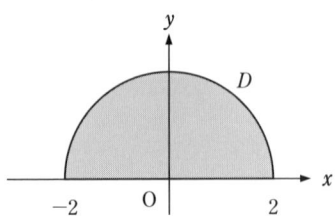

図 6.11

問 6.9 例題 6.6 と同様に，極座標への変換を行うことによって，次の 2 重積分の値を求めよ．

(1) $\iint_D x^2\, dxdy,\quad D = \{(x,y) \mid x^2 + y^2 \leq 1,\ x \geq 0\}$

(2) $\iint_D \sqrt{16 - x^2 - y^2}\, dxdy,\ D = \{(x,y) \mid x^2 + y^2 \leq 16, x \geq 0, y \geq 0\}$

(3) $\iint_D (2x^2 + 3y^2)\, dxdy,\quad D = \{(x,y) \mid 1 \leq x^2 + y^2 \leq 9\}$

(4) $\iint_D xye^{-(x^2+y^2)}\, dxdy,\quad D = \{(x,y) \mid x^2 + y^2 \leq 1,\ x \geq 0,\ y \geq 0\}$

(5)[A] $\iint_D 3y\, dxdy,\quad D = \{(x,y) \mid x^2 + y^2 \leq 2x,\ y \geq 0\}$

例題 6.7[A] 次の式を示せ．
$$\int_0^\infty e^{-x^2}\, dx = \frac{\sqrt{\pi}}{2} \tag{6.13}$$

解答 正数 a に対して，図 6.12 のように 3 つの閉領域を考える．$S_a, S_{\sqrt{2}a}$ はそれぞれ半径が $a, \sqrt{2}a$ の四分円で，R_a は辺の長さが a の正方形である．

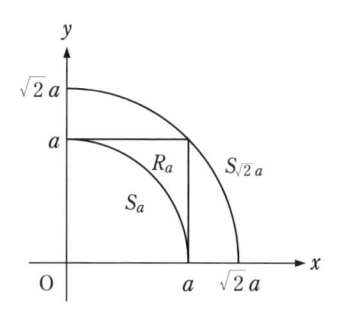

図 6.12

$S_a \subset R_a \subset S_{\sqrt{2}a}$ より，

$$\iint_{S_a} e^{-x^2-y^2} dxdy \leqq \iint_{R_a} e^{-x^2-y^2} dxdy \leqq \iint_{S_{\sqrt{2}a}} e^{-x^2-y^2} dxdy \tag{6.14}$$

が成り立つ．真ん中の積分について累次積分を行うと

$$\iint_{R_a} e^{-x^2-y^2} dxdy = \int_0^a \left(e^{-x^2} \int_0^a e^{-y^2} dy \right) dx = \left(\int_0^a e^{-x^2} dx \right)^2$$

となる．一方，左の積分を極座標変換 (6.11) を用いて計算する．S_a に対応する $r\theta$ 平面の閉領域を T_a とするとき，$T_a = \{(r,\theta) | 0 \leqq r \leqq a,\ 0 \leqq \theta \leqq \frac{\pi}{2} \}$ であり，

$$\iint_{S_a} e^{-x^2-y^2} dxdy = \iint_{T_a} e^{-r^2} \cdot r\, drd\theta = \int_0^{\frac{\pi}{2}} \left(\int_0^a re^{-r^2} dr \right) d\theta$$
$$= \frac{\pi}{4}(1 - e^{-a^2})$$

となる．右の積分についても同様の計算を行うと，(6.14) は次のようになる．

$$\frac{\pi}{4}(1 - e^{-a^2}) \leqq \left(\int_0^a e^{-x^2} dx \right)^2 \leqq \frac{\pi}{4}(1 - e^{-2a^2})$$

ここで，$a \to \infty$ とすると，はさみうちの原理により，

$$\left(\int_0^\infty e^{-x^2} dx \right)^2 = \frac{\pi}{4}$$

となるので (6.13) が得られる．

6.4 広義積分[A]

ここまでは，有界な閉領域 D における連続関数 $f(x,y)$ の 2 重積分 $\iint_D f(x,y)\, dxdy$ を考えてきた．有界でない領域における 2 重積分や，関数 $f(x,y)$ が積分領域 D の境界上の点で無限大に発散しているような場合の 2 重積分が，1 変数のときと同じように定義される．これを**広義積分**という．ここでは，1 つの例題についての解説にとどめる．

例題 6.8 $\alpha > 0$ とする．$D = \{(x,y)\,|\,x^2 + y^2 < 1\}$ とするとき，2 重積分
$$I = \iint_D \frac{1}{(1-x^2-y^2)^\alpha}\, dxdy \text{ の値を求めよ．}$$

【解答】 $0 < \varepsilon < 1$ なる ε について，有界閉領域 $D_\varepsilon = \{(x,y)\,|\,x^2 + y^2 \leqq (1-\varepsilon)^2\}$ に対する 2 重積分 $I_\varepsilon = \iint_{D_\varepsilon} \frac{1}{(1-x^2-y^2)^\alpha}\, dxdy$ を計算する．極座標への変換 (6.11) により

$$I_\varepsilon = \int_0^{2\pi} \left(\int_0^{1-\varepsilon} \frac{r}{(1-r^2)^\alpha}\, dr\right) d\theta = 2\pi \int_0^{1-\varepsilon} \frac{r}{(1-r^2)^\alpha}\, dr$$

となる．ここで，

$\alpha \neq 1$ のとき $\displaystyle\int \frac{r}{(1-r^2)^\alpha}\, dr = \frac{-1}{2(1-\alpha)(1-r^2)^{\alpha-1}} + C,$

$\alpha = 1$ のとき $\displaystyle\int \frac{r}{(1-r^2)^\alpha}\, dr = -\frac{1}{2}\log|1-r^2| + C$

より，I_ε は次のようになる．

$$I_\varepsilon = \begin{cases} \dfrac{\pi}{1-\alpha}\left[\dfrac{-1}{(1-r^2)^{\alpha-1}}\right]_0^{1-\varepsilon} = \dfrac{\pi}{1-\alpha}\left(1 - (2\varepsilon - \varepsilon^2)^{1-\alpha}\right) & (\alpha \neq 1) \\ \pi\left[-\log|1-r^2|\right]_0^{1-\varepsilon} = -\pi\log|2\varepsilon - \varepsilon^2| & (\alpha = 1) \end{cases}$$

ここで，$\varepsilon \to 0$ とすると次の結果が得られる．

$\alpha < 1$ のとき $I = \dfrac{\pi}{1-\alpha}$, $\alpha \geqq 1$ のとき I は ∞ に発散する[7]．

問 6.10 次の広義積分の値を求めよ．

(1) $D = \{(x,y)\,|\,0 < x^2 + y^2 \leqq 1\}$ とするとき，$\displaystyle\iint_D \frac{1}{\sqrt{x^2+y^2}}\, dxdy$

(2) $\alpha > 0$ とする．$D = \{(x,y)\,|\,x \geqq 0,\, y \geqq 0\}$ とするとき，
$$\iint_D \frac{1}{(1+x^2+y^2)^\alpha}\, dxdy$$

---

[7] 「広義積分は存在しない」ともいう．

6.5　3重積分[A]

3重積分 $\iiint_\Omega f(x,y,z)\,dxdydz$ も 2 重積分の場合と同様に，累次積分を用いて計算する．

定理 6.10　xyz 空間の有界な閉領域 Ω の xy 平面への正射影を D とし，D および Ω がそれぞれ次のように表されているものとする (図 6.13).

$$D = \{(x,y) \mid g(x) \leqq y \leqq h(x),\ a \leqq x \leqq b\}$$

$$\Omega = \{(x,y,z) \mid \varphi(x,y) \leqq z \leqq \psi(x,y),\ (x,y) \in D\}$$

ただし，$g(x), h(x), \varphi(x,y), \psi(x,y)$ は連続関数とする．このとき，Ω で定義された連続関数 $f(x,y,z)$ について，次の式が成り立つ．

$$\iiint_\Omega f(x,y,z)\,dxdydz = \iint_D \Big(\int_{\varphi(x,y)}^{\psi(x,y)} f(x,y,z)\,dz\Big)dxdy$$
$$= \int_a^b \Big(\int_{g(x)}^{h(x)} \Big(\int_{\varphi(x,y)}^{\psi(x,y)} f(x,y,z)\,dz\Big)dy\Big)dx \quad (6.15)$$

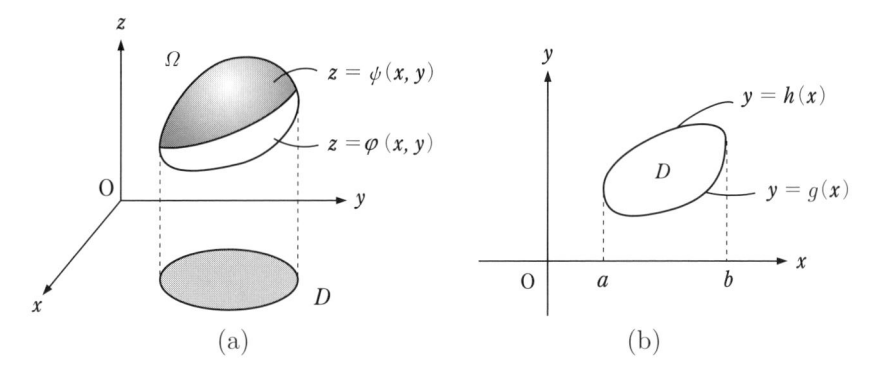

図 6.13

例題 6.9　$\Omega = \{(x,y,z) \mid 6x + 3y + 2z \leqq 6,\ x \geqq 0,\ y \geqq 0,\ z \geqq 0\}$ とするとき，3重積分 $\iiint_\Omega 2z\,dxdydz$ の値を求めよ．

解答 Ω の xy 平面への正射影は $D = \{(x,y) \mid 0 \leq x \leq 1, 0 \leq y \leq 2(1-x)\}$ である (図 6.14). D 上の点 (x,y) を固定するとき, Ω の点 (x,y,z) の z の範囲は $0 \leq z \leq 3\left(1 - x - \dfrac{y}{2}\right)$ であるから, (6.15) より

$$I = \int_0^1 \left(\int_0^{2(1-x)} \left(\int_0^{3\left(1-x-\frac{y}{2}\right)} 2z\, dz\right) dy\right) dx = \int_0^1 \left(\int_0^{2(1-x)} \left(\left[z^2\right]_0^{3\left(1-x-\frac{y}{2}\right)}\right) dy\right) dx$$

$$= 9 \int_0^1 \left(\int_0^{2(1-x)} \left(1 - x - \frac{y}{2}\right)^2 dy\right) dx = 9 \int_0^1 \left[-\frac{2}{3}\left(1 - x - \frac{y}{2}\right)^3\right]_0^{2(1-x)} dx$$

$$= 9 \int_0^1 \frac{2}{3}(1-x)^3\, dx = 6\left[-\frac{1}{4}(1-x)^4\right]_0^1 = \frac{3}{2}.$$

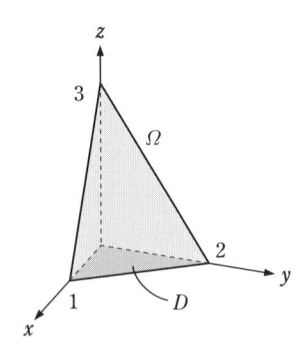

図 6.14

問 6.11 次の 3 重積分の値を求めよ.

(1) $\Omega = \{(x,y,z) \mid 0 \leq x \leq 1, 0 \leq y \leq 1, 0 \leq z \leq xy\}$ とするとき, $\iiint_\Omega (x + yz)\, dxdydz$.

(2) $\Omega = \{(x,y,z) \mid x^2 + y^2 \leq 1, 0 \leq z \leq 1\}$ とするとき, $\iiint_\Omega (2x^2 - y^2 z)\, dxdydz$.

3 重積分においても変数変換によって計算することは重要である. 定理 6.7 と同様に次のことが成り立つ.

定理 6.11 C^1 級の関数 $x = x(u,v,w)$, $y = y(u,v,w)$, $z = z(u,v,w)$ によって uvw 空間の有界な閉領域 W が xyz 空間の閉領域 Ω に 1 対 1 に写されるものとする．さらに，W において

$$J(u,v,w) = \begin{vmatrix} \dfrac{\partial x}{\partial u} & \dfrac{\partial x}{\partial v} & \dfrac{\partial x}{\partial w} \\ \dfrac{\partial y}{\partial u} & \dfrac{\partial y}{\partial v} & \dfrac{\partial y}{\partial w} \\ \dfrac{\partial z}{\partial u} & \dfrac{\partial z}{\partial v} & \dfrac{\partial z}{\partial w} \end{vmatrix} \neq 0$$

が成り立っているものとする．このとき，Ω で定義された連続関数 $f(x,y,z)$ に対して次の式が成り立つ．

$$\iiint_\Omega f(x,y,z)\,dxdydz$$
$$= \iiint_W f(x(u,v,w), y(u,v,w), z(u,v,w))|J(u,v,w)|\,dudvdw \tag{6.16}$$

例題 6.10 楕円体 $\Omega = \left\{(x,y,z) \,\bigg|\, x^2 + \dfrac{y^2}{4} + \dfrac{z^2}{9} \leqq 1 \right\}$ に対して，3 重積分 $I = \iiint_\Omega z^2\,dxdydz$ の値を求めよ．

解答 変数変換 $\begin{cases} x = u \\ y = 2v \\ z = 3w \end{cases}$ により，Ω に対応する uvw 空間の閉領域は $W = \{(u,v,w) \mid u^2 + v^2 + w^2 \leqq 1\}$ となる．また，$J(u,v,w) = \begin{vmatrix} 1 & 0 & 0 \\ 0 & 2 & 0 \\ 0 & 0 & 3 \end{vmatrix} = 6$ であるから

$$I = \iiint_W (3w)^2 \cdot 6\,dudvdw = 54 \iiint_W w^2\,dudvdw$$

となる．さらに (u,v,w) を球面座標 (r,φ,ψ) に変換する（図 6.15）．すなわち

$$\begin{cases} u = r\sin\theta\cos\varphi \\ v = r\sin\theta\sin\varphi \\ w = r\cos\theta \end{cases} \tag{6.17}$$

半径 r の球面

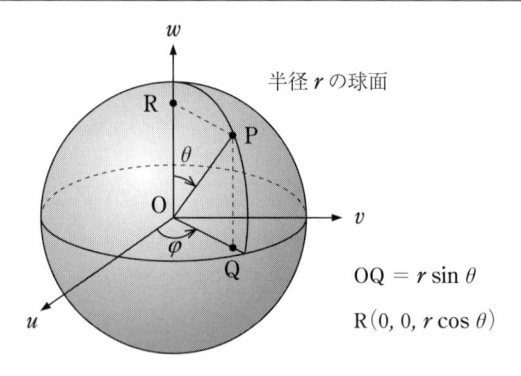

OQ $= r\sin\theta$
R$(0, 0, r\cos\theta)$

図 6.15

この変換により，W に対応する $r\theta\varphi$ 空間の閉領域は直方体
$$V = \{(r, \theta, \varphi) \,|\, 0 \leqq r \leqq 1, 0 \leqq \theta \leqq \pi, 0 \leqq \varphi \leqq 2\pi\}$$
となる．また，(6.17) のヤコビアン $J(r, \theta, \varphi)$ は
$$J(r, \theta, \varphi) = \begin{vmatrix} \sin\theta\cos\varphi & r\cos\theta\cos\varphi & -r\sin\theta\sin\varphi \\ \sin\theta\sin\varphi & r\cos\theta\sin\varphi & r\sin\theta\cos\varphi \\ \cos\theta & -r\sin\theta & 0 \end{vmatrix} = r^2\sin\theta$$
となるから
$$\begin{aligned}
I &= 54 \iiint_W r^2\cos^2\theta \cdot r^2\sin\theta \, drd\theta d\varphi \\
&= 54 \int_0^1 \left(r^4 \int_0^\pi \cos^2\theta\sin\theta \int_0^{2\pi} d\varphi d\theta \right) dr \\
&= 108\pi \int_0^1 r^4 \left[-\frac{1}{3}\cos^3\theta \right]_0^\pi dr = 72\pi \int_0^1 r^4 \, dr = \frac{72}{5}\pi.
\end{aligned}$$

問 6.12 次の 3 重積分の値を求めよ．

(1) $\iiint_\Omega xy\,dxdydz$, Ω は 3 組の平行な平面 $z = 0$ と $z = 1$, $z = x$ と $z = x+1$, および $z = y$ と $z = y+1$ によって囲まれた平行六面体．

(2) $\iiint_\Omega z\,dxdydz$, $\Omega = \{(x, y, z)|\, 1 \leqq x^2 + y^2 + z^2 \leqq 4, z \geqq 0\}$.

6.6 体積と曲面積

この節では，立体の体積や曲面の表面積の求め方を説明する．

■**立体の体積**■　前に述べたように，2重積分は立体の体積を与える．以下で詳しく述べよう．

> **定理 6.12**　xyz 空間内の立体 Ω の xy 平面への正射影を D とする（図 6.16）．D 上の各点 $P(x,y)$ に対して，点 P を通り z 軸に平行な直線との共通部分の線分の長さが連続関数で与えられているとき，次の式が成り立つ．
> $$\Omega \text{ の体積} = \iint_D f(x,y)\, dxdy \tag{6.18}$$

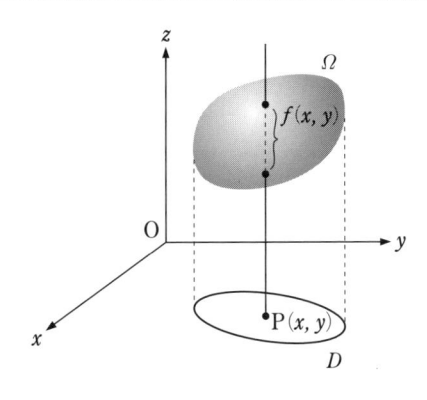

図 6.16

> **例題 6.11**　放物面 $z = x^2 + y^2$ と平面 $z = 2y$ とによって囲まれた立体 Ω の体積を求めよ．

解答　$\begin{cases} z = x^2 + y^2 \\ z = 2y \end{cases}$ より z を消去すると，$x^2 + y^2 = 2y$，すなわち，$x^2 + (y-1)^2 = 1$ を得る．したがって，Ω の xy 平面への正射影は円板 $D = \{(x,y)\,|\,x^2 + (y-1)^2 \leqq 1\}$ となる．D 上の点 $P(x,y)$ に対し，D 上では平面 $z = 2y$ が放物面 $z = x^2 + y^2$ より上にあるから，点 P を通り z 軸と平行な直線と Ω との共通部分の長さは，$f(x,y) = 2y - (x^2 + y^2)$ である．したがって，Ω の体積 V は，(6.18) より，

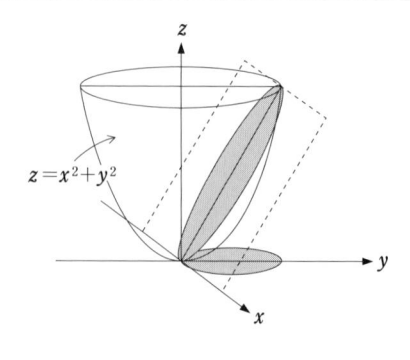

図 6.17

$V = \iint_D (2y - x^2 - y^2) \, dxdy = \iint_D \{1 - x^2 - (y-1)^2\} \, dxdy$ となる．変数変換 $\begin{cases} x = r\cos\theta \\ y = 1 + r\sin\theta \end{cases}$ を行うことによって，D に対応する $r\theta$ 平面の閉領域は $E = \{(r,\theta) \,|\, 0 \leqq r \leqq 1,\, 0 \leqq \theta \leqq 2\pi\}$ となるから，

$$V = \iint_E (1 - r^2) \cdot r \, drd\theta = \int_0^1 \left((r - r^3) \int_0^{2\pi} d\theta\right) dr$$
$$= 2\pi \left[\frac{r^2}{2} - \frac{r^4}{4}\right]_0^1 = \frac{\pi}{2}$$

問 6.13 次の値を2重積分によって求めよ．

(1) 半径 a の球の体積．

(2) 放物面 $z = x^2 + y^2$ と xy 平面，yz 平面，zx 平面，および2平面 $x = 1$, $y = 1$ で囲まれた部分の体積．

(3)[A] 球体 $x^2 + y^2 + z^2 \leqq 2$ の，放物面 $z = x^2 + y^2$ より上方にある部分の体積．

■ **曲面積**[A]　　xyz 空間における曲面 $z = f(x,y)$ において，xy 平面の有界な閉領域 D に対応する部分 $S = \{(x,y,z) \,|\, z = f(x,y),\, (x,y) \in D\}$ の面積 $m(S)$ を考える．2重積分の定義と同様に，D を小長方形 D_{ij} で分割する（図 6.18）．各 D_{ij} に対して，D_{ij} の任意の点 $Q_{ij}(x_{ij}, y_{ij})$ を1つ選び，対応する曲面 $z = f(x,y)$ 上の点 $P_{ij}(x_{ij}, y_{ij}, f(x_{ij}, y_{ij}))$ における接平面を π_{ij} とする．さらに，小長方形 D_{ij} に対応する接平面の部分は平行四辺形 E_{ij} で，その

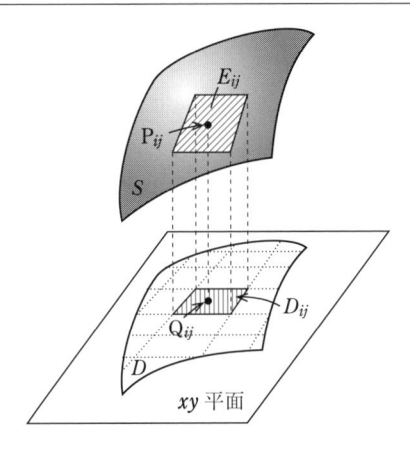

図 6.18

面積を $m(E_{ij})$ とおく．その総和 $\sum_{i,j} m(E_{ij})$ が，分割を限りなく細かくしたとき，分割の仕方や Q_{ij} の選び方に関係なく一定の値に近づくとき，その値を曲面 $z = f(x, y)$ の閉領域 D における曲面積といい，$m(S)$ と書く．曲面積は次の定理によって計算される．

定理 6.13[A]　C^1 級の関数 $z = f(x, y)$ の有界な閉領域 D におけるグラフ S の曲面積は次の式で表される．
$$m(S) = \iint_D \sqrt{1 + f_x^{\,2} + f_y^{\,2}}\, dxdy \tag{6.19}$$

例題 6.12[A]　半径 $a(> 0)$ の球面 S の表面積 $m(S)$ を求めよ．

解答　原点を中心として半径 a の球面 $x^2 + y^2 + z^2 = a^2$ の上半分は関数 $z = \sqrt{a^2 - x^2 - y^2}$ で表せる．$m(S)$ はこの関数の $D = \{(x, y) \,|\, x^2 + y^2 \leqq a^2\}$ における曲面積の 2 倍であるから，$m(S) = 2 \iint_D \sqrt{1 + z_x^{\,2} + z_y^{\,2}}\, dxdy$ となる．ここで，
$z_x = \dfrac{-x}{\sqrt{a^2 - x^2 - y^2}}$，$z_y = \dfrac{-y}{\sqrt{a^2 - x^2 - y^2}}$ より，
$$1 + z_x^{\,2} + z_y^{\,2} = 1 + \frac{x^2}{a^2 - x^2 - y^2} + \frac{y^2}{a^2 - x^2 - y^2} = \frac{a^2}{a^2 - x^2 - y^2}$$

したがって，$m(S) = 2a \iint_D \dfrac{1}{\sqrt{a^2 - x^2 - y^2}}\, dxdy$ となり[8]，極座標変換 (6.11) を行うと，例題 6.6 と同様の計算，および定理 4.6 によって

$$m(S) = 2a \int_0^{2\pi} \left(\int_0^a \dfrac{r}{\sqrt{a^2 - r^2}} dr \right) d\theta = 2a \int_0^{2\pi} \left(-\dfrac{1}{2} \int_0^a (a^2 - r^2)^{-\frac{1}{2}} (-2r)\, dr \right) d\theta$$

$$= -a \int_0^{2\pi} \left[2(a^2 - r^2)^{\frac{1}{2}} \right]_0^a d\theta = 2a^2 \int_0^{2\pi} d\theta = 4\pi a^2.$$

問 **6.14**[A]　次の曲面積を求めよ．
(1) 曲面 $z = \sqrt{x^2 + y^2}$ の平面 $z = 1$ より下方にある部分
(2) 曲面 $z = 1 - x^2 - y^2$ の xy 平面より上方にある部分

6.7　定理の証明[A]

　この節では，定理の証明を与える．

定理 6.2 の証明　(1)～(5) は 2 重積分の定義より導かれる．(6) のみ証明する．$f(x, y)$ の D における最大値を M，最小値を m とする．$m \leqq f(x, y) \leqq M$ であるから (4) より

$$m \cdot m(D) \leqq \iint_D f(x, y)\, dxdy \leqq M \cdot m(D)$$

が成り立つ．上の式を $m(D)$ で割ると

$$m \leqq \dfrac{1}{m(D)} \iint_D f(x, y)\, dxdy \leqq M$$

2 変数関数についても定理 2.11 (中間値の定理) と同様のことが成り立つので，D 上の点 (a, b) が存在して

$$\dfrac{1}{m(D)} \iint_D f(x, y)\, dxdy = f(a, b)$$

　定理 6.6 の証明のために次の定理を用いる．

---

[8] 正確には，D の代わりに開領域 $D' = \{(x, y) | x^2 + y^2 + z^2 < a^2\}$ における広義積分を考えなければならない．

定理 6.14 (1) 2つのベクトル $\begin{pmatrix} x_1 \\ y_1 \end{pmatrix}$ と $\begin{pmatrix} x_2 \\ y_2 \end{pmatrix}$ とによってできる平行四辺形の面積 S は次の式で与えられる (図 6.19).

$$S = |x_1 y_2 - x_2 y_1|$$

(2) uv 平面の平行四辺形 E が正則な 1 次変換 (6.6) によって xy 平面の平行四辺形 D に写されるとき

$$D \text{ の面積} = |J| \cdot (E \text{ の面積}) \tag{6.20}$$

が成り立つ.

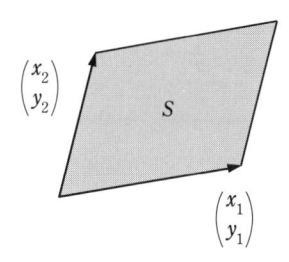

図 6.19 定理 6.14

定理 6.6 の証明 D に対応する uv 平面の閉領域 E を小長方形 E_{ij} に分割する (図 6.20). 各 E_{ij} に対応する xy 平面の小平行四辺形を D_{ij} とし, さらに D_{ij} から任意に選んだ点 P_{ij} に対応する E_{ij} の点を Q_{ij} とするとき, $\mathrm{P}_{ij} = T(\mathrm{Q}_{ij})$ であるから, (6.20) より

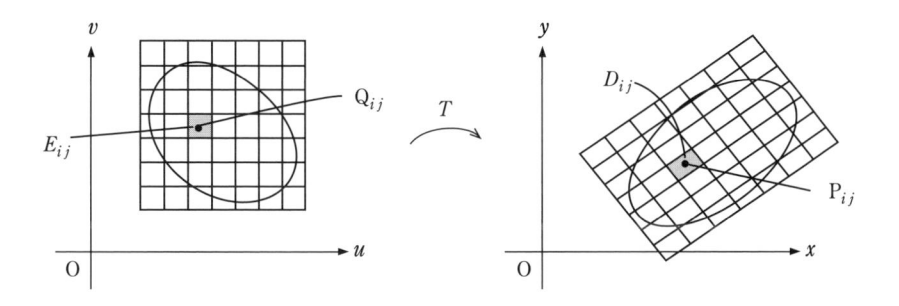

図 6.20 定理 6.6 の証明

$$\sum_{i,j} f(\mathrm{P}_{ij})m(D_{ij}) = \sum_{i,j} f(T(\mathrm{Q}_{ij}))m(E_{ij}) \cdot |J|$$

となる．ここで，E の小長方形による分割を細かくしていくとき，それに対応して D の小平行四辺形による分割も細かくなるから，2 重積分の定義における注意 2 より (6.7) が成り立つ． ■

次に定理 6.7 を証明する．
定理 6.7 の証明　uv 平面の領域 E を長方形によって分割したときの 1 つの小長方形を E_{ij} とし，変数変換 T による E_{ij} の像を $D_{ij} = T(E_{ij})$ とおく（図 6.21）．さらに，E_{ij} の点 Q_{ij} の T による像を $\mathrm{P}_{ij} = T(\mathrm{Q}_{ij})$ とする．分割を十分細かくするとき，E_{ij} の面積 $m(E_{ij})$ と D_{ij} の面積 $m(D_{ij})$ の間に次の近似式が成り立つ．
$$m(D_{ij}) \fallingdotseq |J(\mathrm{Q}_{ij})| m(E_{ij})$$
したがって
$$\sum_{i,j} f(\mathrm{P}_{ij})m(D_{ij}) \fallingdotseq \sum_{i,j} f(T(\mathrm{Q}_{ij}))|J(\mathrm{Q}_{ij})|m(E_{ij})$$
となる．ここで分割を限りなく細かくしていくと，この近似の誤差は限りなく小さくなることが示され，2 重積分の定義における注意 2 より，(6.9) が導かれる． ■

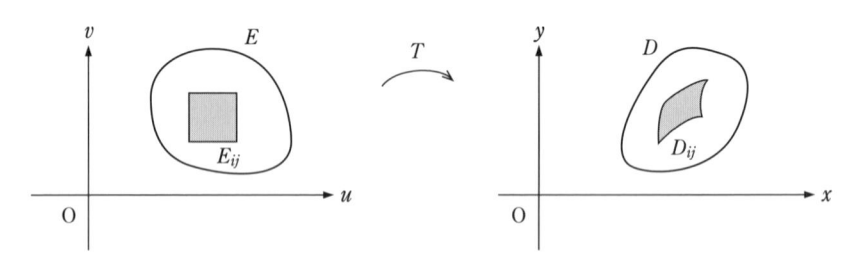

図 **6.21**　定理 6.7 の証明

定理 6.13 の証明　第 5 章の (5.16) 式より，小長方形 D_{ij} 上の点 $\mathrm{Q}_{ij}(x_{ij}, y_{ij})$ における接平面 π_{ij} の法線ベクトルは $\bm{n} = \begin{pmatrix} -f_x(x_{ij}, y_{ij}) \\ -f_y(x_{ij}, y_{ij}) \\ 1 \end{pmatrix}$ で与えられる．これより，D_{ij} の面積 $m(D_{ij})$ と π_{ij} 上の平行四辺形 E_{ij} の面積 $m(E_{ij})$ には次の関係がある（図 6.22）．
$$m(D_{ij}) = m(E_{ij}) \cos\theta$$
ただし，θ はベクトル $\bm{n}$ と z 方向の単位ベクトル $\bm{e}_3 = \begin{pmatrix} 0 \\ 0 \\ 1 \end{pmatrix}$ とのなす角である．

図 6.22

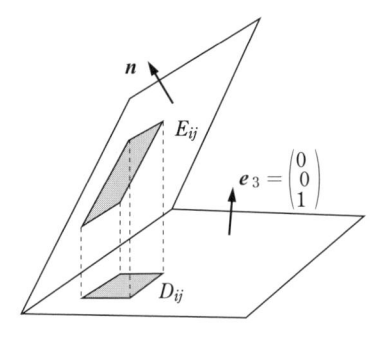

$\boldsymbol{n} \cdot \boldsymbol{e}_3 = \|\boldsymbol{n}\| \|\boldsymbol{e}_3\| \cos\theta$ より[9], $1 = \sqrt{1 + \{f_x(x_{ij}, y_{ij})\}^2 + \{f_y(x_{ij}, y_{ij})\}^2} \cos\theta$ となるから

$$\sum_{i,j} m(E_{ij}) = \sum_{i,j} \sqrt{1 + \{f_x(x_{ij}, y_{ij})\}^2 + \{f_y(x_{ij}, y_{ij})\}^2}\, m(D_{ij}) \tag{6.21}$$

が成り立つ．ここで，分割を限りなく細かくすると，2 重積分の定義より，(6.21) の右辺は連続関数 $\sqrt{1 + f_x{}^2 + f_y{}^2}$ の積分に近づく．

◆◇ 練習問題 6 ◆◇

A-1. 次の 2 重積分の値を求めよ．

(1) $\displaystyle\iint_D x\, dxdy, \quad D = \{(x,y) \mid -1 \leqq x \leqq 2,\ 0 \leqq y \leqq 3\}$

(2) $\displaystyle\iint_D (2x + 3y)\, dxdy, \quad D = \{(x,y) \mid 1 \leqq x \leqq 2,\ 0 \leqq y \leqq 1\}$

(3) $\displaystyle\iint_D (1 + x + y)^3\, dxdy, \quad D = \{(x,y) \mid 0 \leqq x \leqq 1,\ 0 \leqq y \leqq 1\}$

(4) $\displaystyle\iint_D xy^2\, dxdy, \quad D = \{(x,y) \mid 0 \leqq x \leqq 1,\ x \leqq y \leqq 2x\}$

(5) $\displaystyle\iint_D xy\, dxdy, \quad D = \{(x,y) \mid x^2 \leqq y,\ 8x \geqq y^2\}$

---

[9] $\boldsymbol{a} \cdot \boldsymbol{b}$ は，ベクトル $\boldsymbol{a}$ と $\boldsymbol{b}$ の内積を表し，$\|\boldsymbol{a}\|$ は，ベクトル $\boldsymbol{a}$ の大きさ (長さ) を表す．

(6) $\iint_D (ax+by)\,dxdy$, D は直線 $y=x+2$ と放物線 $y=x^2$ で囲まれた部分

(7) $\iint_D xe^y\,dxdy$, D は 3 直線 $x=0,\ y=0,\ x+y=1$ で囲まれた部分

(8) $\iint_D x\,dxdy$, $D=\{(x,y)\mid y^2\leqq x,\ x-2\leqq y\}$

(9) $\iint_D \log xy\,dxdy$, $D=\{(x,y)\mid 1\leqq x\leqq e,\ 1\leqq y\leqq e\}$

(10) $\iint_D \log(x+y)\,dxdy$, $D=\{(x,y)\mid 1\leqq x\leqq 2,\ 0\leqq y\leqq 1\}$

(11) $\iint_D y\,dxdy$, $D=\{(x,y)\mid x^2+y^2\leqq 1,\ 0\leqq 2x\leqq y\}$

(12) $\iint_D xy\,dxdy$, $D=\{(x,y)\mid (x-1)^2+y^2\leqq 1,\ y\geqq 0\}$

A-2.[A] 次の積分の順序を交換せよ．

(1) $\displaystyle\int_0^2\left(\int_{\frac{y}{2}}^y f(x,y)\,dx\right)dy$

(2) $\displaystyle\int_0^1\left(\int_{-\sqrt{1-x^2}}^{\sqrt{1-x^2}} f(x,y)\,dy\right)dx$

(3) $\displaystyle\int_0^2\left(\int_{\frac{x}{2}}^{3-x} f(x,y)\,dy\right)dx$

(4) $\displaystyle\int_0^1\left(\int_{4x^2}^{x+3} f(x,y)\,dy\right)dx$

(5) $\displaystyle\int_0^1\left(\int_0^{2x-x^2} f(x,y)\,dy\right)dx$

(6) $\displaystyle\int_0^{2\pi}\left(\int_0^{1+\cos\theta} f(r,\theta)\,dr\right)d\theta$

A-3. 適当な変数変換を行うことによって，次の 2 重積分の値を求めよ．

(1) $\iint_D (x^2+y^2)\,dxdy$, $D=\{(x,y)\mid 1\leqq x^2+y^2\leqq 9,\ y\geqq 0\}$

(2) $\iint_D \dfrac{1}{(x^2+y^2)^2}\,dxdy$, $D=\{(x,y)\mid 1\leqq x^2+y^2\leqq 4,\ y\geqq 0\}$

(3) $\iint_D \sqrt{4-x^2-y^2}\,dxdy$, $D=\{(x,y)\mid x^2+y^2\leqq 4,\ y\geqq 0\}$

(4) $\iint_D y^2\,dxdy$, $D=\{(x,y)\mid x^2+y^2\leqq 1\}$

(5)[A] $\iint_D \sqrt{4-x^2-y^2}\,dxdy$, $D=\{(x,y)\mid x^2+y^2\leqq 2x\}$

A-4.[A] 次の広義積分の値を求めよ．

(1) $\iint_D e^{\frac{y}{x}}\,dxdy$, $D=\{(x,y)\mid 0<x\leqq 1,\ 0\leqq y\leqq x\}$

(2) $\iint_D \dfrac{x}{\sqrt{1-x-y}}\, dxdy, \quad D = \{(x,y) \mid x+y < 1, x \geqq 0, y \geqq 0\}$

(3) $\iint_D \log(x^2+y^2)\, dxdy, \quad D = \{(x,y) \mid 0 < x^2+y^2 \leqq 1\}$

(4) $\iint_D \dfrac{1}{\sqrt{x-y}}\, dxdy, \quad D = \{(x,y) \mid 0 \leqq y < x \leqq 1\}$

(5) $\iint_D e^{-x^2+2xy-5y^2}\, dxdy, \quad D$ は全平面

A-5.[A] 次の3重積分の値を求めよ．

(1) $\iiint_\Omega (2x-3y)\, dxdydz, \quad \Omega = \{(x,y,z) \mid 0 \leqq x \leqq 1,\ 0 \leqq y \leqq 1,\ 0 \leqq z \leqq x\}$

(2) $\iiint_\Omega y\, dxdydz,$
$\Omega = \{(x,y,z) \mid 0 \leqq x \leqq 1,\ 0 \leqq y \leqq 1-x,\ 0 \leqq z \leqq 1-x-y\}$

(3) $\iiint_\Omega x^2\, dxdydz, \quad \Omega = \{(x,y,z) \mid x^2+y^2+z^2 \leqq 1\}$

(4) $\iiint_\Omega \dfrac{1}{(1+x+y+z)^3}\, dxdydz,$
$\Omega = \{(x,y,z) \mid x+y+z \leqq 1,\ x \geqq 0,\ y \geqq 0,\ z \geqq 0\}$

(5) $\iiint_\Omega x^2yz\, dxdydz, \quad \Omega = \{(x,y,z) \mid 0 \leqq x \leqq y \leqq z \leqq 1\}$

A-6. 次の曲面または平面で囲まれた部分の体積を求めよ．

(1) 円柱面 $x^2+y^2=1$，平面 $z=0$，平面 $z=x$

(2) 楕円面 $\dfrac{x^2}{9}+\dfrac{y^2}{4}+z^2=1$

(3) 球面 $x^2+y^2+z^2=a^2\ (a>0)$，円柱面 $x^2+y^2=ax$

(4) 曲面 $z=xy$，曲面 $y=x^2$，平面 $y=3$，平面 $z=0$

(5)[A] 2つの円柱面 $x^2+y^2=a^2$，$x^2+z^2=a^2\ (a>0)$

(6)[A] 放物面 $z=x^2+y^2$，曲面 $y=1-x^2$，平面 $y=0$，平面 $z=0$

(7)[A] 円柱面 $x^2+y^2=2x$，平面 $z=x$，平面 $z=2x$

A-7.[A] 次の曲面積を求めよ．

(1) 平面 $x+y+z=a\ (a>0)$ の $x \geqq 0,\ y \geqq 0,\ z \geqq 0$ にある部分

(2) 球面 $x^2+y^2+z^2=2$ の放物面 $z=x^2+y^2$ より上方にある部分

(3) 曲面 $z=xy$ の円柱面 $x^2+y^2=a^2$ $(a>0)$ の内部にある部分

(4) 上半球面 $x^2+y^2+z^2=4$ $(z\geqq 0)$ の円柱面 $x^2+y^2=2x$ の内部にある部分

(5) 曲面 $z^2=8x$ の円柱面 $x^2+y^2=2x$ の内部にある部分

B-1. 関数 $f(t)$ が区間 $[0,T]$ で連続であるとき，次の等式が成り立つことを示せ．

(1) $\displaystyle\int_0^T \left(\int_0^x f(t)\,dt\right)dx = \int_0^T (T-t)f(t)\,dt$

(2) $\displaystyle\int_0^T \left(\int_0^x \left(\int_0^y f(t)\,dt\right)dy\right)dx = \frac{1}{2}\int_0^T (T-t)^2 f(t)\,dt$

B-2.[A] xy 平面上の 4 つの放物線 $y=\dfrac{1}{2}x^2$, $y=x^2$, $x=\dfrac{1}{3}y^2$, $x=y^2$ で囲まれた部分の面積を変数変換 $u=\dfrac{y^2}{x}$, $v=\dfrac{x^2}{y}$ を利用して求めよ．

B-3. $a>0$, $b>0$ とする．$D=\left\{(x,y)\,\middle|\,\dfrac{x^2}{a^2}+\dfrac{y^2}{b^2}\leqq 1\right\}$, $E=\{(u,v)\,|\,u^2+v^2\leqq 1\}$ とするとき,
$$\iint_D f(x,y)\,dxdy = ab\iint_E f(au,bv)\,dudv$$
が成り立つことを示せ．

B-4.[A] 変数変換 $x=uv$, $y=u-uv$ を行うことによって，次の式を示せ．ただし，$p>0$, $q>0$ で，$D=\{(x,y)|x>0,\ y>0\}$ とする．
$$\iint_D e^{-x-y}x^{p-1}y^{q-1}\,dxdy = \left(\int_0^\infty e^{-u}u^{p+q-1}\,du\right)\left(\int_0^1 v^{p-1}(1-v)^{q-1}\,dv\right)$$

B-5.[A] 前問で示した式を用いて
$$\int_0^1 x^{p-1}(1-x)^{q-1}\,dx = \frac{\Gamma(p)\Gamma(q)}{\Gamma(p+q)}$$
が成り立つことを示せ．ただし，$\Gamma(s)$ はガンマ関数である (第 4 章 **B-9** 参照)．

B-6.[A] $a>0$, $b>0$ とする．$D=\{(x,y)\,|\,x\geqq 0,\ y\geqq 0\}$ のとき，次の等式が成り立つことを示せ．ただし，$\displaystyle\int_0^\infty f(x)\,dx$ が存在するものとする．
$$\iint_D f(a^2x^2+b^2y^2)\,dxdy = \frac{\pi}{4ab}\int_0^\infty f(x)\,dx$$

B-7. [A] $D = \{(x,y) \mid x^2 + y^2 \leqq a^2\}$ のとき，次の等式が成り立つことを示せ．
$$\iint_D f'(x^2 + y^2)\, dx dy = \pi\{f(a^2) - f(0)\}$$

B-8. [A] 2 つの直円柱 $x^2 + y^2 = a^2$, $x^2 + z^2 = a^2$ $(a > 0)$ の囲む立体の表面積を求めよ．

B-9. [A] 区間 $[a,b]$ において $f(x) \geqq 0$ とする．曲線 $y = f(x)$ $(a \leqq x \leqq b)$ を x 軸のまわりに 1 回転してできる回転面 S の曲面積 $m(S)$ が次の式で表されることを，(6.19) 式を利用して示せ．
$$m(S) = 2\pi \int_a^b f(x)\sqrt{1 + \{f'(x)\}^2}\, dx$$

B-10. [A] 前問で示した式を利用して，次の曲線を x 軸のまわりに 1 回転してできる回転面の曲面積を求めよ．

(1)　直線 $y = x$ $(0 \leqq x \leqq 1)$

(2)　曲線 $y = 2\sqrt{x-1}$ $(1 \leqq x \leqq 4)$

(3)　曲線 $y = \dfrac{1}{2}(e^x + e^{-x})$ $(-1 \leqq x \leqq 1)$

(4)　円 $x^2 + (y-b)^2 = a^2$ $(0 < a < b)$

(5)　曲線 $y = \cos x$ $\left(-\dfrac{\pi}{2} \leqq x \leqq \dfrac{\pi}{2}\right)$

B-11. [A] 極座標で表された曲線 $r = g(\theta)$ $(0 \leqq \alpha \leqq \theta \leqq \beta \leqq \pi)$ を x 軸のまわりに 1 回転してできる回転面 S の曲面積 $m(S)$ が次の式で表されることを示せ．ただし，$\alpha \leqq \theta \leqq \beta$ において $g(\theta) \geqq 0$ かつ $g(\theta)\cos\theta$ は単調とする．
$$m(S) = 2\pi \int_\alpha^\beta g(\theta)\sin\theta \sqrt{\{g(\theta)\}^2 + \{g'(\theta)\}^2}\, d\theta$$

B-12. [A] 前問で示した式を利用して，次の曲線を x 軸のまわりに 1 回転してできる回転面の曲面積を求めよ．

(1)　円 $r = a$

(2)　カージオイド $r = a(1 + \cos\theta)$

(3)　レムニスケート $r^2 = a^2 \cos 2\theta$

B-13. [A] xy 平面上の有界な図形 D 上の各点 $\mathrm{P}(x,y)$ における密度が連続関数 $\rho(x,y)$ であるような，平らな物体を同じ D で表す．このとき
$$\overline{x} = \frac{1}{M}\iint_D x\rho(x,y)\,dx dy, \qquad \overline{y} = \frac{1}{M}\iint_D y\rho(x,y)\,dx dy$$

によって定まる点 $(\overline{x},\overline{y})$ を物体 D の**重心**という．ただし，$M = \displaystyle\iint_D \rho(x,y)\,dxdy$ である．$\rho(x,y) = 1$ のときは，$(\overline{x},\overline{y})$ を図形 D の重心という．次の図形 D の重心を求めよ．

(1)　$D = \{\,(x,y)\,|\,x^2 + y^2 \leqq 1,\ y \geqq 0\,\}$

(2)　$D = \{\,(x,y)\,|\,\sqrt{x} + \sqrt{y} \leqq 1,\ x \geqq 0,\ y \geqq 0\,\}$

補足

A.1 記号についての注意

集合や論理に関する用語や記号について少し説明しておこう．ほとんどは高校までに使ってきたものであるが，高校での定義と少し違うものもあるかも知れないので注意して欲しい．

4つの数 1, 2, 3, 4 の集まり $\{1,2,3,4\}$ のように，数学的な対象の集まり (範囲が明確に決まっているもの)を**集合**といい，集合を構成する1つひとつの対象を，その集合の**要素** (または元) という．$2 \in \{1,2,3,4\}$ のように，a が集合 A の要素であることを $a \in A$ や $A \ni a$ と表し，「a は A に属する」とも，「A は a を含む」ともいう．a が A の要素でないことを $a \notin A, A \not\ni a$ と表す．

集合 A の要素がすべて列挙できるときは，$A = \{a,b,c,d,e\}$ のように，要素を $\{\ldots\}$ で囲んで表す．A に属するための条件の形で書くときは，$A = \{x \mid x \text{ は 1 以上 4 以下の整数}\}$ のように，$\{x \mid P(x)\}$ ($P(x)$ は，x に関する条件) の形で表す．要素を1つももたない集合を**空集合**といい，$\emptyset = \{\,\}$ と表す．

よく使われる標準的な記号としては，自然数全体を $\boldsymbol{N}$，整数全体を $\boldsymbol{Z}$，有理数全体を $\boldsymbol{Q}$，実数全体を $\boldsymbol{R}$，複素数全体を $\boldsymbol{C}$ で表す．当然，

$$x \in \boldsymbol{R} \iff x \text{ は実数である}$$

である．ここで，$p \iff q$ は，「p と q とが (論理的に) 同値であること」を表し，「p が正しいときには必ず q も正しく，p が正しくないときには必ず q も正しくない」という意味である．

上で使った文字 x は，条件を書くために使っている文字なので，どのような文字に置き換えても同じ集合である．たとえば，$\{x \mid x \in \boldsymbol{N}, 1 \leqq x \leqq 5\} =$

$\{y \mid y \in \boldsymbol{N}, 1 \leqq y \leqq 5\} = \cdots = \{1,2,3,4,5\}$ である.

2つの集合 A と B とに対して, 「$x \in A \implies x \in B$」[1]が成立するとき, 「A は B の部分集合である」といい, $A \subset B$ や $B \supset A$ と書く[2]. これは「A は B の1部分である」ということを表しているといえるが, $A = B$ の場合も含んでいることに注意がいる. たとえば, $B = \{1,2\}$ の部分集合は, $\emptyset, \{1\}, \{2\}, \{1,2\}$ の4つである. 常に $\emptyset \subset A, A \subset A$ である.

$A \subset B$ かつ $A \neq B$ のとき, $A \subsetneq B$ や $B \supsetneq A$ と書き[3], 「A は B の真部分集合である」という. $A \subsetneqq B, B \supsetneqq A$ と書くこともある.

2つの集合 A, B に対して, $A \cap B = \{x \mid x \in A$ かつ $x \in B\}$ を A と B との共通部分 (または交わり) といい, $A \cup B = \{x \mid x \in A$ または $x \in B\}$ を A と B との合併 (または結び) という[4]. 当然,

$$A \cap B \subset A \subset A \cup B, \quad A \cap B \subset B \subset A \cup B$$

が成り立つ.

A.2　実数の無限小数展開表示

有理数は, $\dfrac{1}{2} = 0.5, \dfrac{1}{3} = 0.33333\cdots$ のように, 循環小数 (有限小数を含む)[5]として表すことができる. ただし, 有限小数として表すことのできる有理数は, 必ず2通りの無限小数で表し得るので注意が必要である.

例 A.1　$1 = 1.000\cdots = 0.999\cdots, 0.25 = 0.25000\cdots = 0.24999\cdots$ のように, 有限小数 $k.a_1a_2a_3a_4\cdots a_n$ ($k \in \boldsymbol{N} \cup \{0\}, 0 \leqq a_i \leqq 9, a_n \neq 0$) と表すことのできる有理数は, $k.a_1a_2a_3a_4\cdots a_n 000\cdots = k.a_1a_2a_3a_4\cdots (a_n-1)999\cdots$ と2通りの無限小数に表される.

---

[1] $p \implies q$ は, 「p ならば q」と読み, 「p が正しいときには必ず q が正しい」という意味である. p が正しくないときには, q は正しくても正しくなくてもどちらでもよいことに注意. $p \iff q$ は「$p \implies q$ かつ $q \implies p$」ということと同じである.

[2] 高校では, $A \subseteq B, B \supseteq A$ と書いたかもしれないが, 最近では, $\subset$ の方が標準的となっているので, こちらを使うこととする.

[3] 高校では $A \subset B, B \supset A$ と書いたかも知れないが, $\subsetneq$ の方が標準的となりつつあるので, こちらを使うこととする.

[4] 和集合ということもある.

[5] ここでは, 有限小数は, 後に 0 が無限に続いているものとみなして, 無限小数の中に含めて考えることにする.

実際，§1.1 で述べたように，無限小数とは，途中で切ってできる有限小数列の極限を表しているので，$0.999\cdots = \lim_{n\to\infty} 0.999\cdots 9(9 \text{ が } n \text{ 個}) = \lim_{n\to\infty}(1 - 0.1^n) = 1$ などとなる．

無理数は，循環しない無限小数として，1 通りに表すことができる．

A.3　ニュートン法

この節では，非常に応用範囲の広い数値計算法であるニュートン法を紹介しよう．

多くの応用において，関数 $y = f(x)$ に対して $f(x) = 0$ となる x の値を求めることが必要となる．$f(a)f(b) < 0$ なる $a < b$ があれば，中間値の定理により，$f(c) = 0$ となる $c \in (a, b)$ が少なくとも 1 つはあるが，そのような c の 1 つに収束する数列 $\{x_n\}$ を，次の漸化式で得ることができる．

$$x_{n+1} = x_n - \frac{f(x_n)}{f'(x_n)} \ . \tag{A.1}$$

これは，$x = x_n$ における接線 $y = f'(x_n)(x - x_n) + f(x_n)$ が x 軸と交わる点の x 座標を x_{n+1} とする (図 A.1) ということである．この数列がいつでも c に収束するわけではないが，収束することが保証される場合がある．ここでは，もっとも簡単な状況のみを述べる．

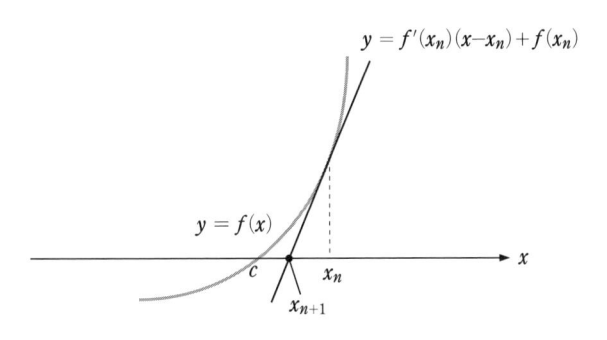

図 **A.1**　ニュートン法

定理 A.1 $y = f(x)$ は区間 I で C^2 級で, $a, b \in I, a < b$ とする.
(1) $f(a) > 0, f(b) < 0$ かつ $[a, b]$ で $f''(x) > 0$ とする. このとき, $x_0 = a$ と (A.1) で定まる数列は単調増加で収束し, その極限値は $f(c) = 0$ なる $c \in (a, b)$ のうちでもっとも a に近い値である.
(2) $f(a) < 0, f(b) > 0$ かつ $[a, b]$ で $f''(x) > 0$ とする. このとき, $x_0 = b$ と (A.1) で定まる数列は単調減少で収束し, その極限値は $f(c) = 0$ なる $c \in (a, b)$ のうちでもっとも b に近い値である.

$f''(x) < 0$ の場合は, $-f(x)$ を考えることで, この定理が使える場合がある. また, この定理の仮定をみたさない場合でも, 数列 $\{x_n\}$ がある c に収束すれば, $f(c) = 0$ である.

例 A.2 $A > 0$ とし, 2 以上の自然数 p に対して, $x^p = A$ の解 $x = \sqrt[p]{A}$ を考えよう. $f(x) = x^p - A$ とする. 十分小さな $a > 0$ をとると, $f(a) < 0$, $f''(x) = p(p-1)x^{p-2} > 0 \ (x > 0)$ なので, $f(b) > 0$, すなわち $b^p > A$ なる b をとって,

$$x_0 = b, \tag{A.2}$$

$$x_{n+1} = x_n - \frac{x_n^p - A}{p x_n^{p-1}} \tag{A.3}$$

$$= \frac{1}{p}\left\{(p-1)x_n + \frac{A}{x_n^{p-1}}\right\} \quad (n \geq 0) \tag{A.4}$$

とすると, 数列 $\{x_n\}$ は $c = \sqrt[p]{A}$ に収束する.

たとえば, $p = 2, A = 10, b = 4$ とすると, $x_{n+1} = \frac{1}{2}\left(x_n + \frac{10}{x_n}\right)$ であり, 簡単な電卓で計算しても, $x_0 = 4, x_1 = 3.25, x_2 = 3.1634615, x_3 = 3.1622778, x_4 = 3.1622776, x_5 = 3.1622776$ となり, すぐによい近似値が得られる (実際には $\sqrt{10} = 3.162277660168379331998889\cdots$).

問 A.1 より多くの桁を計算できる電卓やコンピュータで計算し, 収束のようすを見よ.

定理 A.1 の証明 (2) のみを証明する. (1) もまったく同様である. $f(x) = 0$ となる $x \in (a, b)$ のうちで b にもっとも近いものを c とする. $f''(x) > 0$ だから, $f'(x)$ は

$[a,b]$ で単調増加である.
(I) $[c,b]$ では $f'(x) > 0$ であること.
まず, $f'(c) \leqq 0$ と仮定すると, $f'(x)$ は単調増加だから $[a,c)$ で $f'(x) < 0$ となる. $f(c) = 0$ より $f(a) > 0$ となるが, これは $f(a) < 0$ なる仮定に反するので, $f'(c) > 0$ である. $f'(x)$ は $[a,b]$ で単調増加なので, $f'(x) > 0$ $(c \leqq x \leqq b)$ である.
(II) $b \geqq x_n > x_{n+1} > c$ $(n = 0, 1, 2, \ldots)$ であること.
$f'(x_0) = f'(b) > 0$ であるので $b = x_0 > x_1$ である. また, $y = f(x)$ は下に凸なので, $y = f(x)$ のグラフは接線より上にあることから $c < x_1$ である (図 A.1 参照). したがって, $n = 0$ では成立している. $n = k$ で成立していると仮定すると, $f'(x_{k+1}) > 0$ なので, $x_{k+2} < x_{k+1}$ である. また, $y = f(x)$ のグラフが下に凸であることから, $n = 0$ のときと同様に, $c < x_{k+2}$ である. したがって, $n = k+1$ でも成立する. 数学的帰納法により, すべての非負整数 n に対して成立する.
(III) (II) により数列 $\{x_n\}$ は収束する. 極限を c' とすると, $c \leqq c' < b$ であるが, (A.1) により, $f(c') = 0$ なので c の決め方より, $c' = c$ である. ∎

注意 $[c,b]$ で $|f''(x)| \leqq M$, $\dfrac{1}{|f'(x)|} \leqq K$ となるように, M, K をとる (最大値・最小値の存在定理によりとれる) と,

$$|x_{n+1} - c| \leqq \frac{MK}{2}|x_n - c|^2 \tag{A.5}$$

が成立することが示せる. 右辺に誤差 $|x_n - c|$ の 2 乗が現れることは, 誤差 $|x_n - c|$ が, 急速に小さくなっていくことを示している. これは, 例 A.2 でも見られたことである. つまり, ニュートン法は, 単に近似数列が収束するだけでなく, その収束が「速い」という優れた特徴をもっている.

公式集

実数全体の集合を $\boldsymbol{R}$ と表す．

指数関数，対数関数

$a > 0, b > 0$ とする．

$$a^{x_1+x_2} = a^{x_1}a^{x_2}, \qquad a^{x_1-x_2} = \frac{a^{x_1}}{a^{x_2}} \qquad (x_1, x_2 \in \boldsymbol{R}), \qquad (\text{公-1})$$

$$a^{rx} = (a^x)^r \quad (x, r \in \boldsymbol{R}), \qquad (ab)^x = a^x b^x \quad (x \in \boldsymbol{R}). \qquad (\text{公-2})$$

$$a^{\log_a b} = b, \quad \log_a a^c = c, \quad \log_a 1 = 0, \quad \log_a a = 1. \qquad (\text{公-3})$$

$x > 0, x_1 > 0, x_2 > 0, a > 0, a \neq 1, b > 0, b \neq 1$ とする．

$$\log_a (x_1 x_2) = \log_a x_1 + \log_a x_2, \qquad \log_a \frac{x_1}{x_2} = \log_a x_1 - \log_a x_2, \qquad (\text{公-4})$$

$$\log_a x^r = r \log_a x \quad (r \in \boldsymbol{R}, x > 0), \qquad (\text{公-5})$$

$$\log_b x = \frac{\log_a x}{\log_a b}. \qquad (\text{公-6})$$

三角関数

n は任意の整数とする．

$$\cos^2 x + \sin^2 x = 1, \qquad 1 + \tan^2 x = \frac{1}{\cos^2 x}. \qquad (\text{公-7})$$

$$\cos (x + 2n\pi) = \cos x, \qquad \sin (x + 2n\pi) = \sin x. \qquad (\text{公-8})$$

$$\tan (x + n\pi) = \tan x. \qquad (\text{公-9})$$

$$\cos (x \pm \pi) = -\cos x, \qquad \sin (x \pm \pi) = -\sin x. \qquad (\text{公-10})$$

$$\cos (-x) = \cos x, \qquad \sin (-x) = -\sin x, \qquad \tan (-x) = -\tan x. \qquad (\text{公-11})$$

$$\cos\left(x \pm \frac{\pi}{2}\right) = \mp \sin x, \quad \sin\left(x \pm \frac{\pi}{2}\right) = \pm \cos x \quad (\text{複号同順}), \quad (\text{公-12})$$

$$\tan\left(x \pm \frac{\pi}{2}\right) = -\frac{1}{\tan x} \quad (x \neq \frac{n}{2}\pi,\ n\ \text{は整数}). \quad (\text{公-13})$$

$$\cos\left(\frac{\pi}{2} - x\right) = \sin x, \quad \sin\left(\frac{\pi}{2} - x\right) = \cos x, \quad (\text{公-14})$$

$$\tan\left(\frac{\pi}{2} - x\right) = \frac{1}{\tan x} \quad (x \neq \frac{n}{2}\pi,\ n\ \text{は整数}). \quad (\text{公-15})$$

[加法定理]
$$\cos(x_1 \pm x_2) = \cos x_1 \cos x_2 \mp \sin x_1 \sin x_2, \quad (\text{公-16})$$

$$\sin(x_1 \pm x_2) = \sin x_1 \cos x_2 \pm \cos x_1 \sin x_2, \quad (\text{公-17})$$

$$\tan(x_1 \pm x_2) = \frac{\tan x_1 \pm \tan x_2}{1 \mp \tan x_1 \tan x_2}, \quad (\text{公-18})$$

(複号同順).

[倍角の公式]
$$\cos 2x = 2\cos^2 x - 1 = 1 - 2\sin^2 x, \quad (\text{公-19})$$

$$\sin 2x = 2 \sin x \cos x, \quad (\text{公-20})$$

$$\tan 2x = \frac{2 \tan x}{1 - \tan^2 x}. \quad (\text{公-21})$$

[半角の公式]
$$\cos^2 \frac{x}{2} = \frac{1 + \cos x}{2}, \quad \sin^2 \frac{x}{2} = \frac{1 - \cos x}{2}, \quad (\text{公-22})$$

$$\tan^2 \frac{x}{2} = \frac{1 - \cos x}{1 + \cos x}. \quad (\text{公-23})$$

$$\sin a \cos b = \frac{1}{2}\{\sin(a+b) + \sin(a-b)\}, \quad (\text{公-24})$$

$$\cos a \cos b = \frac{1}{2}\{\cos(a+b) + \cos(a-b)\}, \quad (\text{公-25})$$

$$\sin a \sin b = \frac{1}{2}\{-\cos(a+b) + \cos(a-b)\}. \quad (\text{公-26})$$

$$\sin a + \sin b = 2 \sin \frac{a+b}{2} \cos \frac{a-b}{2}, \quad (\text{公-27})$$

$$\sin a - \sin b = 2 \cos \frac{a+b}{2} \sin \frac{a-b}{2}, \quad (\text{公-28})$$

$$\cos a + \cos b = 2 \cos \frac{a+b}{2} \cos \frac{a-b}{2}, \quad (\text{公-29})$$

$$\cos a - \cos b = -2\sin\frac{a+b}{2}\sin\frac{a-b}{2}. \tag{公-30}$$

逆三角関数

$$\sin^{-1}(-x) = -\sin^{-1} x \quad (-1 \leqq x \leqq 1), \tag{公-31}$$

$$\tan^{-1}(-x) = -\tan^{-1} x \quad (x \in \boldsymbol{R}), \tag{公-32}$$

$$\cos^{-1}(-x) = \pi - \cos^{-1} x \quad (-1 \leqq x \leqq 1). \tag{公-33}$$

$$\sin^{-1} x + \cos^{-1} x = \frac{\pi}{2} \quad (-1 \leqq x \leqq 1). \tag{公-34}$$

2 項定理, 数列の和

$$(a+b)^n = \sum_{k=0}^{n} {}_n\mathrm{C}_k \, a^{n-k} b^k, \qquad {}_n\mathrm{C}_k = \frac{n!}{(n-k)!\, k!}. \tag{公-35}$$

$$_n\mathrm{C}_0 = {}_n\mathrm{C}_n = 1, \qquad {}_n\mathrm{C}_k = {}_n\mathrm{C}_{n-k} \quad (0 \leqq k \leqq n), \tag{公-36}$$

$$_n\mathrm{C}_{k-1} + {}_n\mathrm{C}_k = {}_{n+1}\mathrm{C}_k \quad (1 \leqq k \leqq n). \tag{公-37}$$

$$\sum_{k=1}^{n} r^{k-1} = \frac{1-r^n}{1-r} \quad (r \neq 1). \tag{公-38}$$

$$\sum_{k=1}^{n} k = \frac{n(n+1)}{2}, \qquad \sum_{k=1}^{n} k^2 = \frac{n(n+1)(2n+1)}{6}, \tag{公-39}$$

$$\sum_{k=1}^{n} k^3 = \frac{n^2(n+1)^2}{4}. \tag{公-40}$$

微分関連

基本関数の微分については, 表 2.1 参照.

[ライプニッツの公式]

$$\{f(x)g(x)\}^{(n)} = \sum_{k=0}^{n} {}_n\mathrm{C}_k \, f^{(n-k)}(x)\, g^{(k)}(x) \tag{公-41}$$

$$= f^{(n)}(x)g(x) + nf^{(n-1)}(x)g'(x) + \cdots + f(x)g^{(n)}(x). \tag{公-42}$$

[テイラーの公式 (**1 変数**)]

$$f(a+h) = \sum_{k=0}^{n} \frac{1}{k!} f^{(k)}(a) h^k + R_{n+1}, \tag{公-43}$$

$$R_{n+1} = \frac{1}{(n+1)!} f^{(n+1)}(a+\theta h) h^{n+1} \quad (0 < \theta < 1). \tag{公-44}$$

$$\frac{d}{dt}\{f(g(t), h(t))\} = f_x(g(t), h(t))g'(t) + f_y(g(t), h(t))h'(t). \tag{公-45}$$

$$z = f(x,y) \text{ のとき} \quad dz = df(x,y) = f_x(x,y)\,dx + f_y(x,y)\,dy. \tag{公-46}$$

[テイラーの公式 (**2 変数**)]

$$f(a+h, b+k) = \sum_{k=0}^{n} \frac{1}{k!} D^k f(a,b) + R_{n+1}, \tag{公-47}$$

$$D = h\frac{\partial}{\partial x} + k\frac{\partial}{\partial y}, \tag{公-48}$$

$$R_{n+1} = \frac{1}{(n+1)!} D^{n+1} f(a+\theta h, b+\theta k) \quad (0 < \theta < 1). \tag{公-49}$$

積分関連

基本関数の積分については，表 4.1, 4.2 参照．

$$\int f(\varphi(x))\varphi'(x)\,dx = \int f(t)\,dt \quad (\varphi(x) = t), \tag{公-50}$$

$$\int f(x)\,dx = \int f(\varphi(t))\varphi'(t)\,dt \quad (x = \varphi(t)). \tag{公-51}$$

$$F(x) = \int_a^x f(t)\,dt \text{ なら } F'(x) = f(x), \tag{公-52}$$

$$\int_a^b f'(x)\,dx = \Big[f(x)\Big]_a^b = f(b) - f(a). \tag{公-53}$$

$y = f(x) \ (a \leqq x \leqq b)$ を x 軸のまわりに回転してできる回転体の体積は，

$$V = \pi \int_a^b \{f(x)\}^2\,dx = \pi \int_a^b y^2\,dx. \tag{公-54}$$

曲線 $y = f(x)$ $(a \leqq x \leqq b)$ の長さは, $\displaystyle\int_a^b \sqrt{1 + \{f'(x)\}^2}\, dx,$ (公-55)

曲線 $x = f(t), y = g(t)$ $(a \leqq t \leqq b)$ の長さは, $\displaystyle\int_a^b \sqrt{\{f'(x)\}^2 + \{g'(t)\}^2}\, dt.$

(公-56)

$D = \{\, (x,y) \mid a \leqq x \leqq b, g_1(x) \leqq y \leqq g_2(x) \,\}$ のとき,

$$\iint_D f(x,y)\, dxdy = \int_a^b \left(\int_{g_1(x)}^{g_2(x)} f(x,y)\, dy \right) dx \left(= \int_a^b dx \int_{g_1(x)}^{g_2(x)} dy\, f(x,y) \right).$$

(公-57)

$z = f(x,y)$ $((x,y) \in D)$ の表面積 S は,

$$S = \iint_D \sqrt{1 + \{f_x(x,y)\}^2 + \{f_y(x,y)\}^2}\, dxdy. \qquad (公\text{-}58)$$

問題の略解

---第 1 章---

問 **1.1** (1) $2 \leq x \leq 3$ (2) $-1 \leq x \leq 3$ (3) $x \leq 1, 2 < x$
(4) $-2 \leq x \leq 1, 2 \leq x$ (5) $-1 < x \leq 2, 3 < x$.

問 **1.2** グラフは省略. (1) 値域は $[2, 18]$, 単調増加になっているのは $[1, 5]$.
(2) $\left(-2, \dfrac{33}{8}\right]$, $\left(-1, \dfrac{1}{4}\right]$ (3) $\left[1, \dfrac{9}{5}\right)$, $[0, 4)$.

問 **1.3** (1) $a^{\frac{2}{3}}$ (2) $a^{-\frac{3}{5}}$ (3) $a^{\frac{25}{12}}$ (4) $a^{-\frac{1}{6}}$ (5) $a^{\frac{5}{2}}$.

問 **1.4** (1) $\sqrt[5]{a}$ (2) $\sqrt[4]{a^3}$ (3) $\dfrac{1}{\sqrt[3]{a^2}}$ (4) $\sqrt[3]{a^7} = a^2 \sqrt[3]{a}$ (5) $\sqrt[4]{a^5} = a\sqrt[4]{a}$.

問 **1.5** (1) $\dfrac{\sqrt{3}}{2}$ (2) $\dfrac{1}{2}$ (3) $\sqrt{3}$ (4) $\dfrac{\sqrt{2}}{2}$ (5) $\dfrac{\sqrt{2}}{2}$ (6) 1 (7) $\dfrac{1}{2}$
(8) $\dfrac{\sqrt{3}}{2}$ (9) $\dfrac{1}{\sqrt{3}}$.

問 **1.6** (1) $\dfrac{1}{2}$ (2) $-\dfrac{\sqrt{3}}{2}$ (3) $-\dfrac{1}{\sqrt{3}}$ (4) $-\dfrac{\sqrt{3}}{2}$ (5) $\dfrac{1}{2}$ (6) $-\sqrt{3}$
(7) $\dfrac{\sqrt{2}}{2}$ (8) $\dfrac{\sqrt{2}}{2}$ (9) 1 (10) $-\dfrac{\sqrt{2}}{2}$ (11) $-\dfrac{\sqrt{2}}{2}$ (12) 1
(13) $\dfrac{\sqrt{3}}{2}$ (14) $-\dfrac{1}{2}$ (15) $-\sqrt{3}$.

問 **1.7** (1) $\dfrac{\pi}{6}$ (2) $\dfrac{\pi}{4}$ (3) $\dfrac{\pi}{3}$ (4) $\dfrac{2}{3}\pi$ (5) $\dfrac{5}{3}\pi$ (6) $-\dfrac{\pi}{2}$ (7) $-\dfrac{5}{6}\pi$.

問 **1.8** (1) $30°$ (2) $45°$ (3) $60°$ (4) $240°$ (5) $315°$ (6) $-210°$
(7) $-67.5°$.

問 **1.9** (1) $\dfrac{\sqrt{6}+\sqrt{2}}{4}$ (2) $\dfrac{\sqrt{6}-\sqrt{2}}{4}$ (3) $\dfrac{\sqrt{6}+\sqrt{2}}{4}$ (4) $\dfrac{\sqrt{2+\sqrt{2}}}{2}$.

問 **1.10** (1) $\dfrac{(2x-1)^2}{(3x+2)^2}$ (2) $\dfrac{3x^2-4}{2x^2+3}$ (3) $\dfrac{-x+3}{4x+3}$ (4) e^{2x^2-1}.

問 **1.11** (1) 462 (2) -120.

練習問題 1

1. (1) $x^3 + 4x^2 + 5x + 14 + \dfrac{46x - 27}{x^2 - 4x + 2}$

(2) $x^4 - x^3 - x^2 + 3x - 1 + \dfrac{-5x + 1}{x^2 + x + 2}$.

2. (1) $y = -2x + 4$ (2) $y = x + 4$ (3) $y = 3x - 7$ (4) $y = -x + 2$.

3. (1) $-1 < x \leqq 1$ (2) $x < 0$ (3) $x < \log 2$

(4) $-\dfrac{7}{6}\pi + 2n\pi < x < \dfrac{\pi}{6} + 2n\pi$ (n は整数).

4. グラフは省略. 値域のみ示す. (1) $(2, \infty)$ (2) $(-3, \infty)$. ($\{y \mid y > 2\}$, $\{y \mid y > -3\}$ でもよい).

5. (1) $1 + \dfrac{3\log 2}{\log 3}$ (2) $\dfrac{1}{2} + \dfrac{\log 3}{\log 2}$ (3) $\dfrac{5\log 2}{\log 2 + \log 3}$.

6. グラフは省略. (1) $y = \log_3 x + 2$ と見るとよい. $y = \log_3 x$ のグラフを y 方向に 2 平行移動したものである. $(0, \infty)$.

(2) $y = \log_2(x-1) - 2$ と見るとよい. $y = \log_2 x$ のグラフを x 方向に 1, y 方向に -2 平行移動したものである. $(1, \infty)$.

(3) $y = \dfrac{3}{2}\log_2(x-2) + 3$ と見るとよい. $y = \dfrac{3}{2}\log_2 x$ のグラフを x 方向に 2, y 方向に 3 平行移動したものである. $(2, \infty)$.

7. (1) $x = 3 + \log_2 3$ (2) $x = 3\sqrt{3}$ (3) $x = \sqrt[4]{3}$ (4) $x = 15$

(5) $x = 3^{\log_2 15}$ (6) $x = \dfrac{1}{10}$.

8. (1) $\cos\theta = -\dfrac{\sqrt{3}}{2}$, $\sin\theta = -\dfrac{1}{2}$, $\tan\theta = \dfrac{\sqrt{3}}{3}$.

(2) $\cos\theta = \dfrac{1}{2}$, $\sin\theta = \dfrac{\sqrt{3}}{2}$, $\tan\theta = \sqrt{3}$.

(3) $\cos\theta = -\dfrac{\sqrt{2}}{2}$, $\sin\theta = \dfrac{\sqrt{2}}{2}$, $\tan\theta = -1$.

(4) $\cos\theta = \dfrac{\sqrt{3}}{2}$, $\sin\theta = -\dfrac{1}{2}$, $\tan\theta = -\dfrac{\sqrt{3}}{3}$.

9. (1) $\sin x = \dfrac{\sqrt{11}}{6}$, $\tan x = -\dfrac{\sqrt{11}}{5}$. (2) $\cos x = -\dfrac{2\sqrt{2}}{3}$, $\tan x = -\dfrac{\sqrt{2}}{4}$.

(3) $\sin x = -\dfrac{3\sqrt{10}}{10}$, $\cos x = -\dfrac{\sqrt{10}}{10}$.

(4) $\cos x = \pm\dfrac{\sqrt{7}}{4}$, $\tan x = \pm\dfrac{3\sqrt{7}}{7}$ (複号同順).

(5) $\sin x = \pm\dfrac{2\sqrt{5}}{5}$, $\cos x = \mp\dfrac{\sqrt{5}}{5}$ (複号同順).

10. グラフは省略. 周期のみ示す. (1) 4π (2) 2π (3) 2π (4) π (5) 4π (6) $\dfrac{2}{3}\pi$.

11. (1) $\cos\theta = \dfrac{\sqrt{2}-\sqrt{6}}{4}$, $\sin\theta = \dfrac{\sqrt{2}+\sqrt{6}}{4}$, $\tan\theta = -(2+\sqrt{3})$.

(2) $\cos\theta = -\dfrac{\sqrt{2-\sqrt{2}}}{2}$, $\sin\theta = \dfrac{\sqrt{2+\sqrt{2}}}{2}$,
$\tan\theta = -\sqrt{3+2\sqrt{2}} = -(1+\sqrt{2})$.

12. (1) $2^6 \cdot 3^8 \cdot 5 \,(= 2099520)$ (2) $3^6 \cdot 5 \cdot 11 \,(= 40095)$.

13. (1) $2^9 (= 512)$ (2) 0 (3) $2^{10} - 2 (= 1022)$ (4) -1.

第 2 章

問 **2.1** 略.

問 **2.2** (1) $\dfrac{1}{2}$ (2) 0 (3) ∞ (4) 0 (5) 0.

問 **2.3** (1) 0 (2) $\dfrac{\pi}{3}$ (3) $\dfrac{\pi}{4}$ (4) $\dfrac{\pi}{2}$ (5) $-\dfrac{\pi}{2}$ (6) $-\dfrac{\pi}{6}$ (7) $-\dfrac{\pi}{3}$.

問 **2.4** (1) $\dfrac{\pi}{2}$ (2) $\dfrac{\pi}{6}$ (3) $\dfrac{\pi}{4}$ (4) 0 (5) π (6) $\dfrac{2}{3}\pi$ (7) $\dfrac{\pi}{4}$ (8) $\dfrac{\pi}{3}$ (9) 0 (10) $-\dfrac{\pi}{6}$ (11) $-\dfrac{\pi}{3}$ (12) $-\dfrac{\pi}{4}$.

問 **2.5** (1) $\dfrac{1}{2}$ (2) -2 (3) 0 (4) $\dfrac{1}{4}$ (5) 1 (6) $\dfrac{1}{2}$ (7) $\dfrac{1}{2}$ (8) 3.

問 **2.6** (1) $\dfrac{3}{5}$ (2) $\dfrac{1}{6}$ (3) $\dfrac{2}{5}$.

問 **2.7** (1) e^{-3} (2) $e^{\frac{1}{2}}$ (3) $\dfrac{3}{2}$ (4) -2.

問 **2.8** (1) 0 (2) 1 (3) 2 (4) -1

練習問題 2

A-1. (1) 1 (2) 1 $\left(\textbf{Hint}: \dfrac{1}{k(k+1)} = \dfrac{1}{k} - \dfrac{1}{k+1}\right)$ (3) $\dfrac{1}{3}$.

A-2. (1) $\dfrac{2}{5}\pi$ (2) $-\dfrac{2}{5}\pi$ (3) $\dfrac{3}{5}\pi$ (4) $\dfrac{4\sqrt{21}}{25}$.

A-3. (1) $\dfrac{3}{4}$ (2) $\sin^{-1}\left(-\dfrac{4}{5}\right) < 0,\ \cos^{-1} x \geqq 0$ だから存在しない.

B-1. (3) 3.

B-3. (1) 数学的帰納法で. (2) $a_{n+1} - a_n$ を符号がわかる形に変形する. (3) (1), (2) より $\alpha = \lim\limits_{n\to\infty} a_n$ の存在がわかる. $\alpha = \sqrt{\alpha + 2}$ より極限値 2 がでる.

B-4. (1) $\sin^{-1}\dfrac{4}{5} = t$ とおいて $\cos t = \dfrac{3}{5}$ と $0 \leqq t \leqq \pi$ を示す.
(2) $\cos^{-1} x = t$ とおいて $\sin t = \sqrt{1-x^2}$ と $0 \leqq t \leqq \dfrac{\pi}{2}$ を示す.
(3) $\cos^{-1} x = t$ とおいて $\sin(\pi - t) = \sqrt{1-x^2}$ と $0 \leqq \pi - t \leqq \dfrac{\pi}{2}$ を示す.

B-5. (1) $\tan^{-1} x = t$ とおいて $\sin t = \dfrac{x}{\sqrt{1+x^2}}$ と $-\dfrac{\pi}{2} < t < \dfrac{\pi}{2}$ を示す.
(2) $x > 0$ としているので $0 < \tan^{-1} x < \dfrac{\pi}{2}$ であることに注意する.

B-6. 略.

B-7. 略.

B-8. 区間 $\left[\pi, \dfrac{3}{2}\pi\right]$ で中間値の定理を使う.

―――――第 3 章―――――

問 **3.1** (1) $y' = \dfrac{3}{2}x^{\frac{1}{2}},\ y = \dfrac{3}{2}x - \dfrac{1}{2}$ (2) $y' = \dfrac{5}{3}x^{\frac{2}{3}},\ y = \dfrac{5}{3}x - \dfrac{2}{3}$

(3) $y' = -\dfrac{3}{2}x^{-\frac{5}{2}},\ y = -\dfrac{3}{2}x + \dfrac{5}{2}$.

問題の略解　221

問 3.2　(1) $-4x+3$　(2) $6x^2-6x+1$　(3) $-2x^2-\dfrac{1}{2}x-2$
(4) $2x^4-3x^3+\dfrac{1}{2}$　(5) $1+2x^{-3}-4x^{-5}$　(6) $3x^2+4x-3$
(7) $-x^{-2}-15x^{-6}$　(8) $\dfrac{2}{3}x^{-\frac{1}{3}}+\dfrac{1}{3}x^{-\frac{2}{3}}$
(9) $\dfrac{2}{5}x^{-\frac{3}{5}}-2x^{-\frac{1}{3}}+2x^{-3}$　(10) $\sqrt{3}x^{\sqrt{3}-1}+2x^{-3}$
(11) $2\cos x-\dfrac{1}{\cos^2 x}$　(12) $-x^{-2}-\dfrac{1}{x^2+1}$.

問 3.3　(1) $\sin x+x\cos x$　(2) $2x\cos x-x^2\sin x$
(3) $\dfrac{\sin x}{x}+(\log x)\cos x$　(4) $\cos^2 x-\sin^2 x$　(5) $\dfrac{2}{(x+2)^2}$
(6) $\dfrac{-2x^2-2x+1}{(x^2+x+1)^2}$　(7) $\dfrac{-1}{\sin^2 x}$　(8) $\dfrac{1-2x\tan^{-1}x}{(x^2+1)^2}$
(9) $2x\sin^{-1}x\cos^{-1}x+\dfrac{x^2}{\sqrt{1-x^2}}(\cos^{-1}x-\sin^{-1}x)$
(10) $\dfrac{(1-x^2)\log x+x^2+1}{(x^2+1)^2}$.

問 3.4　(1) $10(2x+3)^4$　(2) $6x(1-x^2)^{-4}$　(3) $2(x^2-1)(x^3-3x+1)^{-\frac{1}{3}}$
(4) $\dfrac{1}{\sqrt{2x}}$　(5) $\dfrac{2x+1}{2\sqrt{x^2+x+1}}$　(6) $-\dfrac{6x}{(x^2+1)^4}$　(7) $-2\cos x\sin x$
(8) $\dfrac{2\tan x}{\cos^2 x}$　(9) $2\cos(2x+1)$　(10) $2\sin(1-2x)$　(11) $\dfrac{3\sin x}{\cos^4 x}$
(12) $\dfrac{1}{\sqrt{4-x^2}}$　(13) $\dfrac{1}{x^2+9}$　(14) $\dfrac{-2}{\sqrt{1-4x^2}}$　(15) $\dfrac{2x}{\sqrt{1-x^4}}$
(16) $-\dfrac{1}{x(\log x)^2}$　(17) $\dfrac{2x+1}{x^2+x+1}$　(18) $\dfrac{1}{x\log x}$　(19) $\dfrac{4\sin x}{\cos^5 x}$
(20) $\dfrac{2x}{x^2+4}$　(21) $\dfrac{\cos x}{\sin x}$　(22) $2e^{\sin(2x+3)}\cos(2x+3)$　(23) $\dfrac{-1}{x^2+1}$
(24) $\dfrac{2}{x\sqrt{x^4-1}}$　(25) $2x(1-\cos x)(1-\cos x+x\sin x)$
(26) $3\sin^2 x\cos x\cos(4x)-4\sin^3 x\sin(4x)$　(27) $e^{-x^2}(1-2x^2)$
(28) $\dfrac{2e^{2x}}{1+e^{4x}}$　(29) $\dfrac{1}{\sqrt{x^2+1}}$
(30) $4x\sin(x^2)\cos(x^2)\cos^3(2x)-6\sin^2(x^2)\cos^2(2x)\sin(2x)$.

問 **3.5** (1) $x^{(2x+1)}\left(2\log x + 2 + \dfrac{1}{x}\right)$ (2) $-a^{\frac{1}{x}}\dfrac{\log a}{x^2}$

(3) $x^{\sin x}\left(\cos x \log x + \dfrac{\sin x}{x}\right)$ (4) $(\sin x)^x\left(\dfrac{x\cos x}{\sin x} + \log(\sin x)\right)$

(5) $(\cos x)^{\log x}\left(\dfrac{\log(\cos x)}{x} - \log x \tan x\right)$

(6) $(\log x)^x\left(\dfrac{1}{\log x} + \log(\log x)\right)$ (7) $\dfrac{\sin x}{(x^2+1)(x-2)} + \dfrac{x\cos x}{(x^2+1)(x-2)} - \dfrac{2x^2 \sin x}{(x^2+1)^2(x-2)} - \dfrac{x\sin x}{(x^2+1)(x-2)^2}.$

問 **3.6** (1) $\dfrac{1}{t},\ y = \dfrac{1}{3}x + 3a$ (2) $\dfrac{1}{\sin t},\ y = \sqrt{2}x - 1$ (3) $-\dfrac{b\cos t}{a\sin t},$ $y = \dfrac{\sqrt{3}b}{3a}x + \dfrac{2}{3}\sqrt{3}b$ (4) $\dfrac{t(2-t^3)}{1-2t^3},\ y = \dfrac{4}{5}x + \dfrac{4}{5}a$

(5) $\dfrac{\sin t + \cos t}{\cos t - \sin t},\ y = (2-\sqrt{3})x + (\sqrt{3}-1)e^{\frac{5}{6}\pi}$

(6) $-\tan t,\ y = -\sqrt{3}x + \dfrac{\sqrt{3}}{2}a.$

問 **3.7** (1) 2 (2) $\dfrac{1}{6}$ (3) 1 (4) $\dfrac{1}{2}$.

問 **3.8** (1) 0 (2) 0 (3) 0.

問 **3.9** (1) $\dfrac{1}{2}$ (2) 0 (3) $\dfrac{1}{2}$ (4) $\dfrac{1}{3}$ (5) 1.

問 **3.10** (1) 0 (2) 0 (3) -1.

問 **3.11** (1) 1 (ロピタルの定理は不要) (2) 1 (3) e.

問 **3.12** (1) $6x - 8$ (2) $\dfrac{-2(x^2-1)}{(x^2+1)^2}$ (3) $\dfrac{2(x^3-9x^2-3x+3)}{(x^2+1)^3}$

(4) $2e^x \cos x$ (5) $(9x^4 - 6x)e^{-x^3}.$

問 **3.13** (1) $y' = -3x(x-2),\ y'' = -6(x-1).$

x	$(x \to -\infty)$	$\cdots$	0	$\cdots$	1	$\cdots$	2	$\cdots$	$(x \to \infty)$
y'		$-$	0	$+$	$+$	$+$	0	$-$	
y''		$+$	$+$	$+$	0	$-$	$-$	$-$	
y	∞	↘	極小 -2	↗	変曲点 0	↗	極大 2	↘	$-\infty$

(2) $y' = 3(x-2)(x+2)$, $y'' = 6x$.

x	$(x \to -\infty)$	$\cdots$	-2	$\cdots$	0	$\cdots$	2	$\cdots$	$(x \to \infty)$
y'		$+$	0	$-$	$-$	$-$	0	$+$	
y''		$-$	$-$	$-$	0	$+$	$+$	$+$	
y	$-\infty$	↗	極大 24	↘	変曲点 8	↘	極小 -8	↗	∞

(3) $y' = 6(x-1)(x-2)$, $y'' = 6(2x-3)$.

x	$(x \to -\infty)$	$\cdots$	1	$\cdots$	$\dfrac{3}{2}$	$\cdots$	2	$\cdots$	$(x \to \infty)$
y'		$+$	0	$-$	$-$	$-$	0	$+$	
y''		$-$	$-$	$-$	0	$+$	$+$	$+$	
y	$-\infty$	↗	極大 3	↘	変曲点 $\dfrac{5}{2}$	↘	極小 2	↗	∞

(4) $y' = 4x(x+1)(x-1)$, $y'' = 4(3x^2-1)$.

x	$(x \to -\infty)$	$\cdots$	-1	$\cdots$	$-\dfrac{1}{\sqrt{3}}$	$\cdots$	0	$\cdots$	$\dfrac{1}{\sqrt{3}}$	$\cdots$	1	$\cdots$	$(x \to \infty)$
y'		$-$	0	$+$	$+$	$+$	0	$-$	$-$	$-$	0	$+$	
y''		$+$	$+$	$+$	0	$-$	$-$	$-$	0	$+$	$+$	$+$	
y	∞	↘	極小 1	↗	変曲点 $\dfrac{13}{9}$	↗	極大 2	↘	変曲点 $\dfrac{13}{9}$	↘	極小 1	↗	∞

(5) $y' = \dfrac{-2x}{(1+x^2)^2}$, $y'' = \dfrac{2(3x^2-1)}{(1+x^2)^3}$.

x	$(x \to -\infty)$	$\cdots$	$-\dfrac{1}{\sqrt{3}}$	$\cdots$	0	$\cdots$	$\dfrac{1}{\sqrt{3}}$	$\cdots$	$(x \to \infty)$
y'		$+$	$+$	$+$	0	$-$	$-$	$-$	
y''		$+$	0	$-$	$-$	$-$	0	$+$	
y	0	↗	変曲点 $\dfrac{3}{4}$	↗	極大 1	↘	変曲点 $\dfrac{3}{4}$	↘	0

(6) $y' = \dfrac{-4(x^2-1)}{(x^2+1)^2}$, $y'' = \dfrac{8x(x^2-3)}{(x^2+1)^3}$.

x	$(x \to -\infty)$	$\cdots$	$-\sqrt{3}$	$\cdots$	-1	$\cdots$	0	$\cdots$	1	$\cdots$	$\sqrt{3}$	$\cdots$	$(x \to \infty)$
y'		$-$	$-$	$-$	0	$+$	$+$	$+$	0	$-$	$-$	$-$	
y''		$-$	0	$+$	$+$	$+$	0	$-$	$-$	$-$	0	$+$	
y	0	↘	変曲点 $-\sqrt{3}$	↘	極小 -2	↗	変曲点 0	↗	極大 2	↘	変曲点 $\sqrt{3}$	↘	0

(7) $y' = (x+1)^2 e^x$, $y'' = (x+1)(x+3)e^x$.

x	$(x \to -\infty)$	$\cdots$	-3	$\cdots$	-1	$\cdots$	$(x \to \infty)$
y'		$+$	$+$	$+$	0	$+$	
y''		$+$	0	$-$	0	$+$	
y	0	↗	変曲点 $10e^{-3}$	↗	変曲点 $2e^{-1}$	↗	∞

(8) $y' = 1 - 2\sin x$, $y'' = -2\cos x$.

x	$-\pi$	$\cdots$	$-\dfrac{\pi}{2}$	$\cdots$	$\dfrac{\pi}{6}$	$\cdots$	$\dfrac{\pi}{2}$	$\cdots$	$\dfrac{5}{6}\pi$	$\cdots$	π
y'	1	$+$	$+$	$+$	0	$-$	$-$	$-$	0	$+$	1
y''		$+$	0	$-$	$-$	$-$	0	$+$	$+$	$+$	
y	$-\pi-2$	↗	変曲点 $-\dfrac{\pi}{2}$	↗	極大 $\dfrac{\pi}{6}+\sqrt{3}$	↘	変曲点 $\dfrac{\pi}{2}$	↘	極小 $\dfrac{5}{6}\pi-\sqrt{3}$	↗	$\pi-2$

(9) $y' = 1 - 2\cos x$, $y'' = 2\sin x$.

x	$-\pi$	$\cdots$	$-\dfrac{\pi}{3}$	$\cdots$	0	$\cdots$	$\dfrac{\pi}{3}$	$\cdots$	π	$\cdots$	$\dfrac{5}{3}\pi$	$\cdots$	2π
y'	$+$	$+$	0	$-$	$-$	$-$	0	$+$	$+$	$+$	0	$-$	$-$
y''	0	$-$	$-$	$-$	0	$+$	$+$	$+$	0	$-$	$-$	$-$	0
y	変曲点 $-\pi$	↗	極大 $-\dfrac{\pi}{3}+\sqrt{3}$	↘	変曲点 0	↘	極小 $\dfrac{\pi}{3}-\sqrt{3}$	↗	変曲点 π	↗	極大 $\dfrac{5}{3}\pi+\sqrt{3}$	↘	変曲点 2π

(10) $y' = \log x + 1$, $y'' = \dfrac{1}{x}$.

x	0	$\cdots$	e^{-1}	$\cdots$	$(x \to \infty)$
y'	$-\infty$	$-$	0	$+$	
y''		$+$	$+$	$+$	
y	0	↘	極小 $-e^{-1}$	↗	∞

問 3.14 $v = \dfrac{x}{20\sqrt{16-x^2}}$ (m/s).

問 3.15 (1) $(-1)^n (n+1)!\, x^{-n-2}$ (2) $(-1)^n n!\,(x-1)^{-n-1}$

(3) $2x\log x + x$ $(n=1)$, $2\log x + 3$ $(n=2)$,

$(-1)^{n-1} 2(n-3)!\, x^{-n+2}$ $(n \geqq 3)$

(4) $\dfrac{1\cdot 3 \cdots (2n-1)}{2^n}(1-x)^{-n-\frac{1}{2}}$ $\left(= \dfrac{(2n)!}{2^{2n}n!}(1-x)^{-n-\frac{1}{2}}\right)$

(5) $\dfrac{(-1)^n n!}{4}\{(x-3)^{-n-1} - (x+1)^{-n-1}\}$.

問 3.16　(1) $2^{n-2}e^{2x}\{4x^2 + 4nx + n(n-1)\}$
(2) $\{x^3 + 3nx^2 + 3n(n-1)x + n(n-1)(n-2)\}e^x$
(3) $x\sin\left(x + \dfrac{n}{2}\pi\right) + n\sin\left(x + \dfrac{n-1}{2}\pi\right)$.

問 3.17　(1) $1 + \dfrac{1}{2}x - \dfrac{1}{8}x^2 + \dfrac{1}{16}x^3 + R_4$
(2) $1 + \dfrac{1}{2}x + \dfrac{3}{8}x^2 + \dfrac{5}{16}x^3 + R_4$
(3) $1 - \dfrac{1}{2}\left(x - \dfrac{\pi}{2}\right)^2 + \dfrac{1}{24}\left(x - \dfrac{\pi}{2}\right)^4 + R_5$
(4) $\dfrac{1}{2} - \dfrac{1}{4}(x-1) + \dfrac{1}{8}(x-1)^2 - \dfrac{1}{16}(x-1)^3 + R_4$
(5) $x - \dfrac{1}{3}x^3 + R_4$　(6) $1 + x - \dfrac{1}{3}x^3 + R_4$
(7) $2 + \dfrac{1}{4}(x-2) - \dfrac{1}{64}(x-2)^2 + \dfrac{1}{512}(x-2)^3 + R_4$
(8) $1 - x^2 + \dfrac{1}{2}x^4 + R_5$
(9) $-\dfrac{1}{2}\left(x - \dfrac{\pi}{2}\right)^2 - \dfrac{1}{12}\left(x - \dfrac{\pi}{2}\right)^4 + R_5$.

問 3.18　$\sqrt{1.1} = 1.05 + R$, $|R| \leqq 0.00125$.

練習問題 3

A-1.　(1) $-\dfrac{\pi}{6}$　(2) $(-\infty, \log 2]$ (**Hint**： $-1 \leqq 1 - e^x \leqq 1$ をみたす x 全体)
(3) $-\sqrt{\dfrac{e^x}{2 - e^x}}$.

A-2.　(1) $\dfrac{e^x + e^{-x}}{e^{2x} + e^{-2x} - 1}$　(2) $\dfrac{1}{2\sqrt{1-x}\sqrt{x}}$　(3) $e^{\sin^{-1} x} \dfrac{1}{\sqrt{1-x^2}}$
(4) $-\dfrac{1}{\sqrt{1-x^2}}$　(5) $-\dfrac{x}{|x|}\dfrac{1}{\sqrt{1-x^2}}$　(6) $\sqrt{\dfrac{a-x}{x}}$　(7) $\sin^{-1} x$
(8) $2\sqrt{a^2 - x^2}$.

A-3.　(1) $\dfrac{-4x}{(x^2-1)^3}$　(2) $\dfrac{1 + 2x^2}{\sqrt{x^2+1}}$　(3) $\dfrac{-1}{(x + \sqrt{x^2+1})\sqrt{x^2+1}}$
(4) $e^{ax}(a\cos bx - b\sin bx)$　(5) $\dfrac{1}{x^2 - a^2}$　(6) $2\left(x - \dfrac{1}{x^3}\right)$

(7) $x^{\cos x-1}(\cos x - x \sin x \log x)$ (8) $x^{\sqrt{x}} \dfrac{\log x + 2}{2\sqrt{x}}$.

A-4. (1) $\dfrac{1}{\sqrt{x^2+4}}$ (2) $(1-2x^2)e^{-x^2}$ (3) $\dfrac{ab}{a^2\cos^2 x + b^2 \sin^2 x}$

(4) $\dfrac{1}{\sqrt{x^2+1}(\sqrt{x^2+1}-x)^2} = \dfrac{2x^2+1}{\sqrt{x^2+1}} + 2x = \dfrac{(\sqrt{x^2+1}+x)^2}{\sqrt{x^2+1}}$

(5) $\dfrac{1}{\cos x}$ (6) $\dfrac{2(x^2+2)}{(x-1)^2(x+2)^2}$ (7) $\dfrac{-1}{2\sqrt{1-x}\sqrt{x}(1+\sqrt{x})}$

(8) $(\sqrt{x}+1)^x \left\{ \log(\sqrt{x}+1) + \dfrac{\sqrt{x}}{2(\sqrt{x}+1)} \right\}$.

A-5. (1) $3f'(3x)$ (2) $2xf'(x^2)$ (3) $2f(x)f'(x)$ (4) $e^{f(x)}f'(x)$

(5) $\dfrac{f'(x)}{f(x)}$.

A-6. (1) $x + \sqrt{2}y = 2$ (2) $3x - 4y = 3\log 2 - 5$ (3) $x - y = \dfrac{\pi}{2\sqrt{2}}$.

A-7. (1) $y' = (x^2 + 2x - 2)e^x$, $y'' = x(x+4)e^x$.

x	$(x \to -\infty)$	$\cdots$	-4	$\cdots$	$-1-\sqrt{3}$	$\cdots$	0	$\cdots$	$-1+\sqrt{3}$	$\cdots$	$(x \to \infty)$
y'		$+$	$+$	$+$	0	$-$	$-$	$-$	0	$+$	
y''		$+$	0	$-$	$-$	$-$	0	$+$	$+$	$+$	
y	0	↗	変曲点 $14e^{-4}$	↗	極大 $\dfrac{2(1+\sqrt{3})}{e^{1+\sqrt{3}}}$	↘	変曲点 -2	↘	極小 $\dfrac{2(1-\sqrt{3})}{e^{1-\sqrt{3}}}$	↗	∞

(2) $y' = -x(2x-3)e^{-x}$, $y'' = (2x-1)(x-3)e^{-x}$.

x	$(x \to -\infty)$	$\cdots$	0	$\cdots$	$\dfrac{1}{2}$	$\cdots$	$\dfrac{3}{2}$	$\cdots$	3	$\cdots$	$(x \to \infty)$
y'		$-$	0	$+$	$+$	$+$	0	$-$	$-$	$-$	
y''		$+$	$+$	$+$	0	$-$	$-$	$-$	0	$+$	
y	∞	↘	極小 1	↗	変曲点 $2e^{-\frac{1}{2}}$	↗	極大 $7e^{-\frac{3}{2}}$	↘	変曲点 $22e^{-3}$	↘	0

(3) $y' = \dfrac{1 - \log x}{x^2}$, $y'' = \dfrac{2\log x - 3}{x^3}$.

x	$(x \to +0)$	$\cdots$	e	$\cdots$	$e^{\frac{3}{2}}$	$\cdots$	$(x \to \infty)$
y'		$+$	0	$-$	$-$	$-$	
y''		$-$	$-$	$-$	0	$+$	
y	$-\infty$	↗	極大 e^{-1}	↘	変曲点 $\dfrac{3}{2}e^{-\frac{3}{2}}$	↘	0

(4) $y' = \dfrac{-\cos x}{2 - \sin x}$, $y'' = \dfrac{2\sin x - 1}{(2 - \sin x)^2}$.

x	$-\pi$	$\cdots$	$-\dfrac{\pi}{2}$	$\cdots$	$\dfrac{\pi}{6}$	$\cdots$	$\dfrac{\pi}{2}$	$\cdots$	$\dfrac{5}{6}\pi$	$\cdots$	π
y'		$+$	0	$-$	$-$	$-$	0	$+$	$+$	$+$	
y''		$-$	$-$	$-$	0	$+$	$+$	$+$	0	$-$	
y	$\log 2$	↗	極大 $\log 3$	↘	変曲点 $\log \dfrac{3}{2}$	↘	極小 0	↗	変曲点 $\log \dfrac{3}{2}$	↗	$\log 2$

(5) $y' = \dfrac{-\sin x}{1 + \cos^2 x}$, $y'' = \dfrac{-\cos x(3 - \cos^2 x)}{(1 + \cos^2 x)^2}$.

x	$-\pi$	$\cdots$	$-\dfrac{\pi}{2}$	$\cdots$	0	$\cdots$	$\dfrac{\pi}{2}$	$\cdots$	π
y'	0	$+$	$+$	$+$	0	$-$	$-$	$-$	0
y''	$+$	$+$	0	$-$	$-$	$-$	0	$+$	$+$
y	$-\dfrac{\pi}{4}$	↗	変曲点 0	↗	極大 $\dfrac{\pi}{4}$	↘	変曲点 0	↘	極小 $-\dfrac{\pi}{4}$

A-8. 各不等式の左辺 − 右辺を $f(x)$ とおき, $f'(x) > 0 (x > 0)$ と $f(0) = 0$ をいう. (3) の 2 つ目の不等式は, 差を通分.

A-9. (1) $c = \dfrac{\sqrt{39}}{3}$ (2) $c = \dfrac{1}{4}$ (3) $c = \pm \dfrac{2}{3}\sqrt{3}$.

A-10. $\theta = \dfrac{\sqrt{57} - 6}{3}$

B-1. $V = \dfrac{4}{3}\pi r^3$, $S = 4\pi r^2$ を時刻 t で微分せよ.

B-2. (1) $\dfrac{b}{a}$ (2) $n < m$ のとき 0, $n = m$ のとき $\dfrac{c}{a}$, $n > m$ のとき ∞
(3) 1 (4) ∞ (これは不定形ではない! したがって, ロピタルの定

理は使えないし，使う必要もない．) (5) e^2 (6) $-\dfrac{4}{\pi}$ (7) e．

B-3. (1) $\log x(\log x + 2)$, $\dfrac{2}{x}(\log x + 1)$ (2) $0, \infty$ (3)

x	$(x \to +0)$	$\cdots$	e^{-2}	$\cdots$	e^{-1}	$\cdots$	1	$\cdots$	$(x \to \infty)$
y'	∞	$+$	0	$-$	$-$	$-$	0	$+$	
y''		$-$	$-$	$-$	0	$+$	$+$	$+$	
y	0	↗	極大 $4e^{-2}$	↘	変曲点 e^{-1}	↘	極小 0	↗	∞

B-4. 左辺 − 右辺を $f(x)$ とおき，$f''(x)$ の符号を使って $f'(x)$ の符号変化を調べる．

B-5. 略．

B-6. (1) $2^{n-1}\cos\left(2x + \dfrac{n\pi}{2}\right)$ (2) $\dfrac{n!}{(1-x)^{n+1}}$

(3) $\dfrac{(-1)^n n!}{a - b}\left\{\dfrac{1}{(x-a)^{n+1}} - \dfrac{1}{(x-b)^{n+1}}\right\}$

(4) $2^{\frac{n}{2}} e^x \cos\left(x + \dfrac{n\pi}{4}\right)$．

B-7. (1) n に関する数学的帰納法で示す．

(2) $f^{(2m)}(0) = 0$, $f^{(2m-1)}(0) = (-1)^{m-1}(2m-2)!$

(3) $x - \dfrac{1}{3}x^3 + \dfrac{1}{5}x^5 - \dfrac{1}{7}x^7 + \cdots + \dfrac{(-1)^{m-1}}{2m-1}x^{2m-1} + R_{2m}$．

B-8. (1) $e^x = 1 + x + \dfrac{1}{2}x^2 + \cdots + \dfrac{1}{n!}x^n + \dfrac{e^{\theta x}}{(n+1)!}x^{n+1}$, $0 < \theta < 1$．

B-9. $v(t) = -\omega \sin\omega t\left(1 + \dfrac{\cos\omega t}{\sqrt{l^2 - \sin^2\omega t}}\right)$．

―――――― 第 4 章 ――――――

以下において，不定積分の積分定数 C は省略する．

問 4.1 (1) $\dfrac{x^4}{4}$ (2) $\dfrac{x^{10}}{10}$ (3) $\log|x|$ (4) $-\dfrac{1}{x}$ (5) $\dfrac{3}{4}x\sqrt[3]{x}$ (6) $2\sqrt{x}$

(7) $\dfrac{1}{3}\tan^{-1}\dfrac{x}{3}$ (8) $\sin^{-1}\dfrac{x}{2}$．

問 **4.2** (1) $\dfrac{x^4}{4} - x^2 + 3x$ (2) $\dfrac{x^5}{5} + \dfrac{2}{3}x^3 + x$ (3) $\dfrac{x^3}{3} - 2x - \dfrac{1}{x}$

(4) $x - \dfrac{1}{x}$ (5) $2x^2\sqrt{x}$ (6) $\log|x| + \sin x$.

問 **4.3** (1) $\dfrac{1}{6}(x+2)^6$ (2) $\dfrac{1}{10}(2x-1)^5$ (3) $\dfrac{1}{100}(10x+1)^{10}$

(4) $\dfrac{1}{3}\sqrt{(2x+3)^3}$ (5) $\dfrac{1}{2}\sqrt{4x-3}$ (6) $\dfrac{1}{2}\log|2x+1|$

(7) $-\dfrac{1}{2(2x+1)}$ (8) $\dfrac{1}{4}e^{4x}$ (9) $\dfrac{1}{3}e^{3x-1}$ (10) $\dfrac{1}{2}\sin 2x$

(11) $-5\cos\dfrac{x}{5}$ (12) $\dfrac{1}{3}\tan 3x$ (13) $x - \dfrac{1}{2}\cos 2x$

(14) $\dfrac{1}{2}x - \dfrac{1}{4}\sin 2x$ (15) $\dfrac{1}{3}\tan^{-1}\dfrac{x+1}{3}$ (16) $\sin^{-1}\dfrac{x-2}{2}$.

問 **4.4** (1) $\dfrac{1}{8}(x^2+1)^4$ (2) $-\dfrac{1}{2}\cos x^2$ (3) $\log(x^2+x+1)$

(4) $2\log|x^2-9|$ (5) $\dfrac{1}{3}\sqrt{(x^2+1)^3}$ (6) $-\dfrac{1}{3}\cos^3 x$

(7) $\log(e^x+1)$ (8) $\log|\sin x - \cos x|$ (9) $\dfrac{1}{2}\left(\tan^{-1}x\right)^2$

(10) $\log|\log x|$ (11) $-\dfrac{1}{\log x}$ (12) $\sin x - \dfrac{1}{3}\sin^3 x$.

問 **4.5** (1) $\dfrac{2}{15}(3x+2)\sqrt{(x-1)^3}$ (2) $\tan^{-1}e^x$ (3) $\sin(\tan^{-1}x)$

(4) $2(\sqrt{x} - \log|1+\sqrt{x}|)$ (5) $2(\sqrt{e^x-1} - \tan^{-1}\sqrt{e^x-1})$

(6) $\dfrac{1}{8}(t - \dfrac{1}{4}\sin 4t)$ (ただし, $t = \sin^{-1}x$).

問 **4.6** (1) $-(x+1)e^{-x}$ (2) $x\sin x + \cos x$ (3) $-\dfrac{1}{2}x\cos 2x + \dfrac{1}{4}\sin 2x$

(4) $\dfrac{1}{21}(3x-1)(x+2)^6$ (5) $\dfrac{1}{3}x^3\log x - \dfrac{1}{9}x^3$ (6) $-\dfrac{1}{x}(1+\log x)$.

問 **4.7** (1) $\dfrac{1}{2}x^2\sin 2x + \dfrac{1}{2}x\cos 2x - \dfrac{1}{4}\sin 2x$ (2) $-(x^2+2x+2)e^{-x}$

(3) $\dfrac{1}{15}(3x^2-2)\sqrt{(x^2+1)^3}$ (4) $-\dfrac{2x+1}{2(x+1)^2}$

(5) $\dfrac{1}{10}(\sin 4x - 2\cos 4x)e^{2x}$ (6) $x(\log x)^2 - 2x\log x + 2x$.

問 **4.8** (1) $\log|(x+1)(x+3)^2|$ (2) $\dfrac{1}{4}\log\left|\dfrac{x-2}{x+2}\right|$ (3) $\log\left|\dfrac{x-3}{x-2}\right|$

(4) $\log\left|\dfrac{(x-2)^2(x+3)^3}{(x+1)^5}\right|$ (5) $\dfrac{1}{2}\log\left|\dfrac{(x+2)(x-2)^3}{x^4}\right|$

(6) $\log\left|\dfrac{(x-3)^3}{x+2}\right| - \dfrac{2}{x-3}$.

問 **4.9** (1) $x + \log\left|\dfrac{x-2}{x+2}\right|$ (2) $\dfrac{1}{2}x^2 - x + \log|(x-2)^2(x+3)^3|$

(3) $x^2 + 4x + 2\log|x-1| + \dfrac{1}{x-1}$ (4) $\log\dfrac{(x-1)^2}{x^2+4} - \tan^{-1}\dfrac{x}{2}$

(5) $\dfrac{2}{3}\tan^{-1}\dfrac{x}{2} - \dfrac{1}{3}\tan^{-1}x$ (6) $\log\left|\dfrac{x-1}{x+1}\right| - 2\tan^{-1}x$.

問 **4.10** (1) $\dfrac{1}{2}\tan^{-1}\dfrac{x+1}{2}$ (2) $\dfrac{1}{2}\log\dfrac{x^2-2x+2}{x^2} + \tan^{-1}(x-1)$

(3) $\dfrac{1}{12}\log|x+2| - \dfrac{1}{24}\log(x^2-2x+4) + \dfrac{1}{4\sqrt{3}}\tan^{-1}\dfrac{x-1}{\sqrt{3}}$.

問 **4.11** $\sqrt{x^2+1} = 1 \times \sqrt{x^2+1}$ を部分積分する.

$\dfrac{x^2}{\sqrt{x^2+1}} = \sqrt{x^2+1} - \dfrac{1}{\sqrt{x^2+1}}$ に注意して，例題 4.9 の結果を使う.

問 **4.12** $\displaystyle\int_0^1 x^2\,dx = \lim_{n\to\infty}\dfrac{1}{n}\left(\dfrac{1^2}{n^2} + \dfrac{2^2}{n^2} + \cdots + \dfrac{n^2}{n^2}\right) = \dfrac{1}{3}$.

問 **4.13** (1) $\dfrac{14}{3}$ (2) $\dfrac{3}{2} + \log 2$ (3) $\dfrac{2}{5}$ (4) $\dfrac{28}{15}$ (5) 1 (6) $\log 2$ (7) $\dfrac{112}{9}$

(8) $4 + e^2 - \dfrac{1}{e^2}$ (9) $\dfrac{122}{5}$ (10) $1 + \dfrac{\pi}{2}$ (11) $\dfrac{\pi}{2}$ (12) $\dfrac{1}{8}(\pi - 2)$.

問 **4.14** (1) $\dfrac{65}{8}$ (2) $\dfrac{2}{3}$ (3) $\dfrac{16}{3}\sqrt{2}$ (4) $\log 2$ (5) $\dfrac{1}{2}\log 2$ (6) $\dfrac{8}{15}$.

問 **4.15** (1) $\dfrac{8}{3}(\sqrt{2}-1)$ (2) $\dfrac{16}{15}\sqrt{2}$ (3) $\dfrac{\pi}{4} + \dfrac{1}{3}$.

問 **4.16** (1) $\dfrac{1}{4}(e^2+1)$ (2) -2 (3) $\dfrac{\pi}{4} - \dfrac{1}{2}\log 2$.

問 **4.17** (1) $\dfrac{1}{27}(5e^3-2)$ (2) $\pi - 2$ (3) $\dfrac{3}{13}(e^{2\pi}+1)$.

問 **4.18** (1) 2 (2) $\dfrac{3}{2}$ (3) $2\log 2 - 2$ (4) 2 (5) $1 + \pi$

(6) $\dfrac{1}{1-\alpha}$ ($\alpha < 1$ のとき), 発散する ($\alpha \geqq 1$ のとき).

問 **4.19** (1) $\dfrac{1}{2}$ (2) $\log\dfrac{3}{2}$ (3) $\dfrac{2}{e}$
(4) $\dfrac{1}{\alpha-1}$ ($\alpha>1$ のとき), 発散する ($\alpha\leqq 1$ のとき) (5) $\dfrac{\pi}{2ab}$
(6) $\dfrac{1}{2}$ (7) $\dfrac{b}{a^2+b^2}$.

問 **4.20** (1) $\sqrt{2}-1-\dfrac{1}{2}\log 2$ (2) $\dfrac{4}{3}$ (3) $4\sqrt{6}$.

問 **4.21** (1) $\dfrac{16}{15}\pi$ (2) $\dfrac{\pi^2}{2}$ (3) $\dfrac{16}{105}\pi$ (4) 128π (5) $4\pi^2$.

問 **4.22** (1) $\dfrac{38}{3}$ (2) $\sqrt{2}+\log(1+\sqrt{2})$ (3) $\dfrac{2}{\sqrt{3}}$ (4) $6a$ (5) $8a$.

練習問題 4

以下において, 不定積分の積分定数 C は省略する.

A-1. (1) $-\log|1-x|$ (2) $\dfrac{1}{\sqrt{2}}\tan^{-1}\dfrac{x}{\sqrt{2}}$ (3) $\dfrac{1}{4}x^4+x^2+\log|x|$
(4) $\dfrac{1}{2}\sin^2 x$ (5) $\dfrac{1}{3}\cos^3 x-\cos x$ (6) $\dfrac{1}{8}x-\dfrac{1}{32}\sin 4x$
(7) $\dfrac{1}{2}\tan^{-1}\dfrac{x+1}{2}$ (8) $\dfrac{2}{3}(x-2)\sqrt{x+1}$
(9) $x+2\sqrt{x}+2\log|\sqrt{x}-1|$ (10) $\dfrac{1}{15}(6x^2-x-1)\sqrt{1-2x}$
(11) $\dfrac{1}{11}(x-1)(x+10)^{10}$ (12) $2\sqrt{x}(\log x-2)$ (13) $\dfrac{1}{2}\log\left|\dfrac{x-2}{x}\right|$
(14) $\log\left|\dfrac{x}{x-1}\right|-\dfrac{1}{x-1}$ (15) $\log\dfrac{|x|}{\sqrt{x^2+1}}$

A-2. (1) $x\log(x^2+1)-2x+2\tan^{-1}x$ (2) $\cos^3 2x-3\cos 2x$
(3) $\dfrac{1}{2}\log\dfrac{1+\sin x}{1-\sin x}$ (**Hint**: $\dfrac{1}{\cos x}=\dfrac{\cos x}{\cos^2 x}=\dfrac{\cos x}{1-\sin^2 x}$ を利用する)
(4) $\dfrac{x}{a^2\sqrt{a^2+x^2}}$ (**Hint**: $x=a\tan t$ とおく)

(5) $-\dfrac{1}{15}(3x^2+2)\sqrt{(1-x^2)^3}$

(6) $\dfrac{1}{6}\{2x^3\tan^{-1}x - x^2 + \log(1+x^2)\}$

(7) $x\tan x + \log|\cos x| - \dfrac{1}{2}x^2$ (**Hint**: $t=\tan x$ とおく)

(8) $\tan^{-1}x + \dfrac{1}{x^2+1}$

(9) $\dfrac{1}{4\sqrt{2}}\log\dfrac{x^2+\sqrt{2}x+1}{x^2-\sqrt{2}x+1} + \dfrac{1}{2\sqrt{2}}\tan^{-1}(\sqrt{2}x+1) + \dfrac{1}{2\sqrt{2}}\tan^{-1}(\sqrt{2}x-1)$ (**Hint**: $x^4+1=(x^2+1)^2-(\sqrt{2}x)^2$ を因数分解して，被積分関数を部分分数分解する).

A-3. (1) $\dfrac{e^{ax}}{a^2+b^2}(a\cos bx + b\sin bx)$ (2) $\dfrac{e^{ax}}{a^2+b^2}(a\sin bx - b\cos bx)$.

A-4. (1) $\log\left|1+\tan\dfrac{x}{2}\right|$ (2) $\dfrac{2}{1-\tan\frac{x}{2}}$ (3) $\dfrac{1}{3}\log\left|\dfrac{3+\tan\frac{x}{2}}{3-\tan\frac{x}{2}}\right|$.

A-5. (1) 3 (2) 2 (3) 2 (4) $\dfrac{\pi}{8}$ (5) $\dfrac{\pi}{6}$ (6) $\dfrac{33}{15}$ (7) $\dfrac{1}{2}\log 2$ (8) $2-\sqrt{3}$
(9) $\dfrac{9}{64}$ (10) $\dfrac{1}{2}$ (11) $\dfrac{1}{42}$ (12) $\dfrac{56}{5}$ (13) $\dfrac{\pi}{2}$
(14) $\dfrac{\pi}{4}-\dfrac{1}{2}$ (15) $\dfrac{1}{2}\log\dfrac{3}{2}$ (16) $\dfrac{1}{2}\log\dfrac{8}{3}-\dfrac{1}{4}$ (17) $\dfrac{\pi}{4}-\log 2$
(18) $\dfrac{\pi}{4}-\dfrac{1}{2}\log 2$.

A-6. (1) $\dfrac{\pi}{2}$ (2) $\dfrac{\pi a^2}{4}$

(3) $\log(2+\sqrt{3})$ (**Hint**: $x=\tan t$ とおいて変換してから A-2(3) を参照)

(4) $\sqrt{3}+\dfrac{1}{2}\log(2+\sqrt{3})$ (**Hint**: 部分積分を行った後，前問 (3) の結果を利用する)

(5) $\dfrac{3}{16}\pi$ (**Hint**: 半角の公式を 2 回用いる)

(6) $\dfrac{1}{6}\pi^3 - \dfrac{1}{4}\pi$ (**Hint**：半角の公式を用いる)

(7) $\dfrac{5}{8}\pi$ (**Hint**：$x = 1 + \sin t$ とおく)

(8) $\dfrac{\pi}{3\sqrt{3}}$ (**Hint**：$t = \tan x$ とおく)

(9) $\dfrac{1}{12}\left(\log 2 + \dfrac{\pi}{\sqrt{3}}\right)$ (**Hint**：例題 4.8 を参照).

A-7. (1) $\dfrac{2}{3}$ (2) $\log 2$ (3) $\log(1 + \sqrt{2})$.

A-8. $S = 3\pi a^2$, $V = 5\pi^2 a^3$.

B-1. 置換積分法を利用.

B-2. 積和公式 (巻末の公式集 (公-24)–(公-26))，倍角の公式を利用.

B-3. I_{n-1} を部分積分.

B-4. 被積分関数を $\cos x \cdot \cos^{n-1} x$ として，部分積分法を用いる.

B-5. (1) $\dfrac{1}{x}$ の区間 $[1, n]$, $[1, n+1]$ における積分を利用． (2), (3) $n \geqq 3$ のとき，$0 < x^n < x^2$ $(0 < x < 1)$ を利用.

B-6. (2) $\dfrac{x^n}{1+x}$ を多項式と分数式に分解.

B-7. 略.

B-8. $\displaystyle\int_a^x f'(t)\,dt = \int_a^x \{-(x-t)\}' f'(t)\,dt$ として，部分積分法を繰り返し適用.

B-9. 部分積分法を利用.

B-10. 部分積分法を p 回，または q 回繰り返す.

―――――――――――第 5 章―――――――――――

問 **5.1** (1) $\{(x, y) \mid x^2 + y^2 < 1\}$ (2) $\{(x, y) \mid xy > 0\} = \{(x, y) \mid x > 0, y > 0$ または $x < 0, y < 0\}$.

問 **5.2** (1) $f_x(x, y) = 3 - y$, $f_y(x, y) = 4 - x$

(2) $z_x = 2x - 3y$, $z_y = -3x + 4y$

(3) $f_x(x,y) = 6x^2 + 3y^2$, $f_y(x,y) = 6xy - 12y^2$

(4) $z_x = \dfrac{1}{y}$, $z_y = -\dfrac{x}{y^2}$ (5) $f_x(x,y) = -\dfrac{1}{x}$, $f_y(x,y) = \dfrac{1}{y}$

(6) $z_x = \sin y$, $z_y = x\cos y$

(7) $f_x(x,y) = \cos x - \sin(x+y)$, $f_y(x,y) = \cos y - \sin(x+y)$

(8) $z_x = e^x \cos y + e^y \cos x$, $z_y = -e^x \sin y + e^y \sin x$

(9) $f_x(x,y) = \dfrac{2y}{(x+y)^2}$, $f_y(x,y) = \dfrac{-2x}{(x+y)^2}$

(10) $z_x = (x^2 + 2x + 2y)e^x$, $z_y = 2e^x$

(11) $f_x(x,y) = \dfrac{-x^2 + y^2}{(x^2+y^2)^2}$, $f_y(x,y) = \dfrac{-2xy}{(x^2+y^2)^2}$

(12) $z_x = \cos(x+y)\cos(x-y) - \sin(x+y)\sin(x-y)$,
$z_y = \cos(x+y)\cos(x-y) + \sin(x+y)\sin(x-y)$.

問 5.3 (1) $f_{xx}(x,y) = 2$, $f_{xy} = -2$, $f_{yy} = 6y$

(2) $z_{xx} = 6x + 4y$, $z_{xy} = 4x - 8y$, $z_{yy} = -8x + 12y$

(3) $z_{xx} = -4\sin(2x - 3y)$, $z_{xy} = 6\sin(2x - 3y)$,
$z_{yy} = -9\sin(2x - 3y)$

(4) $f_{xx}(x,y) = 0$, $f_{xy}(x,y) = 2e^{2y}$, $f_{yy}(x,y) = 4xe^{2y}$

(5) $z_{xx} = \dfrac{2(1 - x^2 + y^2)}{(1 + x^2 + y^2)^2}$, $z_{xy} = \dfrac{-4xy}{(1 + x^2 + y^2)^2}$,
$z_{yy} = \dfrac{2(1 + x^2 - y^2)}{(1 + x^2 + y^2)^2}$

(6) $f_{xx}(x,y) = e^x \sin y + e^y \cos x$, $f_{xy}(x,y) = e^x \cos y + e^y \sin x$,
$f_{yy}(x,y) = -e^x \sin y - e^y \cos x$

(7) $z_{xx} = \dfrac{-6y}{(x+2y)^3}$, $z_{xy} = \dfrac{3x - 6y}{(x+2y)^3}$, $z_{yy} = \dfrac{12x}{(x+2y)^3}$.

問 5.4 (1) $z_x = f'(x - 3y)$, $z_y = -3f'(x - 3y)$.

(2) $z_x = 2xf'(x^2 + y^2)$, $z_y = 2yf'(x^2 + y^2)$.

問 5.5 (1) $z_x = 2f'(2x + 3y)$, $z_y = 3f'(2x + 3y)$ より.

(2) $z_x = \dfrac{1}{y}f'\left(\dfrac{x}{y}\right)$, $z_y = -\dfrac{x}{y^2}f'\left(\dfrac{x}{y}\right)$ より.

(3) $z_x = f(x^2 - y^2) + 2x(x + y)f'(x^2 - y^2)$,

$z_y = f(x^2 - y^2) - 2y(x+y)f'(x^2 - y^2)$ より.

問 5.6 (1) $z_{tt} = c^2 f''(x+ct), z_{xx} = f''(x+ct)$ より.

(2) $z_x = \dfrac{1}{x}f'(y + \log x) - \dfrac{1}{x}g'(y - \log x), z_{xx} = \dfrac{1}{x^2}f''(y + \log x) - \dfrac{1}{x^2}f'(y + \log x) + \dfrac{1}{x^2}g''(y - \log x) + \dfrac{1}{x^2}g'(y - \log x)$,
$z_{yy} = f''(y + \log x) + g''(y - \log x)$ より.

(3) $z_{xx} = f''(r)\dfrac{x^2}{r^2} + f'(r)\dfrac{y^2}{r^3}, z_{yy} = f''(r)\dfrac{y^2}{r^2} + f'(r)\dfrac{x^2}{r^3}$ より.

問 5.7 (1) $\dfrac{dz}{dt} = 2f_x(2t, t^2) + 2tf_y(2t, t^2)$.

(2) $\dfrac{dz}{dt} = 2tf_x(t^2+1, t^3+1) + 3t^2 f_y(t^2+1, t^3+1)$.

(3) $\dfrac{dz}{dt} = (\cos t)f_x(\sin t, \cos t) - (\sin t)f_y(\sin t, \cos t)$.

(4) $\dfrac{dz}{dt} = \dfrac{1}{t}f_x(\log t, t) + f_y(\log t, t)$.

問 5.8 $\dfrac{dz}{dt} = af_x(at, bt) + bf_y(at, bt)$.

問 5.9 $z = F(x, f(x))$ なので, x による微分を $(\ )'$ と書くと,
$\dfrac{dz}{dx} = F_x(x, f(x)) \cdot x' + F_y(x, f(x)) \cdot f'(x)$.

問 5.10 (1) $\dfrac{\partial z}{\partial u} = f_x(u - 2v, 2u + v) + 2f_y(u - 2v, 2u + v)$,
$\dfrac{\partial z}{\partial v} = -2f_x(u - 2v, 2u + v) + f_y(u - 2v, 2u + v)$.

(2) $\dfrac{\partial z}{\partial u} = vf_x(uv, v^2), \dfrac{\partial z}{\partial v} = uf_x(uv, v^2) + 2vf_y(uv, v^2)$.

(3) $\dfrac{\partial z}{\partial u} = 2uf_x(u^2 + v^2, uv) + vf_y(u^2 + v^2, uv)$,
$\dfrac{\partial z}{\partial v} = 2vf_x(u^2 + v^2, uv) + uf_y(u^2 + v^2, uv)$.

(4) $\dfrac{\partial z}{\partial u} = \cos u \cos v f_x(\sin u \cos v, \sin u \sin v)$
$\qquad + \cos u \sin v f_y(\sin u \cos v, \sin u \sin v)$,
$\dfrac{\partial z}{\partial v} = -\sin u \sin v f_x(\sin u \cos v, \sin u \sin v)$
$\qquad + \sin u \cos v f_y(\sin u \cos v, \sin u \sin v)$.

(5) $\dfrac{\partial z}{\partial u} = \dfrac{-u^2+v^2}{(u^2+v^2)^2} f_x\left(\dfrac{u}{u^2+v^2}, \dfrac{v}{u^2+v^2}\right)$

$\qquad\qquad - \dfrac{2uv}{(u^2+v^2)^2} f_y\left(\dfrac{u}{u^2+v^2}, \dfrac{v}{u^2+v^2}\right),$

$\dfrac{\partial z}{\partial v} = -\dfrac{2uv}{(u^2+v^2)^2} f_x\left(\dfrac{u}{u^2+v^2}, \dfrac{v}{u^2+v^2}\right)$

$\qquad\qquad + \dfrac{u^2-v^2}{(u^2+v^2)^2} f_y\left(\dfrac{u}{u^2+v^2}, \dfrac{v}{u^2+v^2}\right).$

問 5.11 $\dfrac{\partial z}{\partial u} = e^u \cos v f_x(e^u \cos v, e^u \sin v) + e^u \sin v f_y(e^u \cos v, e^u \sin v),$

$\dfrac{\partial z}{\partial v} = -e^u \sin v f_x(e^u \cos v, e^u \sin v)$

$\qquad\qquad + e^u \cos v f_y(e^u \cos v, e^u \sin v).$

問 5.12 $z_x = z_r \dfrac{x}{r} - z_\theta \dfrac{y}{r^2},\ z_y = z_r \dfrac{y}{r} + z_\theta \dfrac{x}{r^2}$ より.

問 5.13 (1) $f(x,y) = 2 + 4(x-1) + (y-2) + 2(x-1)^2 + 2(x-1)(y-2) + R_3.$

(2) $f(x,y) = 1 - \dfrac{1}{2}\left(x - \dfrac{\pi}{2}\right)^2 - \dfrac{\pi}{2}\left(x - \dfrac{\pi}{2}\right)(y-1)$

$\qquad\qquad - \dfrac{\pi^2}{8}(y-1)^2 + R_3.$

(3) $f(x,y) = 2 + \dfrac{1}{4}(x-2) + \dfrac{1}{2}(y-1) - \dfrac{1}{64}(x-2)^2$

$\qquad\qquad - \dfrac{1}{16}(x-2)(y-1) - \dfrac{1}{16}(y-1)^2 + R_3.$

(4) $f(x,y) = -(x-1) + (y-1) - \dfrac{1}{2}(x-1)^2$

$\qquad\qquad + (x-1)(y-1) - \dfrac{1}{2}(y-1)^2 + R_3.$

(5) $f(x,y) = -1 - 2x - \dfrac{3}{2}x^2 + x(y+\pi) + \dfrac{1}{2}(y+\pi)^2 + R_3.$

問 5.14 (1) $f(x,y) = 1 + x - y + \dfrac{1}{2}x^2 + \dfrac{1}{2}y^2 + R_3.$

(2) $f(x,y) = 1 + x - \dfrac{1}{2}y - \dfrac{1}{2}x^2 + \dfrac{1}{2}xy - \dfrac{1}{8}y^2 + R_3.$

(3) $f(x,y) = 1 - x + y + x^2 - 2xy + y^2 + R_3.$

(4) $f(x,y) = 2x + 3y - 2x^2 - 6xy - \dfrac{9}{2}y^2 + R_3.$

問 **5.15** (1) $f(x,y) = x + 2x^2 + xy + 2x^3 + 2x^2y + \dfrac{1}{2}xy^2 + R_4$.

(2) $f(x,y) = 1 + x - \dfrac{1}{2}x^2 - 2xy - 2y^2 - \dfrac{1}{2}x^3 - 2x^2y - 2xy^2 + R_4$.

問 **5.16** (1) $8x + 6y - z = 5$, $\dfrac{x-2}{8} = \dfrac{y+1}{6} = \dfrac{z-5}{-1}$.

(2) $2x - y + z = 2$, $\dfrac{x-1}{-2} = y - 2 = \dfrac{z-2}{-1}$.

(3) $2x + 2y - z = 0$, $\dfrac{x}{2} = \dfrac{y}{2} = \dfrac{z}{-1}$.

(4) $x - y + 2z = \dfrac{\pi}{2}$, $x - 1 = \dfrac{y-1}{-1} = \dfrac{4z-\pi}{8}$.

問 **5.17** 近似値は 0.698, 誤差の範囲は ± 0.0004.

問 **5.18** (1) $dz = \dfrac{-y\,dx + x\,dy}{x^2}$ (2) $dz = e^x(\sin y\,dx + \cos y\,dy)$

(3) $dz = \dfrac{-y\,dx + x\,dy}{xy}$ (4) $dz = \dfrac{dx + 2\,dy}{2\sqrt{x+2y}}$.

問 **5.19** (1) $x - 2y = -1$ (2) $x - 3y = -4$ (3) $2x - 3y = 1$

(4) $x + y = 6$ (5) $x + 3y = 11$ (6) $x + \sqrt{3}y = 4\sqrt{3}$.

問 **5.20** (1) $x + 2y + 3z = 6$, $x - 1 = \dfrac{y-1}{2} = \dfrac{z-1}{3}$

(2) $x - 2y - 2z = 2$, $x - 2 = \dfrac{y-1}{-2} = \dfrac{z+1}{-2}$

(3) $x + 2y - 4z = -5$, $x - 5 = \dfrac{y+1}{2} = \dfrac{z-2}{-4}$

(4) $2x + 2y + z = 8$, $\dfrac{x-1}{2} = \dfrac{y-1}{2} = z - 4$

(5) $5x + 4y + 3x = 22$, $\dfrac{x-1}{5} = \dfrac{y-2}{4} = \dfrac{z-3}{3}$

(6) $2x + 3y + 6z = 18$, $\dfrac{x-3}{2} = \dfrac{y-2}{3} = \dfrac{z-1}{6}$.

問 **5.21** (1) $\dfrac{dy}{dx} = \dfrac{1}{2y}$ (2) $\dfrac{dy}{dx} = -\dfrac{x}{4y}$ (3) $\dfrac{dy}{dx} = -\dfrac{2x+y}{x+6y}$

(4) $\dfrac{dy}{dx} = -\sqrt[3]{\dfrac{y}{x}}$ (5) $\dfrac{dy}{dx} = x - y + 1$ (6) $\dfrac{dy}{dx} = \dfrac{y}{x}$

(7) $\dfrac{dy}{dx} = \dfrac{-y}{e^y + x}$ (8) $\dfrac{dy}{dx} = \dfrac{2xy}{\cos y - x^2}$.

問題の略解

問 5.22 (1) $(1,2)$ で極小値 -7 (2) $(2,0)$ で極大値 4 $((0,0)$ で鞍点$)$
(3) $\left(1, -\dfrac{3}{2}\right)$ で極小値 $-\dfrac{5}{4}$ $((0,-1), (2,-3)$ で鞍点$)$
(4) $(1,1)$ で極大値 1 $((0,0)$ で鞍点$)$
(5) $(0,0)$ で極大値 0, $(\pm 1, \pm 1)$(複号任意)で極小値 -2
$((0, \pm 1), (\pm 1, 0)$ で鞍点$)$ (6) $(2,2)$ で極小値 12.

問 5.23 (1) $(0, \pm 1)$ で最大値 3, $(\pm 1, 0)$ で最小値 1.
(2) $(1,0), (0,1)$ で最大値 1, $(-1,0), (0,-1)$ で最小値 -1.
(3) $\left(\dfrac{\pm 1}{\sqrt{2}}, \dfrac{\pm 1}{2\sqrt{2}}\right)$(複号同順)で最大値 $\dfrac{1}{4}$, $\left(\dfrac{\pm 1}{\sqrt{2}}, \dfrac{\mp 1}{2\sqrt{2}}\right)$(複号同順)で最小値 $-\dfrac{1}{4}$.
(4) $(\pm 2\sqrt{2}, \pm\sqrt{2})$(複号同順)で最大値 12, $(\pm 1, \mp 1)$(複号同順)で最小値 3.

練習問題 5

A-1. (1) 2 (2) 1 (3) 0 (4) 存在しない (5) 0 (6) 0.

A-2. (1) 原点で不連続,それ以外で連続 (2) すべての点で連続
(3) すべての点で連続 (4) 原点で不連続,それ以外で連続.

A-3. (1) $f_x = e^x(\cos y - \sin y)$, $f_y = -e^x(\cos y + \sin y)$.
(2) $z_x = \dfrac{1}{\sqrt{y^2 - x^2}}$, $z_y = \dfrac{-x}{y\sqrt{y^2 - x^2}}$.
(3) $f_x = \dfrac{y(-x^2 + y^2)}{(x^2 + y^2)^2}$, $f_y = \dfrac{x(x^2 - y^2)}{(x^2 + y^2)^2}$.
(4) $z_x = \dfrac{1 + y^2}{(1 + x^2 + y^2)^{\frac{3}{2}}}$, $z_y = \dfrac{-xy}{(1 + x^2 + y^2)^{\frac{3}{2}}}$.
(5) $f_x = \dfrac{(ad - bc)y}{(cx + dy)^2}$, $f_y = \dfrac{(bc - ad)x}{(cx + dy)^2}$.
(6) $z_x = 2x\tan^{-1}\dfrac{y}{x} - y$, $z_y = x - 2y\tan^{-1}\dfrac{x}{y}$.
(7) $f_x = \dfrac{-x}{(1 + x^2 + y^2 + z^2)^{\frac{3}{2}}}$, $f_y = \dfrac{-y}{(1 + x^2 + y^2 + z^2)^{\frac{3}{2}}}$,
$f_z = \dfrac{-z}{(1 + x^2 + y^2 + z^2)^{\frac{3}{2}}}$.

(8) $u_x = \dfrac{3(x^2 - yz)}{x^3 + y^3 + z^3 - 3xyz}$, $u_y = \dfrac{3(y^2 - zx)}{x^3 + y^3 + z^3 - 3xyz}$,

$u_z = \dfrac{3(z^2 - xy)}{x^3 + y^3 + z^3 - 3xyz}$.

A-4. (1) $f_{xx} = -9\cos(3x - 2y)$, $f_{xy} = 6\cos(3x - 2y)$,

$f_{yy} = -4\cos(3x - 2y)$. (2) $f_{xx} = 6x$, $f_{xy} = 3$, $f_{yy} = 6y$.

(3) $z_{xx} = -\sin(x + y) + y^2 \sin xy$,

$z_{xy} = -\sin(x + y) - \cos xy + xy\sin xy$,

$z_{yy} = -\sin(x + y) + x^2 \sin xy$.

(4) $z_{xx} = \dfrac{3}{4(x-y)^{\frac{5}{2}}}$, $z_{xy} = \dfrac{-3}{4(x-y)^{\frac{5}{2}}}$, $z_{yy} = \dfrac{3}{4(x-y)^{\frac{5}{2}}}$.

(5) $f_{xx} = y(2 + xy + y^2)e^{xy}$, $f_{xy} = (x+y)(2+xy)e^{xy}$,

$f_{yy} = x(2 + xy + x^2)e^{xy}$.

(6) $f_{xx} = \dfrac{-3xy^3}{(x^2+y^2)^{\frac{5}{2}}}$, $f_{xy} = \dfrac{3x^2 y^2}{(x^2+y^2)^{\frac{5}{2}}}$, $f_{yy} = \dfrac{-3x^3 y}{(x^2+y^2)^{\frac{5}{2}}}$.

(7) $u_{xx} = 6xy^2 z$, $u_{yy} = 2x^3 z$, $u_{zz} = 0$, $u_{xy} = 6x^2 yz$, $u_{yz} = 2x^3 y$,

$u_{xz} = 3x^2 y^2$.

(8) $u_{xx} = \dfrac{2x^2 - y^2 - z^2}{(x^2 + y^2 + z^2)^{\frac{5}{2}}}$, $u_{yy} = \dfrac{-x^2 + 2y^2 - z^2}{(x^2 + y^2 + z^2)^{\frac{5}{2}}}$,

$u_{zz} = \dfrac{-x^2 - y^2 + 2z^2}{(x^2 + y^2 + z^2)^{\frac{5}{2}}}$, $u_{xy} = \dfrac{3xy}{(x^2 + y^2 + z^2)^{\frac{5}{2}}}$,

$u_{yz} = \dfrac{3yz}{(x^2 + y^2 + z^2)^{\frac{5}{2}}}$, $u_{xz} = \dfrac{3xz}{(x^2 + y^2 + z^2)^{\frac{5}{2}}}$.

A-5. (1) 0 (2) 0 (3) 0 (4) $(a^2 - b^2)e^{ax}\sin by$

A-6. (1) $f(x,y) = 1 + y - \dfrac{1}{2}x^2 + \dfrac{1}{2}y^2 + R_3$

(2) $f(x,y) = y + xy - \dfrac{1}{2}y^2 + R_3$

(3) $f(x,y) = 1 - \dfrac{1}{2}x - \dfrac{1}{8}x^2 + \dfrac{1}{2}y^2 + R_3$

(4) $f(x,y) = 1 - 10y - 5x^2 + 40y^2 + R_3$

(5) $f(x,y) = -2x + y - 2x^2 + 2xy - \dfrac{1}{2}y^2 - \dfrac{8}{3}x^3 + 4x^2 y$

$$-2xy^2 + \frac{1}{3}y^3 + R_4$$

(6) $f(x,y) = 1 - \frac{1}{2}x + y - \frac{1}{8}x^2 + \frac{1}{2}xy - \frac{1}{2}y^2 - \frac{1}{16}x^3$
$$+ \frac{3}{8}x^2y - \frac{3}{4}xy^2 + \frac{1}{2}y^3 + R_4$$

(7) $f(x,y) = x + 2y + x^2 + 2xy - \frac{1}{6}x^3 - x^2y - 2xy^2 - \frac{4}{3}y^3 + R_4$.

B-1. $f_x(0,0) = 0$, $f_y(0,0) = 0$, 以下略.

B-2. $f_{xy}(0,0) = -1$, $f_{yx}(0,0) = 1$.

B-3. (1) 0 (2) $3u$ (3) 0.

B-4. (1) 例題 5.8 の解答における $\begin{cases} z_r = f_x \cdot \cos\theta + f_y \cdot \sin\theta \\ z_\theta = f_x \cdot (-r\sin\theta) + f_y \cdot (r\cos\theta) \end{cases}$
より f_x, f_y をそれぞれ z_r, z_θ で表す. (2) z の代わりに z_x や z_y に対して, (1) で示した関係式を用いる.

B-5. $z_u = f_x \cdot e^u \cos v + f_y \cdot e^u \sin v$, $z_v = f_x \cdot (-e^u \sin v) + f_y \cdot e^u \cos v$ など, 以下略. $x^2 + y^2 = e^{2u}$ に注意.

B-6. $z_u = f_x \cdot \dfrac{-u^2 + v^2}{(u^2+v^2)^2} + f_y \cdot \dfrac{-2uv}{(u^2+v^2)^2}$,
$z_v = f_x \cdot \dfrac{-2uv}{(u^2+v^2)^2} + f_y \cdot \dfrac{u^2-v^2}{(u^2+v^2)^2}$ など, 以下略.
$x^2 + y^2 = \dfrac{1}{u^2+v^2}$ に注意.

B-7. $z_t = af_u(x+at, y+bt) + bf_v(x+at, y+bt)$ など, 以下略.

B-8. $f(\lambda x, \lambda y) = \lambda^n f(x,y)$ の両辺を λ で偏微分する.

B-9. $T = 2\pi\sqrt{\dfrac{\ell}{g}}$ の対数を考えて, 全微分をとる.

B-10. 接平面は $\dfrac{x}{a} + \dfrac{y}{b} + \dfrac{z}{c} = 3$

B-11. 接平面は $\dfrac{x}{\sqrt{x_0}} + \dfrac{y}{\sqrt{y_0}} + \dfrac{z}{\sqrt{z_0}} = \sqrt{a}$

B-12. (1) $\left(\pm\dfrac{1}{2}, \pm\dfrac{1}{2}\right)$ (複号同順) で極小値 $-\dfrac{1}{8}$, $\left(\pm\dfrac{1}{2}, \mp\dfrac{1}{2}\right)$ (複号同

問題の略解　241

順) で極大値 $\dfrac{1}{8}$ ((0,0), (0,±1), (±1,0) で極値なし)

(2) $(\pm\sqrt{2}, \mp\sqrt{2})$ (複号同順) で極小値 -8, $(0,0)$ で判定できない (実際には極値なし)

(3) $\left(\dfrac{m\pi}{2}, \dfrac{n\pi}{2}\right)$ (m, n は奇数) で極小値 -1, $(m\pi, n\pi)$ (m, n は整数) で極大値 1, $\left(\left(\dfrac{m\pi}{2}, n\pi\right)\right.$ (m は奇数, n は整数) と $\left(m\pi, \dfrac{n\pi}{2}\right)$ (m は整数, n は奇数) で極値なし)

(4) $(0,0)$ で極小値 0, $(0,\pm 1)$ で極大値 $\dfrac{2}{e}$ ($(\pm 1, 0)$ で極値なし)

(5) $(\pm a, 0)$ で極小値 $-a^4$ ($(0,0)$ で極値なし)

(6) $\left(-\dfrac{\pi}{2}, -\dfrac{\pi}{2}\right)$ で極小値 -3, $\left(\dfrac{\pi}{6}, \dfrac{\pi}{6}\right)$ で極大値 $\dfrac{3}{2}$, $\left(\dfrac{5\pi}{6}, \dfrac{5\pi}{6}\right)$ で極大値 $\dfrac{3}{2}$ ($\left(\dfrac{\pi}{2}, \dfrac{\pi}{2}\right)$ と $\left(\pm\dfrac{\pi}{2}, \mp\dfrac{\pi}{2}\right)$ (複号同順) で極値なし)

B-13. 条件 $x+y+z=k$ (k は定数) のもとで, $f(x,y,z)=xyz$ の極値を求める.

B-14. $\dfrac{6-\sqrt{3}}{\sqrt{2}}$. (楕円上の点は $\left(\dfrac{2}{\sqrt{3}}, \dfrac{1}{\sqrt{3}}\right)$.)

B-15. 1 辺の長さが $\sqrt{3}a$ の正三角形のとき最大となり, 最大値は $\dfrac{3\sqrt{3}}{4}a^2$.

B-16. 1 辺の長さが $2\sqrt{3}a$ の正三角形のとき最小となり, 最小値は $3\sqrt{3}a^2$.

B-17. 1 辺の長さが $\dfrac{2\sqrt{3}}{3}a$ の立方体のとき最大となり, $\dfrac{8\sqrt{3}}{9}a^3$. (内接する直方体の縦の長さを x, 横の長さを y とおくと, 高さは $\sqrt{4a^2-x^2-y^2}$ となる. このことから $f(x,y)=xy\sqrt{4a^2-x^2-y^2}$ の極値を求める.)

B-18. (1) $x=\dfrac{2aS}{a^2+b^2+c^2}, y=\dfrac{2bS}{a^2+b^2+c^2}, z=\dfrac{2cS}{a^2+b^2+c^2}$ のとき, 最小値 $\dfrac{4S^2}{a^2+b^2+c^2}$

(2) $x=\dfrac{2S}{3a}, y=\dfrac{2S}{3b}, z=\dfrac{2S}{3c}$ のとき, 最大値 $\dfrac{8S^3}{27abc}$.

B-19. $P(\dfrac{1}{n}\sum_{k=1}^{n}x_k, \dfrac{1}{n}\sum_{k=1}^{n}y_k)$.

第 6 章

問 6.1 (1) 3 (2) 20 (3) 2 (4) $\dfrac{1}{24}$ (5) π.

問 6.2 (1) 5 (2) $\dfrac{2}{15}$ (3) $\dfrac{1}{2}(e^2 - 2e - 1)$ (4) $\dfrac{5}{6}$ (5) $\dfrac{1}{8}(2\log 2 - 4 + \pi)$.

問 6.3 (1) $\int_0^1 \left(\int_y^{\sqrt{y}} f(x,y)\,dx\right)dy$ (2) $\int_0^1 \left(\int_{y^2}^{y} f(x,y)\,dx\right)dy$

(3) $\int_0^4 \left(\int_{\frac{x}{2}}^{\sqrt{x}} f(x,y)\,dy\right)dx$

(4) $\int_0^1 \left(\int_{\frac{y}{2}}^{y} f(x,y)\,dx\right)dy + \int_1^2 \left(\int_{\frac{y}{2}}^{1} f(x,y)\,dx\right)dy$.

問 6.4 (1) $\dfrac{1}{3}$ (2) $\dfrac{1}{4}$.

問 6.5 (1) $\dfrac{1}{2}$ (2) $\dfrac{1}{2}$ (3) $\dfrac{\pi^2}{2}$.

問 6.6 $\dfrac{1}{4}\left(1 - \dfrac{2}{e}\right)$.

問 6.7 $\dfrac{1}{2}(1 - e^{-a^2})$.

問 6.8 $\dfrac{1}{30}$.

問 6.9 (1) $\dfrac{\pi}{8}$ (2) $\dfrac{32}{3}\pi$ (3) 100π (4) $\dfrac{1}{4}\left(1 - \dfrac{2}{e}\right)$ (5) 2.

問 6.10 (1) 2π (**Hint**: $D_\varepsilon = \{(x,y) \mid \varepsilon^2 \leqq x^2 + y^2 \leqq 1\}$ ($\varepsilon > 0$) として, $\varepsilon \to 0$ とする)

(2) $\alpha > 1$ のとき $\dfrac{\pi}{4(\alpha - 1)}$, $\alpha \leqq 1$ のとき ∞ に発散する. (**Hint**: $D_M = \{(x,y) \mid x^2 + y^2 \leqq M^2, x \geqq 0, y \geqq 0\}$ として, $M \to \infty$ とする).

問 6.11 (1) $\dfrac{5}{24}$ (2) $\dfrac{3}{8}\pi$.

問 **6.12** (1) $\dfrac{1}{12}$ (Hint: $z-x=u$, $z-y=v$, $z=w$ と変換する)

(2) $\dfrac{15}{4}\pi$.

問 **6.13** (1) $\dfrac{4}{3}\pi a^3$ (2) $\dfrac{2}{3}$ (3) $\dfrac{\pi}{6}(8\sqrt{2}-7)$.

問 **6.14** (1) $\sqrt{2}\pi$ (2) $\dfrac{\pi}{6}(5\sqrt{5}-1)$.

練習問題 6

A-1. (1) $\dfrac{9}{2}$ (2) $\dfrac{9}{2}$ (3) 9 (4) $\dfrac{7}{15}$ (5) $\dfrac{16}{3}$ (6) $\dfrac{9}{4}a+\dfrac{36}{5}b$ (7) $e-\dfrac{5}{2}$

(8) $\dfrac{36}{5}$ (9) $2(e-1)$ (10) $\dfrac{1}{2}(9\log 3-8\log 2-3)$ (11) $\dfrac{1}{3\sqrt{5}}$

(12) $\dfrac{2}{3}$.

A-2. (1) $\displaystyle\int_0^1\left(\int_x^{2x} f(x,y)\,dy\right)dx+\int_1^2\left(\int_x^2 f(x,y)\,dy\right)dx$

(2) $\displaystyle\int_{-1}^1\left(\int_0^{\sqrt{1-y^2}} f(x,y)\,dx\right)dy$

(3) $\displaystyle\int_0^1\left(\int_0^{2y} f(x,y)\,dx\right)dy+\int_1^3\left(\int_0^{3-y} f(x,y)\,dx\right)dy$

(4) $\displaystyle\int_0^3\left(\int_0^{\frac{\sqrt{y}}{2}} f(x,y)\,dx\right)dy+\int_3^4\left(\int_{y-3}^{\frac{\sqrt{y}}{2}} f(x,y)\,dx\right)dy$

(5) $\displaystyle\int_0^1\left(\int_{1-\sqrt{1-y}}^1 f(x,y)\,dx\right)dy$

(6) $\displaystyle\int_0^2\left(\int_0^{\cos^{-1}(r-1)} f(r,\theta)\,d\theta+\int_{2\pi-\cos^{-1}(r-1)}^{2\pi} f(r,\theta)\,d\theta\right)dr$.

A-3. (1) 20π (2) $\dfrac{3}{8}\pi$ (3) $\dfrac{8}{3}\pi$ (4) $\dfrac{\pi}{4}$ (5) $\dfrac{8}{9}(3\pi-4)$.

A-4. (1) $\dfrac{1}{2}(e-1)$ (2) $\dfrac{8}{15}$ (3) $-\pi$ (4) $\dfrac{4}{3}$ (5) $\dfrac{\pi}{2}$.

A-5. (1) $-\dfrac{1}{12}$ (2) $\dfrac{1}{24}$ (3) $\dfrac{4}{15}\pi$ (4) $\dfrac{1}{2}\left(\log 2-\dfrac{5}{8}\right)$ (5) $\dfrac{1}{105}$.

A-6. (1) $\dfrac{4}{3}$ (2) 8π (3) $\dfrac{2}{9}(3\pi-4)a^3$ (4) 9 (5) $\dfrac{16}{3}a^3$ (6) $\dfrac{4}{7}$ (7) π.

A-7. (1) $\dfrac{\sqrt{3}}{2}a^2$ (2) $2(2-\sqrt{2})\pi$ (3) $\dfrac{2}{3}\pi(\sqrt{(1+a^2)^3}-1)$ (4) $4(\pi-2)$
(5) 4π.

B-1. (1) 左辺の累次積分の積分順序を交換する．(2) (1) の等式を利用．

B-2. $\dfrac{2}{3}$.

B-3. $x=au$, $y=bv$ とおいて定理 6.6 を適用する．

B-4. 変数変換によって，D は $E=\{(u,v)|0<u,\ 0<v<1\}$ に写される．ヤコビアン J は $J=-u$．以下は省略．

B-5. **B-4** で示した式をガンマ関数の定義に従って見直す．

B-6. まず (x,y) から (r,θ) への変数変換 $x=\dfrac{1}{a}r\cos\theta$, $y=\dfrac{1}{b}r\sin\theta$ を行う．

B-7. 極座標への変数変換 $x=r\cos\theta$, $y=r\sin\theta$ を行う．

B-8. $8a^2$.

B-9. 曲面 $y^2+z^2=f(x)^2$ の
$D=\{(x,y)|a\leqq x\leqq b,\ -f(x)\leqq y\leqq f(x)\}$ における曲面積．

B-10. (1) $\sqrt{2}\pi$ (2) $\dfrac{56}{3}\pi$ (3) $\dfrac{\pi}{2}(4+e^2-e^{-2})$ (4) $4\pi^2 ab$
(5) $2\pi(\sqrt{2}+\log(1+\sqrt{2}))$.

B-11. **B-9** で示した式で，$x=g(\theta)\cos\theta$ とおいて置換積分を行う．このとき，$y=g(\theta)\sin\theta$, $y'=f'(x)=\dfrac{\dfrac{dy}{d\theta}}{\dfrac{dx}{d\theta}}$ となる．

B-12. (1) $4\pi a^2$ (2) $\dfrac{32}{5}\pi a^2$ (3) $2(2-\sqrt{2})\pi a^2$.

B-13. (1) $\left(0,\dfrac{4}{3\pi}\right)$ (2) $\left(\dfrac{1}{5},\dfrac{1}{5}\right)$.

索　引

■ 英数記号

0^0, 6, 22, 65
Δx, 48
y', $f'(x)$, 51
$\iff$, 207
$\int f(x)\,dx$, 96
$\int_a^b f(x)\,dx$, 109
${}_n C_k$, 21
$n!$, 21
$\binom{n}{k}$, 21
$\pm$, 17
$\sqrt{\ }$, 7
$\sqrt[n]{\ }$, 7
$\sum$, 22
a^t, 6
$a_n \to \alpha\ (n \to \infty)$, 27
$f(x) \to \alpha\ (x \to a)$, 35
$f(x,y) \to \alpha$
　　$((x,y) \to (a,b))$, 132
$x \to a$, 35
$x \to a-0$, 35
$x \to a+0$, 35
$\in, \ni$, 207
$\subseteq, \supseteq$, 208
$\neq, \not\neq$, 208
$\subsetneq, \supsetneq$, 208
$\emptyset$, 207

$\cap, \cup$, 208
$\subset, \supset$, 208
$\subseteq, \supseteq$, 208
arccos, 32
arcsin, 31
arctan, 32
$\boldsymbol{C}$, 207
C^1 級, 99, 123
C^n 級, 75, 139
cos, 14, 16
$\cos^{-1}$, 32
cosec, 15
cot, 15
$\Delta(x,y)$, 162
$df(a,b)$, 155
$\dfrac{\partial(x,y)}{\partial(u,v)}$, 184
$\dfrac{dy}{dx}$, $\dfrac{df}{dx}(x)$, 51
e, 30
f^{-1}, 11
$J(u,v)$, 184
lim, 27, 35, 132
ln, 14
log, 13
$m(\Delta_{ij})$, $m(D)$, $m(S)$, 173, 176, 196
$\boldsymbol{N}$, 207
n 回微分可能, 75
n 次関数, 6
p 乗根, 7

$\boldsymbol{Q}$, 207
$\boldsymbol{R}$, 1, 207, 212
$\boldsymbol{R}^2$, 4
rad, 16
sec, 15
sin, 14, 16
$\sin^{-1}$, 31
tan, 14, 16
$\tan^{-1}$, 32
$\boldsymbol{Z}$, 207
[A], ii
1 次関数, 6
1 次式近似, 81
1 次変換, 183
2 項係数, 21
　　一般化された—, 84
2 項定理, 21, 22, 214
　　一般—, 84
2 次関数, 6
2 重積分, 173
2 変数関数, 130
3 重積分, 191

■ あ 行

アステロイド, 61, 124
アドバンストマーク, ii
鞍点, 162
陰関数, 159
　　—の微分, 159
上に凸, 67

上に有界, 4
オイラーの公式, 85
凹凸, 68

■ か 行

開区間, 2
開集合, 173
階乗, 21
加速度, 73
片側極限, 35
合併, 208
カバリエリの公式, 121, 125
加法定理, 18, 213
関数, 3
ガンマ関数, 129, 204
奇関数, 17
基本関数, 51
逆関数, 11
—の連続性, 42
逆三角関数, 30, 32
—の公式, 214
—の導関数, 52, 89
球面座標, 193
境界, 173
共通部分, 208
極限, 1, 27, 35, 132
極座標変換, 187
極小, 68, 161
曲線の長さ, 123, 125, 216
極大, 67, 161
極値, 68, 161
曲面, 131
曲面積, 196, 197
近似, 81, 153
偶関数, 17
空集合, 207

区間, 2
区分求積法, 109
グラフ, 4, 131
—の概形, 70
—の伸縮, 20
—の平行移動, 19
元, 207
原始関数, 95
懸垂線, 123
原点, 2
広義積分, 117, 190
合成関数, 18
—の微分, 55, 139
—の連続性, 42
誤差, 154
弧度法, 16

■ さ 行

サイクロイド, 60, 124
最小値, 43
最大値, 43
最大値・最小値の存在定理, 43
鎖法則, 145
三角関数, 15, 16
—の公式, 212
—の導関数, 52, 88
三角比, 14
シグマ記号, 22
次数, 6
指数関数, 10
—の公式, 212
—の導関数, 52, 87
指数法則, 7
自然数, 1
自然対数, 13
自然対数の底, 14, 30
下に凸, 66

下に有界, 4
実数, 1
—の無限小数展開, 208
—の連続性, 44
実数直線, 2
周期, 17
周期関数, 17
集合, 207
重心, 206
重積分, 173
収束, 27, 35, 132
従属変数, 3, 130
自由落下運動, 73
重力加速度, 73
主値, 32
循環小数, 208
瞬間速度, 49, 73
条件付き極値問題, 163
商の微分, 54
常用対数, 14
剰余項, 80, 147
真数, 12
真部分集合, 208
数直線, 2
数列, 26
—の和の公式, 214
整数, 1
正則, 183
正葉線, 61
積の微分, 54
積分, 96, 174
—の公式, 215
—の平均値の定理, 176
積分可能, 109, 174
積分順序の交換, 181
積分定数, 96

積分変数, 110
接線, 50, 155
絶対値, 2
接平面, 152, 157
切片, 72
全微分, 155
増減, 68
増減・凹凸表, 70
増減表, 70
総和記号, 22
属する, 207
速度, 73

■ た 行

第 2 次導関数, 69
第 2 次偏導関数, 138
第 n 次導関数, 75
対数, 12
対数関数, 12
　　—の公式, 212
　　—の導関数, 52, 87
対数微分法, 58
対数法則, 12
体積, 121, 177, 195
　　回転体の—, 122, 215
楕円, 61
多項式関数, 6
多変数関数, 130
単位円, 14
単調, 5
単調減少, 5, 26, 66
単調増加, 5, 26, 66
端点, 2
値域, 3
置換積分, 99, 113
中間値の定理, 43
直径, 176

底, 10, 12
　　指数関数の—, 10
　　対数の—, 12
定義域, 3, 131
定積分, 109
　　—の下端, 109
　　—の基本公式, 112
　　—の基本的性質, 111
　　—の上端, 109
底の変換公式, 12
テイラー係数, 147
テイラー多項式, 80
テイラー展開, 79, 83, 149
テイラーの公式, 215
テイラーの定理, 79, 90, 148, 167
停留点, 71, 161
導関数, 51
同順, 17
等比数列, 28
特異点, 60, 156
独立変数, 3, 130
度数法, 16

■ な 行

ニュートン法, 209
ネイピアの数, 13, 30

■ は 行

媒介変数, 59
倍角の公式, 18, 213
はさみうちの原理, 28, 37
パスカルの三角形, 23
発散, 27, 35, 118
　　∞ に—する, 27, 35
パラメータ, 59

パラメータ表示, 59
半角の公式, 18, 213
被積分関数, 110
微分, 51, 155
微分可能, 49
微分係数, 49
微分積分学の基本定理, 112, 125
表面積, 196, 216
複号, 17
複号同順, 17
複素数, 84
含む, 207
不定形, 62
不定積分, 96
　　有用な—, 107
部分集合, 208
部分積分, 101, 115
部分分数分解, 77
分割, 108, 173
　　—の幅, 108
平均速度, 49
平均値の定理, 74
　　積分の—, 112, 124, 176
平均変化率, 48
閉区間, 2
閉領域, 173
ベータ関数, 129
べき, 6
べき根, 7
べき乗関数, 9
　　—の導関数, 51, 87
　　—の不定積分, 96
ヘビサイド関数, 41
変曲点, 68
変数変換, 145, 184
偏導関数, 136

偏微分, 135, 136
偏微分可能, 135
偏微分係数, 136, 138
法線, 153, 156, 157
法線ベクトル, 153, 156, 157

■ ま 行

マクローリン展開, 80, 150
マクローリンの定理, 150
交わり, 208
右側極限, 35
密度, 175
無限級数, 83
無限小数, 1, 208
結び, 208

無理数, 1, 8
面積, 120
面積確定, 175

■ や 行

ヤコビアン, 184
ヤコビ行列式, 184
有界, 4, 173
有理化, 30
有理関数, 6, 102
　　——の不定積分, 102
有理数, 1
要素, 207

■ ら 行

ライプニッツの公式, 77,
　89, 214
ラグランジュの乗数, 165
ラジアン, 16
ラプラシアン, 142
リーマン和, 108, 173
領域, 173
累次積分, 178
累乗根, 7
連結, 173
連続, 41, 133
連続関数, 41
ロピタルの定理, 62, 63
ロルの定理, 74

■ わ 行

和集合, 208

新基礎コース 微分積分

2014年10月30日　第1版　第1刷　発行
2024年3月31日　第1版　第9刷　発行

著　者　坂　田　定　久
　　　　中　村　拓　司
　　　　萬　代　武　史
　　　　山　原　英　男
発行者　発　田　和　子
発行所　株式会社　学術図書出版社

〒113-0033　東京都文京区本郷5丁目4の6
TEL 03-3811-0889　振替 00110-4-28454
印刷　三美印刷 (株)

定価はカバーに表示してあります.

本書の一部または全部を無断で複写 (コピー)・複製・転載することは，著作権法でみとめられた場合を除き，著作者および出版社の権利の侵害となります. あらかじめ, 小社に許諾を求めて下さい.

ⓒ 2014
S. SAKATA　T. NAKAMURA　T. MANDAI　H. YAMAHARA
Printed in Japan
ISBN978-4-7806-0403-0　C3041